항공 기초수학 1
Basic Aeronautical Mathematics

오흥준 · 김건중 지음

북스힐

머리말

갈릴레이는 "자연은 수학이라는 언어로 쓰여졌다."고 하였고 린드 파피루스의 서문에는 "수학은 세상의 모든 지식으로 들어가는 열쇠입니다."라고 쓰여있다. 수학은 자연을 이해하는 데 필수적인 도구이다.

수학은 인류의 역사와 더불어 발전하기 시작하여 지금까지 이어 내려오는 우리의 문명과 문화를 이루는 데 밑거름이 되고 있다. 자연 과학이나 공학적 현상을 설명하고 표현하는 것은 물론이고, 사회현상이나 국제 경제의 흐름을 분석하고 예측하는 데에도 수학이 그 도구로 사용된다. 그렇지만 사람들은 수학이 어렵다고 한다. 우리의 수학은 인류가 오랜 기간 지속적으로 축적해 온 지적 문화유산으로, 위계성과 추상성 그리고 형식성이 있어 차곡차곡 기초를 쌓지 않으면 어려울 수 있다. 그러나 우리에겐 열정과 목표가 있고 끈기와 인내도 있고 어려움을 극복하고 잘할 수 있는 자신감도 있다.

학교에서 수학을 공부하는 목적은 역사적 사실을 이해하듯이 수학적 사실을 단순히 이해만 하는 것이 아니라, 다른 교과의 학습이나 생활 주변에서 부딪히는 여러 가지 문제를 능률적이고 합리적으로 해결하고 그 결과를 활용할 수 있는 수학적 사고 능력을 기르는 데 있다. 그래서 수학적으로 생각하는 능력을 키우게 되면 추상적 현상을 구체적 방법으로 설명할 수 있는 창의적 사고 능력과 여러 가지 복잡한 상황으로부터 최신의 해결책을 찾아내는 비판적 문제 해결 능력 그리고 복잡하고 모호한 상황을 단순하고 객관적인 상황으로 통합적으로 형시화하는 능력 등이 길러지게 되어, 과학 기술 분야는 물론이고 인문·사회 분야의 학문을 연구하는 데에도 기본적으로 필요한 자질이 형성된다.

이 책은 "'생각하는 힘을 키우는 수학', '쉽고 재미있게 배우는 수학', '더불어 같이 하는 수학'을 어떻게 구현할 수 있을까?"에 대한 고민한 끝에 만들어졌다. 이 책의 수학적 원리나 법칙이 일반적인 사고와 생활의 도구로 자리 잡게 하는 길잡이 역할을 할 것이라 믿는다. 그 결과로 여러분이 21세기의 행복한 사회인으로 성장하는 데 도움이 되었으면 한다.

마지막으로 이 책의 출판을 위해 함께 고생하여주신 ㈜북스힐 가족 여러분께 감사 드리며 사랑하는 가족들에게 이 책을 바친다.

2022년 12월
외로운 연구실에서
저자 씀

차 례

1

수와 연산

1.1 | 집합

집합이라는 개념은 독일의 수학자 **칸토르**(Cantor G., 1845~1918)
에 의하여 처음으로 현대수학에 도입되었다. 현대수학에 집합의 개
념이 도입된 이래 집합은 수학적인 사고의 기틀로서뿐만 아니라 수
학의 모든 분야에서 기초적인 역할을 충실히 수행하고 있다.

집합(set)이란 우리의 직관이나 사고의 대상이 되는 것 중에서 주
어진 조건에 의하여 그 대상을 분명히 알 수 있는 대상물(object)의
모임을 말한다. 이때, 집합을 구성하고 있는 대상물 하나하나를 그 집합의 **원소**(element)
라고 한다. 집합을 표시할 때는 보통 영어의 알파벳 대문자 A, B, C, … 을 사용하고,
원소를 표시할 때는 소문자 a, b, c, … 을 사용한다.

일반적으로 대상물 a가 집합 A의 원소일 때, 'a는 집합 A에 속한다'고 하고, 기호

$$a \in A$$

로 나타낸다. 참고로 $a \in A$에서 $\in$는 영국의 수학자 이자 철학자인 러셀(Russell B.,
1872~1920)의 저서에서 처음 사용되었다. 원소를 의미하는 영어 Element의 첫 글자 E
의 알파벳 필기체 ε가 변하여 $\in$이 되었다고 한다.

속한다
↓

$$a \quad \in \quad A$$

↑   ↑
원소   집합

그림 1.1

또, b가 집합 A의 원소가 아닐 때, 'b는 집합 A에 속하지 않는다'고 하고, 기호

$$b \notin A$$

로 나타낸다.

집합을 나타내는 방법에 대하여 알아보자. 집합을 나타내는 방법은 크게 세 가지로

나누어진다. 첫 번째는 원소를 있는 그대로 나타내는 방법인 **원소나열법**(tabular form), 두 번째는 집합에 속하는 원소들이 가지는 공통된 성질을 제시하는 **조건제시법**(set-builder form) 그리고 마지막 세 번째는 그림을 사용하여 집합을 나타내는 **벤 다이어그램**(Venn diagram)이 있다.

먼저 원소나열법에 대하여 알아보자. 그림 1.2의 악보는 우리나라 애국가의 후렴구 첫 부분이다. 이 악보에서 사용된 음표들의 종류는 ♩, ♩., ♪, ♩. 으로 4가지이다. 이들 4가지의 음표들을 조화롭게 구성하여 그림 1.2와 같은 아름답고 장엄한 후렴구가 완성되었다.

그림 1.2

그림 1.2의 악보를 살펴보면서 이 악보에서 사용되었던 음표들의 집합을 만들어 보자. 이 집합을 A라고 하면 집합 A는 시작하는 중괄호 { 와 끝마치는 중괄호 } 안에 집합 A을 구성하고 있는 구성원인 원소들을 나열하고 각 원소와 원소 사이는 , 로 구분하여

$$A = \{ \text{♩}, \text{♩.}, \text{♪}, \text{♩.} \}$$

와 같이 나타낸다. 그림 1.2의 악보를 보면 ♩ 음표가 8번, ♩. 음표가 2번, ♪ 음표가 2번, ♩. 음표가 1번 사용되었다. 하지만 집합 A을 나타낼 때는 구성되는 원소들을 중복하여 표현하지 않는다. 이같이 집합에 속하는 모든 원소를 기호 { 와 } 사이에 나열하여 집합을 나타내는 방법을 원소나열법이라고 한다.

두 번째로 집합을 나타내는 방법은, 원소나열법에서 나타낸 원소들이 가지는 공통된 성질을 제시하여 집합을 나타내는 방법이다. 예를 들어 숫자 $1, 2, 5, 10$의 모임이 있다고 하고 이들 모임을 집합 A라고 하면 집합 $A = \{ 1, 2, 5, 10 \}$이다. 이때, 집합 A의 원소들이 가지는 공통된 성질은 '10의 약수'라는 것이다. 이러한 성질을 사용하여 집합 A을 나타내어 보면

$$A = \{ x \mid x \text{ 는 } 10\text{의 약수} \}$$

와 같이 나타낼 수 있다. 이같이 집합에 속하는 원소들이 가지는 공통된 성질을 제시하

여 집합을 나타내는 방법을 조건제시법이라고 한다.

　세 번째로 집합을 나타낼 때 그림을 이용하기도 한다. 앞에서 사용하였던 10의 약수들의 집합 $A = \{\,1\,,\,2\,,\,5\,,\,10\,\}$을 그림을 사용하여 나타내면 그림 1.3과 같다. 이와 같은 그림을 벤 다이어그램이라고 한다.

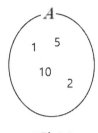

그림 1.3

　임의의 집합을 구성하고 있는 원소들의 개수에 따라서 원소들의 개수가 유한개인 집합을 **유한집합**(finite set)이라고 하고, 원소들의 개수가 무수히 많은 집합을 **무한집합**(infinite set)이라고 한다. 한편, 집합

$$E = \{\,x \mid x \text{ 는 1보다 작은 양의 정수}\,\}$$

는 주어진 조건을 만족하는 원소가 하나도 없다. 이처럼 집합을 구성하는 원소가 하나도 없는 집합을 **공집합**(empty set 또는 null set)이라고 하고 기호

$$\varnothing$$

로 나타낸다. 공집합은 일반적으로 유한집합 처럼 생각한다.

　임의의 집합 A가 유한집합이라고 하자. 집합 A가 유한개의 원소를 가지고 있는 집합이므로, 집합 A의 원소의 개수를 셀 수 있다. 집합 A의 원소의 개수를 기호로

$$n(A)$$

로 나타낸다. 참고로 공집합의 원소 개수 $n(\varnothing) = 0$이다.

　공집합이 아닌 임의의 두 집합 A와 B에 대하여, 집합 A에 속하는 모든 원소가 집합 B에 속할 때, 집합 A을 집합 B의 **부분집합**(subset)이라고 하고, 기호

$$A \subseteq B$$

로 나타낸다. 집합 A의 모든 원소는 집합 A에 속하므로 $A \subseteq A$이고 공집합 $\varnothing$는 모

든 집합의 부분집합으로 한다.

임의의 두 집합 A와 B가 같은 원소로 구성되어 있으면 집합 A의 모든 원소가 집합 B의 원소이고 동시에 집합 B의 모든 원소도 집합 A의 원소임을 만족한다. 이런 경우 집합 A와 집합 B는 **상등**(equality)이라고 하고, 기호

$$A = B$$

로 나타낸다.

수학에서 사용하는 **등호**(equal sign)는 1557년 영국의 **레코드**(Recorde R., 1510~1558)가 저술한 '지혜의 숫돌'에서 처음으로 등장하였다. "세상에 평행한 두 선분만큼 같은 것은 없다"라는 생각에서 기호 ══ 을 사용하였다. 지금 우리가 사용하고 있는 등호 기호인 = 보다는 조금 더 길었다.

한편, 공집합이 아닌 임의의 두 집합 A와 B에 대하여 $A \subseteq B$이면서 $A \neq B$을 만족하면 집합 A을 집합 B의 **진부분집합**(proper subset)이라고 하고, 기호

$$A \subset B$$

로 나타낸다. 이 기호를 처음으로 도입한 사람은 이탈리아의 수학자 **페아노**(Peano G., 1858~1932)이다. 이것은 포함한다를 의미하는 Contain의 첫 자에서 비롯되었다.

전체집합 U의 부분집합 사이에 다음과 같은 몇 가지 집합의 연산을 정의할 수 있다. 공집합이 아닌 임의의 두 집합 A와 B가 전체집합 U의 부분집합이라고 하자.

(1) $A \cup B = \{ x \in U \mid x \in A \text{ 또는 } x \in B \}$ ··· (합집합(union))

(2) $A \cap B = \{ x \in U \mid x \in A \text{ 그리고 } x \in B \}$ ··· (교집합(intersection))

(3) $A - B = \{ x \in U \mid x \in A \text{ 그리고 } x \notin B \}$ ··· (차집합(difference of sets))

(4) $A^c = \{ x \in U \mid x \notin A \}$ ··· (여집합(complementary set))

임의의 두 집합 A와 B가 유한집합이라면 두 집합의 합집합 $A \cup B$의 원소의 개수는

$$n(A \cup B) = n(A) + n(B) - n(A \cap B)$$

를 만족한다. 만약 $A \cap B = \varnothing$ 이라면 $n(A \cap B) = 0$이므로

$$n(A \cup B) = n(A) + n(B)$$

이다.

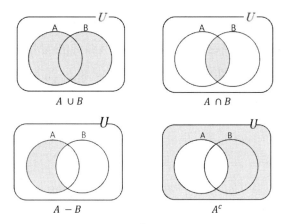

그림 1.4

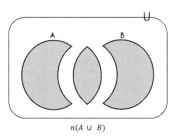

$n(A \cup B)$

그림 1.5

예제 1.1

전체집합 $U = \{ \, x \, | \, x$ 는 실수, $1 \leq x \leq 10 \, \}$, 집합 $A = \{ \, 1 \, , \, 2 \, , \, 3 \, , \, 7 \, \}$, $B = \varnothing$ 그리고 $C = \{ \, 3 \, , \, 7 \, , \, 10 \, \}$라고 하면 다음을 구하여라.

(1) $A \cup B$ (2) $A \cap C$ (3) $A - C$ (4) B^c

풀이

(1) $A \cup B = \{ \, 1 \, , \, 2 \, , \, 3 \, , \, 7 \, \}$ (2) $A \cap C = \{ \, 3 \, , \, 7 \, \}$

(3) $A - C - \{ \, 1 \, , \, 2 \, \}$ (4) $B^c - U$

다음은 함수의 그래프에서 많이 사용되는 새로운 집합인 데카르트 곱을 정의하여 보자.

공집합이 아닌 임의의 두 집합 A와 B에 대하여, 집합

$$A \times B = \{(a,b) \mid a \in A , b \in B\}$$

을 집합 A와 B의 **데카르트 곱**(Cartesian product)이라고 한다.

집합 $A \times B$의 임의의 한 원소 (a,b)을 집합 A의 원소 a와 집합 B의 원소 b의 **순서쌍**(ordered pair)이라고 한다. 집합 $A \times B$ 의 두 원소 (a,b)와 (c,d)의 **상등관계**(equality)는 $a = c$이고 $b = d$일 때로 정의할 수 있다.

예제 1.2

두 집합 $A = \{1,2,3\}$와 $B = \{a,b\}$에 대하여, 집합 $A \times B$와 집합 $B \times A$을 구하여 비교하여라.

풀이

$$A \times B = \{(1,a),(1,b),(2,a),(2,b),(3,a),(3,b)\}$$
$$B \times A = \{(a,1),(a,2),(a,3),(b,1),(b,2),(b,3)\}$$

따라서, $A \times B \neq B \times A$ 이다.

1.2 | 수와 식

1 식의 계산

일반적으로 **식**(expression)이라고 하면 사전에서 기호를 사용하여 기록한 글이라고 정의한다. 이러한 식 중에서 수학적 표기와 수학기호를 사용하여 수학적 관계를 나타낸 식을 **수식**(formula)이라고 한다. 두 수 또는 두 수식의 관계를 등호라는 기호를 사용 같음을 나타낸 수식을 **등식**(equality)이라고 한다. 등식의 자세한 예는 나중에 설명할 지수법칙에서 알아보자.

일상생활에서 발생하는 복잡한 현상은 문자나 기호를 사용하여 식으로 간결하게 나타낼 수 있다. 우리에게 가장 친숙한 수식인 다항식은 도형의 넓이나 부피 등을 구할 때, 유용하게 사용되는 도구이다.

다음 두 그룹의 수식들의 차이점에 대하여 알아보자.

$$2 \ , \ 3x \ , \ 4x^2 \ , \ 5xy^2 \ , \ \frac{x}{y} \qquad \qquad \cdots \ \text{그룹} \ ①$$

$$x+5 \ , \ xy^2+y-xy+5 \qquad \qquad \cdots \ \text{그룹} \ ②$$

그룹 ①은 수 또는 문자를 곱셈이나 나눗셈(분수)만을 사용하여 결합한 식이고, 그룹 ②는 그룹 ①과 같은 모양의 식을 덧셈이나 뺄셈을 사용하여 결합한 식이다. 그룹 ①과 같은 형태의 수식을 **단항식**(monomial)이라고 하고 그룹 ②와 같은 형태의 수식을 **다항식**(polynomial)이라고 한다. 일반적으로 단항식과 다항식을 합쳐서 **정식**(integral expression)이라고 한다.

단항식과 다항식을 구성하는 기호 $+$, $-$, $\times$, $\div$ 에 대하여 간단히 알아보자. 먼저, 단항식을 구성하는 기호 $\times$ 와 $\div$ 에 대하여 알아보자. 곱셈 기호 $\times$ 는 1631년 영국의 **오트레드**(Oughtred W., 1574~1660)가 저술한 '수학의 열쇠'에서 처음 등장했다. 또, 나눗셈 기호 $\div$ 는 1659년 스위스의 **란**(Rahn J.H., 1622~1676)이 저술한 대수학책에서 처음으로 등장했다.

다항식을 구성하는 덧셈 기호 $+$ 와 뺄셈 기호 $-$ 는 1489년 독일의 **비트만**(Widmann J., 1462~1489)이 저술한 산술책에서 처음 확인할 수 있다. 그는 이 책에서 단순히 적고, 많음을 나타내는 기호로만 사용하였다. 현재 우리가 사용하는 연산의 기호로 $+$ 와 $-$ 의 사용은 1514년 네덜란드의 **호이케**(Hoecke V., ?~?)가 저술한 책에서 $+$ 는 '그리고'라는 의미의 라틴어 et에서 얻었고, $-$ 는 '부족하다'는 의미의 라틴어 minus 을 간단히 표현한 $\overline{m}$ 에서 가져온 것으로 보인다.

다항식을 구성하고 있는 각각의 단항식을 **항**(term)이라고 한다. 다항식을 특정 문자에 대하여 정리할 때, 그 특정 문자를 포함하고 있지 않은 항을 **상수항**(constant term)이라고 한다. 또 특정 문자에 대하여 정리한 다항식에서 특정 문자의 앞에 곱해진 숫자를 그 특정 문자의 **계수**(coefficient) 그리고 특정 문자를 거듭제곱해서 곱해진 횟수를 그 문자의 **차수**(rank)라고 한다. 특정 문자에 대하여 정리한 다항식에서 특정 문자의 차수 가운데서 가장 큰 차수를 그 다항식의 차수라고 한다. 일반적으로 다항식에서 특정 문자는 보통 x을 사용한다.

이번에는 정식을 정리하여 보자. 예를 들어 다항식

$$5x^2 + 5y^2 + y + 5x + 6 - 2y^2 - 4x^2 + 3y - 3x - 1 \qquad \cdots ③$$

에서

$$x^2 \text{을 포함한 항은} : \qquad 5x^2 - 4x^2$$

$$y^2 \text{을 포함한 항은} : \qquad 5y^2 - 2y^2$$

$$x \text{ 을 포함한 항은} : \qquad 5x - 3x$$

$$y \text{ 을 포함한 항은} : \qquad y + 3y$$

$$\text{문자를 포함하지 않은 식은} : \qquad 6 - 1$$

이다. 이처럼 특정한 문자에 대하여 그 문자의 차수가 같은 항을 **동류항**(similar term)이라고 한다. 다항식에서 동류항을 정리하여 식을 간단히 하는 것을 **다항식을 정리한다**고한다. 다항식 ③을 특정 문자 x에 대하여 정리하여 보면

$$x^2 + 2x + 3y^2 + 4y + 5 \qquad\qquad \cdots \ ④$$

$$5 + 4y + 3y^2 + 2x + x^2 \qquad\qquad \cdots \ ⑤$$

이다. 다항식 ④와 ⑤의 차이에 대하여 알아보자. 다항식 ④는 x에 대하여 차수가 높은 항부터 낮아지는 순서로, 주어진 다항식 ③을 정리한 것이다. 이것을 다항식 ③을 x에 대하여 **내림차순**(descending power)으로 정리한다고 한다. 반대로 다항식 ⑤는 x에 대하여 차수가 낮은 항부터 높아지는 순서로, 주어진 다항식 ③을 정리한 것이다. 이것을 다항식 ③을 x에 대하여 **올림차순**(ascending power)으로 정리한다고 한다.

다항식의 연산에 대하여 알아보자. 다항식의 덧셈과 뺄셈은 주어진 다항식을 먼저한 문자에 대하여 정리한 다음에 동류항끼리 모아서 간단히 정리하면 된다. 다항식의 곱셈과 나눗셈은 다음과 같이 유도되는 **지수법칙**(exponential law)을 사용하여 계산한다.

임의의 두 양의 정수 m과 n에 대하여,

(1) a의 거듭제곱(involution)으로 표시된 수끼리의 곱셈 $a^m \times a^n$에 대하여,

$$
\begin{aligned}
a^m \times a^n &= \overbrace{(a \times a \times \cdots \times a)}^{m\text{개}} \overbrace{(a \times a \times \cdots \times a)}^{n\text{개}} \\
&= \underbrace{a \times a \times a \cdots \times a \times a \times a \times a \cdots \times a \times a \times a}_{m+n\text{개}} \\
&= a^{m+n}
\end{aligned}
$$

(2) a의 거듭제곱의 거듭제곱 $(a^m)^n$에 대하여,

$$
(a^m)^n = \overbrace{a^m \times a^m \times \cdots \times a^m}^{n\text{개}}
$$

$$
= a^{\overbrace{m+m+\cdots+m}^{n\text{개}}}
$$

$$
= a^{mn}
$$

(3) $a(\neq 0)$의 거듭제곱에 대하여,

$$
a^m \div a^n = \dfrac{\overbrace{a \times a \times \cdots \times a}^{m\text{개}}}{\underbrace{a \times a \times \cdots \times a \times a}_{n\text{개}}}
$$

$$
= a^{m-n}
$$

참고로 $m = n$이면 $a^m \div a^n = a^{m-n} = a^0$이 된다. 이러한 경우에 $a^0 = 1$이라고 한다.

(4) a와 b의 거듭제곱에 대하여,

$$
(ab)^n = \overbrace{(ab) \times (ab) \times \cdots \times (ab)}^{n\text{개}}
$$

$$
= \overbrace{(a \times a \times \cdots \times a)}^{n\text{개}} \times \overbrace{(b \times b \times \cdots \times b)}^{n\text{개}}
$$

$$
= a^n b^n
$$

$$
\left(\dfrac{a}{b}\right)^n = \overbrace{\left(\dfrac{a}{b}\right) \times \left(\dfrac{a}{b}\right) \times \cdots \times \left(\dfrac{a}{b}\right)}^{n\text{개}}
$$

$$
= \dfrac{\overbrace{(a \times a \times \cdots \times a)}^{n\text{개}}}{\underbrace{(b \times b \times \cdots \times b)}_{n\text{개}}}
$$

$$
= \dfrac{a^n}{b^n}
$$

다음을 간단히 하여라.

(1) $a \times b^2 \times a^3 \times b^2 \times b$

(2) $(a^2)^3 \times (b^3)^2 \times (a^3)^3$

(3) $a^2 \div a^5$

(4) $(a^3b)^2 \div (a^5b^2)^2$

풀이

(1) $a \times b^2 \times a^3 \times b^2 \times b = a \times a^3 \times b^2 \times b^2 \times b = a^{1+3} \times b^{2+2+1} = a^4b^5$

(2) $(a^2)^3 \times (b^3)^2 \times (a^3)^3 = a^{(2 \times 3)} \times b^{(3 \times 2)} \times a^{(3 \times 3)} = a^6 \times a^9 \times b^6 = a^{(6+9)}b^6 = a^{15}b^6$

(3) $a^2 \div a^5 = a^{(2-5)} = a^{-3} = \dfrac{1}{a^3}$

(4) $(a^3b)^2 \div (a^5b^2)^2 = (a^3)^2b^2 \div (a^5)^2(b^2)^2 = a^6b^2 \div a^{10}b^4$

$\qquad\qquad = a^{(6-10)}b^{(2-4)} = (a^4b^2)^{-1} = \dfrac{1}{a^4b^2}$

다항식의 곱셈공식과 인수분해 공식을 알아보기 위하여 먼저 다항식과 다항식의 곱에 대하여 알아보자.

0이 아닌 임의의 네 개의 실수 a, b, c, d에 대하여, $(a+b)(c+d)$을 계산하여보자. 분배법칙 $a(c+d) = ac + ad$을 이용하여 전개하려고 한다. 그림 1.6의 사각형 $ABCD$의 넓이를 구하여 보자. 사각형 $ABCD$의 가로의 길이는 $(a+b)$이고 세로의 길이는 $(c+d)$이므로 넓이는 $(a+b) \times (c+d)$이다. 그림 1.6과 같이 사각형 $ABCD$의 넓이는 작은 사각형 4개의 합 $ac + ad + bc + bd$와 같다. 따라서 다음과 같이 식을 전개할 수 있다.

$$(a+b)(c+d) = a(c+d) + b(c+d)$$

$$= ac + ad + bc + bd$$

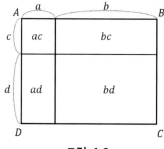

그림 1.6

이같이 나타내는 것을 식을 **전개한다**(expand)라고 하고 이렇게 전개된 식을 **전개식**(expansion)이라고 한다.

마찬가지로 분배법칙을 이용하여 다음과 같은 곱셈공식을 얻을 수 있다.

$$(a+b)^2 = (a+b)(a+b)$$
$$= a^2 + ab + ab + b^2$$
$$= a^2 + 2ab + b^2$$
$$(a-b)^2 = (a-b)(a-b)$$
$$= a^2 - ab - ab + b^2$$
$$= a^2 - 2ab + b^2$$
$$(a+b)(a-b) = a^2 - ab + ab - b^2$$
$$= a^2 - b^2$$

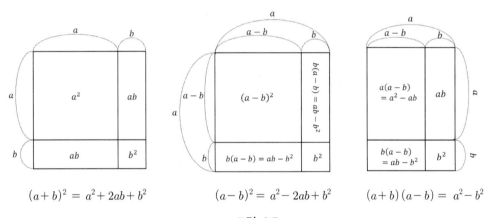

$$(a+b)^2 = a^2 + 2ab + b^2 \qquad (a-b)^2 = a^2 - 2ab + b^2 \qquad (a+b)(a-b) = a^2 - b^2$$

그림 1.7

미지수 x에 대하여 정리한 일차식 사이의 곱셈공식도 얻을 수 있다.

$$(x+a)(x+b) = x^2 + bx + ax + ab$$
$$= x^2 + ax + bx + ab$$
$$= x^2 + (a+b)x + ab$$

$$(ax + b)(cx + d) = ax \times cx + ax \times d + b \times cx + b \times d$$
$$= acx^2 + adx + bcx + bd$$
$$= acx^2 + (ad + bc)x + bd$$

예제 1.4

곱셈공식을 이용하여 다음을 계산하여라.

(1) 53^2 (2) 69^2 (3) 49×51

풀이

(1) $53 = 50 + 3$이므로 곱셈공식 $(a + b)^2 = a^2 + 2ab + b^2$을 이용하여 계산하면 편리하다.

$$53^2 = (50 + 3)^2$$
$$= 50^2 + (2 \times 50 \times 3) + 3^2$$
$$= 2500 + 300 + 9$$
$$= 2809$$

이다.

(2) $69 = 70 - 1$이므로 곱셈공식 $(a - b)^2 = a^2 - 2ab + b^2$을 이용하여 계산하면 편리하다.

$$69^2 = (70 - 1)^2$$
$$= 70^2 - 2 \times 70 + 1^2$$
$$= 4900 - 140 + 1$$
$$= 4761$$

(3) $49 = 50 - 1$이고 $51 = 50 + 1$이므로 곱셈공식 $(a - b)(c + d) = a^2 - b^2$을 이용하여 계산하면 편리하다.

$$49 \times 51 = (50 - 1)(50 + 1)$$
$$= 50^2 - 1^2$$
$$= 2500 - 1$$
$$= 2499$$

앞에서 두 다항식을 전개하여 한 개의 다항식으로 만드는 방법에 대하여 알아보았다. 이번에는 한 개의 다항식을 두 개 이상의 다항식의 곱으로 나타내는 방법에 대하여 알아보자. 이같이 한 개의 다항식을 두 개 이상의 다항식의 곱으로 나타낼 때, 각각의 다항식을 처음 다항식의 **인수**(factor)라고 하고, 하나의 다항식을 두 개 이상의 인수의 곱으로 나타내는 것을 **인수분해**(factorization)한다고 한다.

분배법칙을 이용하여 $m(a+b)$을 전개하면 $ma+mb$이 된다. 반대로 전개된 식에서 공통으로 들어있는 인수 m을 묶어 내어

$$ma+mb = m(a+b)$$

와 같이 인수분해 할 수 있다. 마찬가지로 앞에서 알아보았던 곱셈공식에서 등호 좌항과 우항을 바꾸어 놓으면 다음과 같은 인수분해 공식을 얻을 수 있다.

$$a^2 + 2ab + b^2 = (a+b)^2$$

$$a^2 - 2ab + b^2 = (a-b)^2$$

$$a^2 - b^2 = (a+b)(a-b)$$

$$x^2 + (a+b)x + ab = (x+a)(x+b)$$

$$acx^2 + (ad+bc)x + bd = (ax+b)(cx+d)$$

예제 1.4

다음 식을 인수분해 하여라.

(1) $25x^2 - 20xy + 4y^2$ (2) $9x^2 - 9y^2$ (3) $3x^2 - 2xy - 8y^2$

풀이

(1) $25x^2 - 20xy + 4y^2 = (5x)^2 - 2 \times 5x \times 2y + (2y)^2 = (5x - 2y)^2$

(2) $9x^2 - 9y^2 = 9(x^2 - y^2) = 9(x+y)(x-y)$

(3) $3x^2 - 2xy - 8y^2 = (x-2y)(3x+4y)$

다음은 앞에서 설명하였던 등식의 예이다. 주어진 두 등식의 차이점에 대하여 알아보자.

$$2x + 3x = 5x \qquad \cdots \text{⑥}$$

$$x^2 - 5x + 6 = 0 \qquad \cdots \text{⑦}$$

등식 ⑥은 미지수 x 대신에 어떠한 값을 대입하여도 등식이 항상 성립한다. 반면에 등식 ⑦은 미지수 x 대신에 $x = 2$ 또는 $x = 3$을 대입할 때만 등식이 성립한다. 이같이 미지수 x을 포함하고 있는 등식에서 미지수 x 대신에 모든 수를 대입하여도 성립하는 등식 ⑥과 같은 형태의 등식을 미지수 x에 대한 **항등식**(identity)이라고 하고, 등식 ⑦과 같이 미지수 x 대신에 특정한 값을 대입할 경우만 등식이 성립하는 식을 미지수 x에 대한 **방정식**(equation)이라고 한다. 방정식에 대한 자세한 설명은 뒤에서 이어가고 여기서는 등식에 대하여 조금 더 알아보자.

등식

$$x^2 + x - 1 = ax(x-1) + bx + c \qquad \cdots \text{⑧}$$

가 미지수 x에 대한 항등식일 때, 상수 a와 b의 값을 구하여 보자. 이러한 문제를 해결하기 위해서는 항등식의 성질을 이용하여 주어진 등식에서 정해져 있지 않은 계수의 값을 정하는 **미정계수법**(method of undetermined coefficients)을 사용하면 편리하게 구할 수 있다. 미정계수법을 사용하여 문제를 풀이할 때는 두 가지 방법이 있다. 첫 번째는 항등식에서 등호 양변의 동류항끼리 계수가 같음을 이용하는 **계수비교법**(coefficient comparison method)이다. 계수비교법을 사용하여 등식 ⑧을 풀이해 보자. 등식 ⑧의 등호 오른쪽에 있는 우항을 x에 대하여 정리하면

$$x^2 + x - 1 = ax^2 + (b-a)x + c \qquad \cdots \text{⑨}$$

이 된다. 등식 ⑨에서 동류항끼리의 계수를 비교하면

$$a = 1 \, , \ b = 2 \, , \ c = -1$$

을 구할 수 있다.

두 번째 방법은 등식 ⑧의 양변에

$x = -1$을 대입하면 $\qquad -1 = 2a - b + c$

$x = 0$을 대입하면 $\qquad -1 = c$

$x = 1$을 대입하면 $\qquad -1 = b + c$

이므로, $a = 1$, $b = 2$, $c = -1$을 얻을 수 있다. 이러한 방법을 **수치 대입법**(method of numerical substitution)이라고 한다.

예제 1.6

등식 $x^2 + 3x - 2 = a(x-1)^2 + b(x-1) + c$가 미지수 x에 대한 항등식일 때, 상수 a, b, c의 값을 구하여라.

풀이

(i) 계수비교법을 이용

주어진 등식의 등호 우항을 미지수 x에 대하여 내림차순으로 정리하고 등호 양변의 동류항의 계수를 비교하면

$$x^2 + 3x - 2 = ax^2 + (b - 2a)x + (a - b + c)$$
$$\Rightarrow 1 = a \ , \ 3 = b - 2a \ , \ -2 = a - b + c$$

이다. 따라서 $a = 1$, $b = 5$, $c = 2$이다.

(ii) 수치 대입법을 이용

주어진 등식의 미지수 x에 어떤 값을 대입하여도 성립한다.

$$x = 0을 \ 대입하면 \quad -2 = a - b + c$$
$$x = 1을 \ 대입하면 \quad \ \ 2 = c$$
$$x = 2를 \ 대입하면 \quad \ \ 8 = a + b + c$$

따라서, $a = 1$, $b = 5$, $c = 2$이다.

미지수 x에 대한 삼차 다항식 $f(x) = x^3 + 2x^2 - x + 12$을 일차 다항식 $x + 3$으로 나누었을 때의 **몫**(quotient)은 $x^2 - x + 2$이고 **나머지**(remainder)는 6이므로 주어진 삼차 다항식은 다음과 같이 변형할 수 있다.

$$f(x) = x^3 + 2x^2 - x + 12 = (x+3)(x^2 - x + 2) + 6 \qquad \cdots ⑩$$

등식 ⑩은 미지수 x에 대한 항등식이므로 x에 어떠한 값을 대입하여도 성립하므로, 양변에 $x = -3$을 대입하면

$$f(-3) = (-3)^3 + 2(-3)^2 - (-3) + 12 = 6$$

을 얻을 수 있다. 따라서 다항식 $f(x)$을 일차 다항식 $x+3$으로 나누었을 때의 나머지와 다항식 $f(x)$에서 $x=-3$을 대입한 $f(-3)$의 값이 같음을 알 수 있다.

일반적으로 미지수 x에 대한 다항식 $f(x)$을 일차 다항식 $x-a$으로 나누었을 때의 몫을 $Q(x)$, 나머지를 R 이라고 하면 다항식 $f(x)$을 다음과 같이 나타낼 수 있다.

$$f(x) = (x-a) \cdot Q(x) + R \ \ (R \text{ 은 상수)} \qquad \cdots ⑪$$

등식 ⑪은 미지수 x에 대한 항등식이므로 양변에 미지수 x 대신에 a을 대입하여도 성립한다. 즉,

$$f(a) = (a-a) \cdot Q(a) + R$$

이다. 따라서 주어진 다항식 $f(x)$에 x 대신에 a을 대입한 $f(a) = R$이 성립하고 이것을 **나머지정리**(remainder theorem)라고 한다.

예제 1.7 ────────────────────────────────────

미지수 x에 대한 삼차 다항식 $f(x) = x^3 + 3x - 5x + 2$을 일차 다항식 $x-1$으로 나눌 때의 나머지를 구하여라.

풀이

주어진 일차 다항식 $x-1=0$을 만족하는 $x=1$을 삼차 다항식 $f(x)$에 대입하면

$$f(1) = 1^3 + 3 \cdot 1^2 + 5 \cdot 1 + 2 = 11$$

이므로 나머지는 11이다.

─────────

미지수 x에 대한 이차 다항식 $f(x) = x^2 - 5x + 6$에서 미지수 x 대신에 3을 대입해 보자.

$$f(3) = 3^2 - 5 \cdot 3 + 6 = 0 \qquad \cdots ⑫$$

이므로 $f(3) = 0$이다. 앞에서 설명하였던 나머지정리에 의하면, 식 ⑫는 x에 대한 다항식 $f(x)$을 일차식 $x-3$으로 나눈 나머지가 0이라는 것을 의미한다. 즉, x에 대한 다항식 $f(x)$는 일차식 $x-3$으로 나누어떨어진다. 이와 같은 성질을 조금 더 일반화시키면, 미지수 x에 대한 다항식 $f(x)$가 일차 다항식 $x-a$으로 나누어떨어지면 $f(a) = 0$이고 역으로, $f(a) = 0$이면 $f(x)$는 일차 다항식 $x-a$으로 나누어떨어진다. 이러한 성

질을 **인수정리**(factor theorem)라고 한다.

예제 1.8

미지수 x에 대한 삼차 다항식 $f(x) = x^3 + 5x^2 + ax - b$가 일차 다항식 $x-1$과 $x-2$으로 각각 나누어떨어질 때, 두 상수 a와 b을 구하여라.

풀이

주어진 삼차 다항식 $f(x) = x^3 + 5x^2 + ax - b$가 $x-1$과 $x-2$으로 각각 나누어떨어지므로 인수정리에 의하여

$$f(1) = 1^3 + 5 \cdot 1^2 + a \cdot 1 - b = 0 \qquad \cdots\cdots ①$$

$$f(2) = 2^3 + 5 \cdot 2^2 + a \cdot 2 - b = 0 \qquad \cdots\cdots ⑪$$

①과 ⑪을 연립하면 $a = -22$, $b = -16$이다.

미지수 x에 대한 다항식을 x에 대한 일차식으로 나눌 때의 나머지는 나머지정리를 이용하면 쉽게 구할 수 있지만, 몫을 구하는 일은 쉽지 않다. 몫은 실제로 나눗셈을 시행하여야 구할 수 있다. 이번에는 실제로 나눗셈을 시행하지 않고도 몫과 나머지 모두를 쉽게 구하는 방법에 대하여 알아보자. 이러한 방법 중에서 가장 쉬운 것이 **조립제법**(synthetic division)이다. 예를 들어 미지수 x에 대한 삼차 다항식 $5x^3 + 8x^2 + 2x + 1$을 일차 다항식 $x-1$으로 나누는 것을 나눗셈을 실제로 시행하는 방법과 조립제법을 이용하는 방법을 그림 1.8에서 비교하였다.

나눗셈을 이용	조립제법을 이용
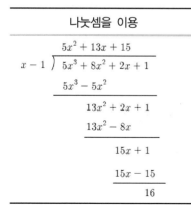	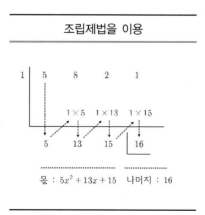

그림 1.8

다음 식을 인수분해 하여라.

(1) $x^3 + x^2 + 2x - 4$ (2) $2x^3 - 3x^2 + 3x - 1$

풀이

(1) 주어진 식을 미지수 x에 대한 삼차 다항식 $f(x) = x^3 + x^2 + 2x - 4$라고 하면
$f(1) = 0$이므로 $f(x) = (x-1)Q(x)$이다. $Q(x)$을 조립제법을 이용하여 구하면

$$
\begin{array}{r|rrrr}
1 & 1 & 1 & 2 & -4 \\
  &   & 1 & 2 & 4 \\
\hline
  & 1 & 2 & 4 & \boxed{0}
\end{array}
$$

그림 1.9

$Q(x) = x^2 + 2x + 4$이므로, $f(x) = (x-1)(x^2 + 2x + 4)$이다.

(2) 다항식 $f(x) = 2x^3 - 3x^2 + 3x - 1$라고 하면 $f\left(\dfrac{1}{2}\right) = 0$이므로
$f(x) = \left(x - \dfrac{1}{2}\right)Q(x)$이다. $Q(x)$을 조립제법을 이용하여 구하면

$$
\begin{array}{r|rrrr}
\frac{1}{2} & 2 & -3 & 3 & -1 \\
            &   & 1 & -1 & 1 \\
\hline
            & 2 & -2 & 2 & \boxed{0}
\end{array}
$$

그림 1.10

$Q(x) = 2x^2 - 2x + 2$이므로, $f(x) = \left(x - \dfrac{1}{2}\right)(2x^2 - 2x + 2)$이다.

2 수의 체계

집합의 정의를 사용하여 다음 수들의 모임을 정의해보자.

$$N = \{\ 1\ ,\ 2\ ,\ 3\ ,\ 4\ ,\ 5\ ,\ \cdots\ \}$$
$$Z = \{\ \cdots\ ,\ -3\ ,\ -2\ ,\ -1\ ,\ 0\ ,\ 1\ ,\ 2\ ,\ 3\ ,\ \cdots\ \}$$

$$Q = \left\{ \ \frac{m}{n} \ \middle| \ m, n(\neq 0) \in Z, \ m과 \ n은 \ 서로소 \ \right\}$$

여기서, 집합 N을 **자연수**(natural number), 집합 Z을 **정수**(integer number) 그리고 집합 Q을 **유리수**(rational number)의 집합이라고 한다. 최근에는 자연수를 양의 정수 Z^+ 라고도 한다.

집합의 연산을 활용하여 앞서 정의하였던 수들의 모임을 정의할 수 있다. 즉,

$$Z = N \cup \{0\} \cup \{ \ x \,|\, x는 \ 음의 \ 정수 \ \}$$

$$Q = Z \cup \{ \ x \,|\, x는 \ 정수가 \ 아닌 \ 유리수 \ \}$$

이다. 새로운 수들의 모임을 정의해보자. 유리수 Q와 뒤에서 알아볼 무리수와의 합집합

$$R = Q \cup \{ \ x \,|\, x는 \ 무리수 \ \}$$

을 정의 할 수 있다. 이 집합 R을 **실수**(real number)라고 한다.

실수에 대하여 조금 더 자세하게 알아보기 위하여 추가로 몇 개의 수학적 개념을 더 알아보자.

먼저 $5^2 = 25$이고, $(-5)^2 = 25$이다. 따라서 제곱해서 25가 되는 실수는 5와 -5이다. 이처럼 임의의 수 x을 제곱하여 a가 될 때, x을 a의 **제곱근**(square root)이라고 한다. 양수의 제곱근은 양수와 음수 두 개이고 잠시 후에 설명할 그 절댓값은 서로 같음을 알 수 있다. 또 제곱해서 0이 되는 수는 0뿐이므로 0의 제곱근은 0이다. 같은 수를 제곱하면 항상 양수이므로 음수의 제곱근은 특별한 경우를 제외하고는 생각하지 않는다. 양수 a의 제곱근 중에서 양수인 것을 양의 제곱근이라고 하고 $\sqrt{a}$, 음수인 것을 음의 제곱근이라고 하고 $-\sqrt{a}$ 로 나타낸다. 이때 기호 $\sqrt{}$ 을 **근호**(radical sign)라고 한다.

그림 1.11

참고로 기호 $\sqrt{}$ 는 독일의 수학자 **루돌프**(Rudolff, C., 1499~1545)가 1525년 출간한 대수학책에서 뿌리를 의미하는 radix의 첫 글자 r을 변형하여 $\sqrt{}$로 표시했다. 그런데

$\sqrt{\ } x + 5$가 $x + 5$의 양의 제곱근인지 x의 양의 제곱근에 5을 더한 것인지 명확하지 않아 프랑스의 수학자 **데카르트**(Descartes, R., 1596~1650)가 $\sqrt{\ }$에 가로줄을 추가하여 제곱근 기호 $\sqrt{\ \ }$가 완성되었다. 현재도 영국 등의 나라에서는 $\sqrt{\ }$ 와 $\sqrt{\ \ }$ 을 혼용하여 사용하고 있다.

임의의 양수 a에 대하여 $\sqrt{a}$와 $-\sqrt{a}$는 a의 제곱근이므로, $(\sqrt{a})^2 = a$이고 $(-\sqrt{a})^2 = a$이다. 아울러 $\sqrt{a^2} = a$, $\sqrt{(-a)^2} = a$이다. 따라서 a의 제곱근은 제곱하여 a가 되는 수이므로 $\sqrt{a}$와 $-\sqrt{a}$이고 제곱근 a는 양의 제곱근 $\sqrt{a}$이다.

그림 1.12와 같이 넓이가 각각 2와 4인 정사각형의 비행기 그림이 있다고 하자. 이 그림들의 한 변의 길이는 각각 $\sqrt{2}$와 $\sqrt{4}$이다. 그림 1.12에서 보듯이 넓이가 큰 정사각형의 한 변의 길이도 더 길다. 즉, $2 < 4$ 이면 $\sqrt{2} < \sqrt{4}$ 이다. 마찬가지로 정사각형의 한 변의 길이가 길면 넓이도 넓으므로

$$\sqrt{2} < \sqrt{4} \quad \text{이면} \quad 2 < 4$$

을 만족한다.

따라서 임의의 두 양수 a 와 b에 대하여,

(1) $a < b$ 이면 $\sqrt{a} < \sqrt{b}$
(2) $\sqrt{a} < \sqrt{b}$ 이면 $a < b$

을 만족한다.

그림 1.12

조금 더 확장하여 $x^3 = 8$을 만족하는 실수 x의 값을 구하여 보자. $x^3 = 8$에서 $x^3 - 8 = 0$이므로

$$x^3 - 8 = (x - 2)(x^2 + 2x + 4) = 0$$

이다. 여기서 $x^2 + 2x + 4$는 $x^2 + 2x + 4 = (x+1)^2 + 3 > 0$이므로 $x = 2$ 이다. 즉, 세제곱 해서 8이 되는 수는 2이다. 이같이 임의의 실수 x을 세제곱 해서 a가 될 때, x을 a의 **세제곱근**(cubic root)이라고 하고

$$\sqrt[3]{a}$$

로 나타낸다. 즉, $(\sqrt[3]{a})^3 = a$을 만족하므로 임의의 양의 실수 a와 b에 대하여

$$(\sqrt[3]{a})^2 = \sqrt[3]{a^2} \quad , \quad \sqrt[3]{a}\,\sqrt[3]{b} = \sqrt[3]{ab} \,, \quad \frac{\sqrt[3]{a}}{\sqrt[3]{a}} = \sqrt[3]{\frac{a}{b}}$$

을 만족한다.

예제 1.10

다음 두 수의 대소를 비교하여라.

(1) $\sqrt{2}$, $\sqrt{3}$ (2) 0.2 , $\sqrt{0.4}$

풀이

(1) $2 < 3$ 이므로 $\sqrt{2} < \sqrt{3}$ 이다.

(2) $0.2 = \sqrt{(0.2)^2} = \sqrt{0.04}$ 이므로 $0.2 = \sqrt{0.04} < \sqrt{0.4}$ 이다.

예제 1.11

$2\sqrt{27} - 5\sqrt{3} + \sqrt{12}$ 을 간단히 하여라.

풀이

$$2\sqrt{27} - 5\sqrt{3} + \sqrt{12} = 2\sqrt{3^2 \times 3} - 5\sqrt{3} + \sqrt{2^2 \times 3}$$
$$= 2 \times 3\sqrt{3} - 5\sqrt{3} + 2\sqrt{3} = 3\sqrt{3}$$

유리수는 유한소수나 순환소수로 나타낼 수 있다. 따라서 유한소수나 순환소수는 분수 $\dfrac{m}{n}(m, n \in Z, n \neq 0)$의 모양으로 나타낼 수 있으므로 유리수의 조건을 만족한다. 그런데 소수 중에는 유한소수나 순환소수로 나타낼 수 없는 것들이 있다. 예를 들어 한 변의 길이가 1인 정사각형의 대각선의 길이를 수직선에 나타내면 1과 2사이의 한 값이 된다.

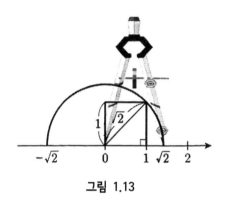

그림 1.13

$\sqrt{2}$ 값을 소수로 나타내어 보면

$$\sqrt{2} = 1.414213562373095048016\cdots$$

이다. 이러한 종류의 수는 분수로 표현할 수 없는, 순환하지 않는 **무한소수**(infinite decimal)이다. 이렇게 소수로 나타내었을 때 순환하지 않는 무한소수가 되는 수를 **무리수**(irrational number)라고 한다. 이상을 종합하면 다음과 같은 수 체계를 얻을 수 있다.

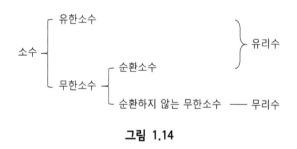

그림 1.14

유리수와 무리수를 통틀어 실수라고 한다. 실수의 분류를 그림으로 설명하면 그림 1.15와 같다.

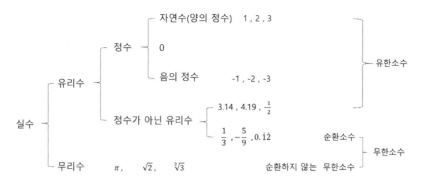

그림 1.15

예제 1.12

다음 주어진 수 중에서 무리수를 모두 찾아라.

$$\sqrt{11} \quad , \quad 1.4141414141\cdots \quad , \quad -\sqrt{49} \quad , \quad \sqrt{2}+1$$

풀이

$\sqrt{11} = 3.3166247903554\cdots$ 이므로 순환하지 않는 무한소수

$1.4141414141\cdots = 1.\dot{4}\dot{1}$ 이므로 순환하는 무한소수

$-\sqrt{49} = -7$ 이므로 유리수(음의 정수)

$\sqrt{2}+1 = 1.4142135\cdots + 1 = 2.4142134\cdots$ 이므로 순환하지 않는 무한소수

따라서, $\sqrt{11}$ 과 $\sqrt{2}+1$ 은 무리수이다.

수직선 위에서 임의의 실수 a와 원점 0 사이의 거리를 a의 **절댓값**(absolute value)이라고 하고 $|a|$로 나타낸다. 예를 들어, 수직선 위에서 원점 0과 5 사의의 거리는 양수 5이고 원점 0과 -5 사의의 거리도 양수 5이다. 즉, $|5| = 5 = |-5|$이다.

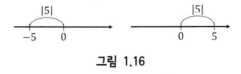

그림 1.16

예제 1.12에서 알아보았듯이 -5의 부호를 바꾸려면 $-$ 부호를 버리거나 -1을 곱해

$$-(-5) = 5$$

와 같이 부호를 바꿀 수 있다. 따라서 다음과 같이 절댓값을 정의할 수 있다.

임의의 실수 a에 대하여,

$$|a| = \begin{cases} a & (a \geq 0) \\ -a & (a < 0) \end{cases}$$

같이 정의 할 수 있다. 또, 다음과 같은 절댓값이 가지는 성질을 구할 수 있다.

임의의 실수 a와 b에 대하여

(1) $|a| \geq 0$, $|-a| = |a|$

(2) $|a|^2 = a^2$

(3) $|ab| = |a||b|$

(4) $\left| \dfrac{a}{b} \right| = \dfrac{|a|}{|b|} (b \neq 0)$

근호를 포함하고 있는 식의 사칙연산에 대하여 알아보자. 먼저 근호를 포함한 식의 곱셈과 나눗셈 방법부터 알아보자.

임의의 두 양수 a 와 b 에 대하여 $\sqrt{a} \times \sqrt{b}$ 을 제곱하면

$$(\sqrt{a} \times \sqrt{b})^2 = (\sqrt{a})^2 \times (\sqrt{b})^2 = a \times b$$

이다.

두 수 a와 b가 양수이므로 $\sqrt{a} \times \sqrt{b} > 0$이다. 따라서, $\sqrt{a} \times \sqrt{b}$ 는 $a \times b$의 양의 제곱근이다. 한편, $a \times b$의 양의 제곱근은 $\sqrt{a} \times \sqrt{b}$ 이므로

$$\sqrt{a} \times \sqrt{b} = \sqrt{a \times b}$$

을 만족한다. 즉, $\sqrt{a} \sqrt{b} = \sqrt{ab}$ (단, $a > 0$, $b > 0$)이다. 마찬가지로 두 수 a 와 b가 양수일 때, $\sqrt{a^2} = a$이므로 $\sqrt{a^2 b} = \sqrt{a^2} \sqrt{b} = a \sqrt{b}$ 을 만족한다.

이번에는 제곱근의 나눗셈에 대하여 알아보자.

임의의 두 양수 a와 b에 대하여 $\left(\dfrac{\sqrt{a}}{\sqrt{b}} \right)^2 = \dfrac{a}{b}$이므로 $\dfrac{\sqrt{a}}{\sqrt{b}}$ 는 $\dfrac{a}{b}$ 의 양의 제곱근이다. 한편, $\dfrac{a}{b}$ 의 양의 제곱근은 $\sqrt{\dfrac{a}{b}}$ 이므로

$$\frac{\sqrt{a}}{\sqrt{b}} = \sqrt{\frac{a}{b}} \qquad\qquad \cdots ①$$

을 만족한다.

식 ①의 등호 좌항은 분수의 분모가 근호를 포함한 무리수인 경우이다. 분수의 수식 계산은 일반적으로 분수의 분모가 유리수가 되면 무리수들 사이의 크기를 쉽게 예측할 수 있고, 무리수와 무리수 또는 무리수와 유리수 사이의 크기 비교가 가능해진다. 이같이 분모가 근호를 포함한 무리수일 때, 분수의 분모와 분자에 각각 0이 아닌 수를 곱하여 분모를 유리수로 고치는 것을 **분모의 유리화**(rationalization)라고 한다. 분모를 유리화하는 방법은 두 가지 방법이 있다.

$a > 0$, $b > 0$ 일 때,

(1) 분모가 무리수를 포함한 단항식일 경우;

$$\frac{\sqrt{a}}{\sqrt{b}} = \frac{\sqrt{a}\,\sqrt{b}}{\sqrt{b}\,\sqrt{b}} = \frac{\sqrt{a}\,\sqrt{b}}{b}$$

(2) 분모가 무리수를 포함한 다항식일 경우;

$(a+b)(a-b) = a^2 - ab + ba - b^2 = a^2 - b^2$을 이용하여.

$$\frac{\sqrt{c}}{\sqrt{a}+\sqrt{b}} = \frac{\sqrt{c}\,(\sqrt{a}-\sqrt{b})}{(\sqrt{a}+\sqrt{b})(\sqrt{a}-\sqrt{b})} = \frac{\sqrt{c}\,(\sqrt{a}-\sqrt{b})}{a-b}$$

이번에는 근호를 포함하고 있는 수식의 덧셈과 뺄셈에 대하여 알아보자. 예를 들어 그림 1.17과 같은 사각형의 넓이를 구하여 보자.

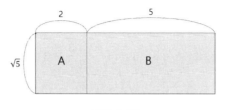

그림 1.17

주어진 사각형의 넓이를 구하는 방법은 두 가지를 생각할 수 있다. 하나는 사각형 A

의 넓이와 사각형 B의 넓이를 각각 구해서 더하는 방법이고 또 다른 방법은 사각형 A와 사각형 B을 합하여 하나의 사각형으로 보고 넓이를 구하는 방법이다. 물론 두 가지 방법으로 구한 사각형의 넓이는 같은 값을 가진다. 첫 번째 방법은 사각형 A의 넓이 $2\sqrt{5}$와 사각형 B의 넓이 $5\sqrt{5}$의 합 $2\sqrt{5}+5\sqrt{5}$이다. 두 번째 방법은 사각형 AB의 가로의 길이 $(2+5)$와 세로의 길이 $\sqrt{5}$의 곱인 $(2+5)\sqrt{5}$이다. 따라서 우리는 다음과 같은 수식을 얻을 수 있다.

$$2\sqrt{5}+5\sqrt{5}=(2+5)\sqrt{5} \qquad\qquad \cdots ②$$

식 ②에서 근호를 포함한 수식의 덧셈 또는 뺄셈의 계산은 다항식의 덧셈이나 뺄셈과 같이 뒤에서 설명할 동류항끼리 계산하는 것과 같이 근호 안의 수가 같은 것끼리 계산한다.

예제 1.13

다음을 간단히 하여라.

(1) $\sqrt{\dfrac{2}{5}}\,\sqrt{\dfrac{1}{6}}$
(2) $\dfrac{3}{2}\sqrt{\dfrac{8}{3}}$
(3) $\sqrt{7}\div\sqrt{28}$

(4) $\sqrt{3}\div\dfrac{\sqrt{2}}{\sqrt{3}}\times 3$
(5) $\sqrt{27}-2\sqrt{3}+4\sqrt{3}$

풀이

(1) $\sqrt{\dfrac{2}{5}}\,\sqrt{\dfrac{1}{6}}=\sqrt{\dfrac{2}{5}\times\dfrac{1}{6}}=\sqrt{\dfrac{2}{30}}=\sqrt{\dfrac{1}{15}}$

(2) $\dfrac{3}{2}\sqrt{\dfrac{8}{3}}=\sqrt{\dfrac{9}{4}}\,\sqrt{\dfrac{8}{3}}=\sqrt{\dfrac{9}{4}\times\dfrac{8}{3}}=\sqrt{6}$

(3) $\sqrt{7}\div\sqrt{28}=\dfrac{\sqrt{7}}{\sqrt{28}}=\sqrt{\dfrac{7}{28}}=\sqrt{\dfrac{1}{4}}=\dfrac{1}{2}$

(4) $\sqrt{3}\div\dfrac{\sqrt{2}}{\sqrt{3}}\times 3=\sqrt{3}\times\dfrac{\sqrt{3}}{\sqrt{2}}\times 3=\sqrt{\dfrac{3\times 3}{2}}\times 3=\dfrac{9}{\sqrt{2}}=\dfrac{9\sqrt{2}}{2}$

(5) $\sqrt{27}-2\sqrt{3}+4\sqrt{3}=3\sqrt{3}-2\sqrt{3}+4\sqrt{3}=(3-2+4)\sqrt{3}=5\sqrt{3}$

앞에서 알아보았듯이 수에서는 양수의 제곱은 양수이고, 음수의 제곱 역시 양수가 된다. 물론 0의 제곱도 0이다. 즉, 어떠한 실수도 제곱은 음수가 되지 않는다. 따라서

다음 등식을 만족하는 미지수 x의 값을 만족하는 해는 실수 범위에서는 찾을 수가 없다.

$$x^2 = -1$$

이러한 등식을 만족하는 미지수 x의 값을 찾으려면 우리가 생각하는 수의 범위를 실수 밖으로 확장하여야 한다. 즉, 제곱해서 -1이 되는 새로운 수를 생각해야 한다. 이러한 수를 i라고 한다. 즉,

$$i^2 = -1$$

이다. 이러한 새로운 수 i을 **허수단위**(imaginary unit)라고 한다. 스위스의 수학자 **오일러**(Euler, L., 1707~1783)가 처음으로 제곱하여 -1이 되는 수를 i로 나타내었다.

우리는 허수단위를 사용하여 새로운 수의 집합을 정의할 수 있다. 독일의 수학자 **가우스**(Gauss, K. F., 1777~1855)는 실수와 허수단위를 결합한 새로운 수의 개념을 도입하였다. 이러한 새로운 수의 집합을 **복소수**(complex number)

$$C = \{\ a + bi\ |\ a, b \in R,\ i^2 = -1\ \}$$

라고 한다. 복소수의 임의의 한 원소 $a + bi$에서 a을 **실수부분**(real part)이라고 하고 b을 **허수부분**(imaginary part)이라고 한다.

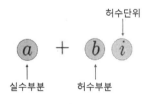

그림 1.18

$b \neq 0$인 복소수 $a + bi$을 **허수**(imaginary number)라고 하고 $a = 0$이고 $b \neq 0$인 복소수 bi을 **순허수**(pure imaginary number)라고 한다.

$2 + 5i$, $2 + 0i$, $0 + 0i$, $0 + 5i$는 모두 복소수이다. $2 + 0i = 2$이고 $0 + 0i = 0$이므로 실수이다. $0 + 5i = 5i$로 순허수이다. 따라서 다음과 같은 포함관계를 얻을 수 있다.

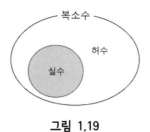

그림 1.19

그러므로 그림 1.15의 수의 분류는 다음과 같이 확장하여 나타낼 수 있다.

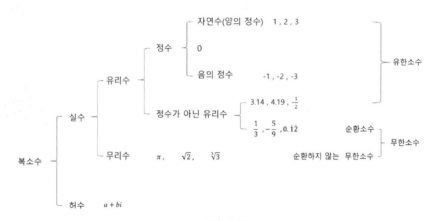

그림 1.20

임의의 두 복소수 $a+bi$와 $a-bi$의 차이에 대하여 알아보자. 두 복소수는 실수부분은 같고 허수부분은 부호가 정반대이다. 이와 같은 관계를 **복소켤레** 또는 **복소공액**이라고 한다. 즉, 두 복소수 $a+bi$와 $a-bi$는 서로의 **켤레복소수**(complex conjugate) 또는 **공액복소수**라고 하고

$$\overline{a+bi}$$

로 나타낸다. 따라서 $\overline{a+bi} = a-bi$ 또는, $\overline{a-bi} = a+bi$ 이다.

임의의 실수 $a, b, c, d\,(a<b, c<d)$에 대하여, 두 복소수 $a+bi$와 $c+di$에서 실수부분이 서로 다르거나 허수부분이 서로 다를 때, 두 복소수는 서로 같지 않다고 한다. 두 복소수가 서로 같은 복소수의 **상등**(equality)에 대하여 알아보자.

임의의 실수 a, b, c, d에 대하여 $a+bi$와 $c+di$가 $a=c$, $b=d$ 일 때 두 복소수는 서로 상등이라고 하며, 이것을 $a+bi = c+di$로 나타낸다. 이러한 사실에서 $a+bi = 0$ 이면 $a=0$ 이고 $b=0$이고, 역으로 $a=0$ 이고 $b=0$이면 $a+bi = 0$이 된

다는 사실을 알 수 있다. 참고로 실수와 실수 사이의 대소 관계는 정의하지만 실수가
아닌 복소수들 사이의 대소 관계는 정의하지 않는다.

예제 1.14

$(x+y)-(x-y)i = 3+5i$을 만족하는 실수 x와 y을 구하여라.

풀이

$(x+y)$와 $(x-y)$은 실수이므로 $x+y = 2$와 $-(x-y) = 5$을 연립하여 풀면 $x = -1$,
$y = 4$ 이다.

복소수의 덧셈과 **뺄셈**은 허수단위 i을 문자처럼 생각하고 실수부분은 실수부분끼리,
허수부분은 허수부분끼리 모아서 계산한다. 복소수의 곱셈은 허수단위 i을 문자처럼 생
각하고 다항식의 곱셈과 같은 방법으로 전개하면 된다. 이때 $i^2 = -1$이 된다는 점에
주의하여 계산한다. 복소수의 나눗셈은 분모의 켤레복소수를 분모, 분자에 각각 곱하여
분모를 실수화시킨 다음에 계산한다. 이상의 내용을 정리하면 다음과 같은 복소수의 사
칙연산과 연산에 대한 기본성질이 성립한다.

(1) 복소수의 사칙연산

임의의 실수 a, b, c, d 에 대하여,

① $(a+bi)+(c+di) = (a+c)+(b+d)i$ $\qquad$ ⋯ 덧셈

② $(a+bi)-(c+di) = (a-c)+(b-d)i$ $\qquad$ ⋯ 뺄셈

③ $(a+bi) \times (c+di) = (ac-bd)+(ad+bc)i$ $\qquad$ ⋯ 곱셈

④ $\dfrac{(a+bi)}{(c+di)} = \dfrac{ac+bd}{c^2+d^2} - \dfrac{ad+bc}{c^2+d^2}i$ (단, $c+di \neq 0$) $\qquad$ ⋯ 나눗셈

(2) 복소수의 연산에 대한 기본성질

A, B, C, D을 임의의 복소수들이라고 하면,

① $A+B = B+A$, $AB = BA$ $\qquad$ ⋯ 교환법칙

② $(A+B)+C = A+(B+C)$, $(AB)C = A(BC)$ $\qquad$ ⋯ 결합법칙

③ $A(B+C) = AB+AC$, $(B+C)A = BA+CA$ $\qquad$ ⋯ 분배법칙

다음 식을 간단히 하여라.

(1) i^{102} (2) $(2 + 5i) + (4 - 3i)$ (3) $(2 + 3i) \times (3 - 2i)$

풀이

(1) $i^{102} = (i^2)^{51} = (-1)^{51} = -1$

(2) $(2 + 5i) + (4 - 3i) = (2 + 4) + (5 + (-3))i = 6 + 2i$

(3) $(2 + 3i) \times (3 - 2i) = 2 \times 3 + 2 \times (-2)i + 2 \times 3 + 2 \times (-2)i^2$

$$= 6 - 14i + 6 + 4 \times (-1)$$

$$= 10 - 4i$$

③ 유리식과 무리식

임의의 다항식 A와 $B(\neq 0)$에 대하여, 다항식 $\dfrac{A}{B}$을 **유리식**(rational expression)이라고 한다. 만약 분모인 B가 미지수 x에 대한 일차 이상의 다항식이면 $\dfrac{A}{B}$을 **분수식**(fractional expression)이라고 한다. 예를 들어, 다항식 $\dfrac{5x + 1}{2}$은 분모가 상수이므로 다항식이면서 유리식이다. 또 식 $\dfrac{5x - 1}{3x + 2}$은 분모가 일차식 이상의 다항식이므로 분수식이면서 동시에 유리식이다. 일반적으로 유리식과 분수식을 통틀어 유리식이라고 한다.

유리식도 유리수와 마찬가지로 다음과 같은 기본성질과 사칙연산이 성립한다.

임의의 다항식 A, $B(\neq 0)$, $C(\neq 0)$, $D(\neq 0)$에 대하여

(1) 유리식의 기본성질

① $\dfrac{A}{B} = \dfrac{A \times C}{B \times C}$

② $\dfrac{A}{B} = \dfrac{A \div C}{B \div C}$

(2) 유리식의 사칙연산

① $\dfrac{A}{C} + \dfrac{B}{C} = \dfrac{A + B}{C}$ ··· 덧셈

$$② \quad \frac{A}{C} - \frac{B}{C} = \frac{A-B}{C} \qquad\qquad \cdots \text{뺄셈}$$

$$③ \quad \frac{A}{B} \times \frac{C}{D} = \frac{AC}{BD} \qquad\qquad \cdots \text{곱셈}$$

$$④ \quad \frac{A}{B} \div \frac{C}{D} = \frac{A}{B} \times \frac{D}{C} = \frac{AD}{BC} \qquad\qquad \cdots \text{나눗셈}$$

분수식 중에서 분모나 분자 또는 둘 모두가 분수식으로 만들어진 식을 **번분수식**(complex fractional expression)이라고 하고 다음과 같이 계산한다.

$$\frac{\dfrac{A}{B}}{C} = \frac{A}{BC} \qquad \frac{A}{\dfrac{B}{C}} = \frac{AC}{B} \qquad \frac{\dfrac{A}{B}}{\dfrac{C}{D}} = \frac{AD}{BC}$$

그림 1.21

예제 1.17

번분수식 $1 - \dfrac{1}{1 - \dfrac{1}{1-x}}$ 을 간단히 하여라.

풀이

$$1 - \frac{1}{1 - \dfrac{1}{1-x}} = 1 - \frac{1}{\dfrac{-x}{1-x}} = 1 + \frac{1-x}{x} = \frac{1}{x}$$

같은 종류의 두 수(또는 양) a와 b에 대하여, a가 b의 몇 배 인가라고 하는 배수 관계를 a의 b에 대한 **비**(ratio)라고 하고, $a:b$로 나타낸다. 이때, a을 비의 **전항**(preceding clause)이라고 하고 b을 **후항**(succeeding clause)이라고 한다. 또 a을 b로 나눈 값인 $\dfrac{a}{b}$ 을 **비의 값**(ratio value)이라고 한다. 두 개의 비 $a:b$ 와 $c:d$ 가 같을 때, $a:b = c:d$ (또는 $\dfrac{a}{b} = \dfrac{c}{d}$)라고 나타낸다. 이러한 식을 **비례식**(proportional expression)이라고 한다. 참고로 $a:b = c:d$ 일 때, a와 b는 c와 d에 **비례**(proportion)한다고 한다.

임의의 비례식 $a:b = c:d$가 성립하면 $\dfrac{a}{b} = \dfrac{c}{d}$ 이고 이 등식의 양변에 1을 더하거나

빼주면 $\dfrac{a}{b} \pm 1 = \dfrac{c}{d} \pm 1$ 이므로 $\dfrac{a \pm b}{b} = \dfrac{c \pm d}{d}$ (복호동순)이다. 마찬가지로 $\dfrac{a+b}{b} \div \dfrac{a-b}{b}$ 와 $\dfrac{c+d}{d} \div \dfrac{c-d}{d}$ 은 같은 값을 가지므로 $\dfrac{a+b}{a-b} = \dfrac{c+d}{c-d}$ 이다. 만약 $\dfrac{a'}{a} = \dfrac{b'}{b} = \dfrac{c'}{c} = k$ 라고 하면 $a' = a \cdot k$, $b' = b \cdot k$, $c' = c \cdot k$ 이다.

$a' + b' + c' = a \cdot k + b \cdot k + c \cdot k = (a+b+c)k$ 이고 $a+b+c \neq 0$이므로,

$$k = \frac{a' + b' + c'}{a+b+c}$$

이다. 따라서 $\dfrac{a'}{a} = \dfrac{b'}{b} = \dfrac{c'}{c} = \dfrac{a'+b'+c'}{a+b+c}$ 이다.

또, $\dfrac{a'}{a} = \dfrac{a'p}{ap}$, $\dfrac{b'}{b} = \dfrac{b'p}{bp}$, $\dfrac{c'}{c} = \dfrac{c'p}{cp}$ 이므로,

$$\frac{a'}{a} = \frac{b'}{b} = \frac{c'}{c} = \frac{a'+b'+c'}{a+b+c} = \frac{a'p + b'p + c'p}{ap+bp+cp}$$

이다. 여기서 $ap + bp + cp \neq 0$이다. 따라서 다음과 같은 비례식의 성질의 얻을 수 있다.

임의의 비례식 $a : b = c : d$가 성립하면,

(3) $\dfrac{a \pm b}{b} = \dfrac{c \pm d}{d}$ (복호동순)

(4) $\dfrac{a+b}{a-b} = \dfrac{c+d}{c-d}$

(5) $\dfrac{a'}{a} = \dfrac{b'}{b} = \dfrac{c'}{c} = \dfrac{a'+b'+c'}{a+b+c} = \dfrac{a'p+b'p+c'p}{ap+bp+cp}$ $(a+b+c \neq 0, \ ap+bp+cp \neq 0)$

이다. 성질 (5)와 같이 비를 더하는 법칙이라는 일본식 용어를 그대로 사용하여 **가비의 이**(componendo)라고 한다.

예제 1.18

$\dfrac{a}{2} = \dfrac{b}{3} = \dfrac{c}{4} = \dfrac{2a + 3b + 4c}{x}$ 일 때, x 값을 구하여라.

풀이

$\dfrac{a}{2} = \dfrac{b}{3} = \dfrac{c}{4} = \dfrac{2a+3b+4c}{2\times 2 + 3 \times 3 + 4 \times 4} = \dfrac{2a+3b+4c}{29} = \dfrac{2a+3b+4c}{x}$ 이므로

$x = 29$ 이다.

근호 안에 문자가 포함되어있는 수식 중에서 유리식으로 표현될 수 없는 식을 **무리식** (irrational expression)이라고 한다. 예를 들어

$$\sqrt{3x} \ , \quad \sqrt{1-x}-2 \ , \quad \sqrt{x+2}-\sqrt{1-4x} \ , \quad \frac{\sqrt{x}+2}{\sqrt{3+x}}$$

은 모두 무리식이다.

근호에 대한 설명은 앞에서 알아보았으므로 조금 더 확장하여 이중근호에 대하여 알아보자. 다음과 같이 근호 안에 또다시 근호가 포함되어있는 다항식

$$\sqrt{5 \pm 2\sqrt{6}}$$

을 **이중근호**(double radical)라고 한다. 이 식은 다음과 같은 방법으로 밖의 근호를 제거할 수 있다.

$$\begin{aligned}
\sqrt{5 \pm 2\sqrt{6}} &= \sqrt{(3+2) \pm 2\sqrt{(3 \times 2)}} \\
&= \sqrt{(\sqrt{3})^2 \pm 2\sqrt{3}\sqrt{2} + (\sqrt{2})^2} \\
&= \sqrt{(\sqrt{3} \pm \sqrt{2})^2} \\
&= \sqrt{3} \pm \sqrt{2} \ \text{(복호동순)}
\end{aligned}$$

따라서 다음과 같이, 이중근호를 가진 식을 변형할 수 있다.
임의의 양의 실수 a , b에 대하여,

(6) $\sqrt{(a+b)+2\sqrt{ab}} = \sqrt{a} + \sqrt{b}$

(7) $\sqrt{(a+b)-2\sqrt{ab}} = \sqrt{a} - \sqrt{b}$ (단, $a > b$)

예제 1.18

다음 식을 간단히 하여라.

(1) $\sqrt{7+2\sqrt{12}}$ (2) $\sqrt{24-\sqrt{540}}$

풀이

(1) $\sqrt{7+2\sqrt{12}} = \sqrt{(4+3)+2\sqrt{4 \times 3}} = \sqrt{4} + \sqrt{3} = 2 + \sqrt{3}$

(2) $\sqrt{24 - \sqrt{540}} = \sqrt{(24-2)\sqrt{135}} = \sqrt{15 + 9 - 2\sqrt{15 \times 9}}$

$\qquad\qquad\quad = \sqrt{15} - \sqrt{9} = \sqrt{15} - 3$

4 방정식

미지수 x에 대한 임의의 항등식에서 특정한 미지수 x의 값에 대해서만 주어진 등식이 성립할 때, 이러한 등식을 **방정식**(equation)이라고 한다. 방정식을 만족시키는 미지수 x의 값을 그 방정식의 **해**(solution) 또는 **근**(root)이라고 하며 방정식의 해 전체의 집합을 그 방정식의 **해집합**(solution set)이라고 한다.

임의의 방정식에서 미지수가 한 종류이고 차수가 1인 방정식을 **일원일차방정식**(linear equation with one unknown)이라고 하고, 보통의 경우 일원을 생략하여 **일차방정식**(linear equation)이라고 한다. 또한 미지수가 한 종류이면서 미지수의 차수가 2인 방정식을 **일원이차방정식**(quadratic equation with one unknown) 또는 간단히 **이차방정식**(quadratic equation)이라고 한다. 일반적으로, 방정식에서 **원**은 방정식에서 주어진 미지수 종류의 개수를 말하고 차는 앞에서 알아보았듯이 방정식에서 미지수의 최고 차수를 말한다.

방정식을 만들어 보자. 물탱크에 매분 $3l$의 물을 공급하고 있다. 물을 공급하기 전에 물탱크에는 물이 $6l$의 물이 들어 있었다고 하면, 물탱크에 물이 $30l$가 되려면 얼마의 시간이 걸릴지 알아보자.

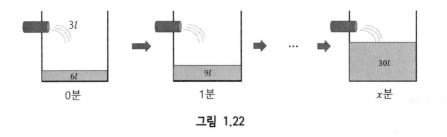

그림 1.22

이 문제를 해결하기 위해서는 그림 1.22에서 나타나는 몇 가지 양의 관계를 찾아내는 것이 중요하다. 물탱크에는 매분 $3l$의 물이 공급되므로, 1분 후에는 물탱크 속의 물의 양은 원래 들어 있던 물의 양 $6l$와 1분간 공급된 물의 양을 더해서

$$6(l) + 3(l/m) \times 1(\text{분}) = 6 + 3 = 9$$

이다. 문제는 물탱크 속의 물이 $30l$가 되는 시간을 구하는 것이므로, 등식의 우변을 30이라 하고 몇 분이라는 것을 미지수 x로 나타내면 다음과 같은 방정식을 만들 수 있다.

$$6(l) + 3(l/m) \times x(\text{분}) = 6 + 3x = 30$$

이 방정식의 해를 구하여 보자. 미지수 x가 증가함에 따라서 $6 + 3x$도 마찬가지로 증가하게 된다. 이렇게 커진 값이 30이 순간의 x값이 방정식의 해가 된다.

x 대신에 적당한 값 9를 대입하면 $6 + 3 \times 9 = 33$이므로 조금 크다. 그래서 x 대신에 7을 대입하면 $6 + 3 \times 7 = 27$이므로 이번에는 조금 작다. 그래서 $x = 8$을 대입하면

$$6 + 3 \times 8 = 30$$

이 되어 이 방정식의 해 $x = 8$을 얻을 수 있다.

이처럼 여러 번 시행착오를 거치면서 구하고자 하는 해에 다가가는 방법이 방정식의 해를 구하는 의미를 잘 이해할 수 있는 가장 쉽고 확실한 방법이지만 조금 수고스럽다. 그러면 이러한 문제를 해결할 수 있는 조금 더 간편한 방법을 생각해보자. 목표로 하는 물탱크 속의 물의 양 $30l$에서 처음부터 물탱크에 있었던 물의 양 $6l$을 빼면 $24l$가 된다. 이렇게 하면 문제는 물탱크에 매분 $3l$의 물을 공급하여, 물탱크에 물이 $24l$가 되려면 얼마의 시간이 걸릴지 알아보는 문제로 변형된다. 이 문제를 방정식으로 표현하면

$$3x = 24$$

이다. 이 방정식의 해는 $x = 8$이다. 해를 구하는 과정을 그림으로 나타내면 그림 1.23과 같다.

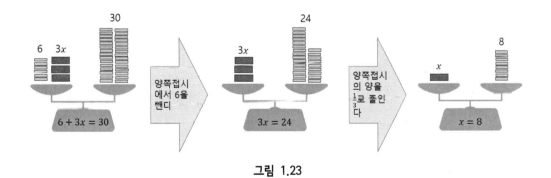

그림 1.23

앞에서 설명하였던 방정식을 일반화하여 방정식의 해를 구하여 보자. 임의의 상수 a, b와 미지수 x에 대한 방정식

$$ax = b \qquad \cdots ①$$

의 해를 구하여 보자. 방정식 ①의 해는 $a \neq 0$일 때와 $a = 0$일 때로 나누어 풀이해야 한다. 또 $a = 0$인 경우에도 b의 값에 따라 $b \neq 0$과 $b = 0$인 경우로 나누어 생각해보아야 한다.

(1) $a \neq 0$일 때, 양변에 $\dfrac{1}{a}$을 곱하면 $x = \dfrac{b}{a}$가 되어 해가 한 개 존재한다.

(2) $a = 0$이고 $b \neq 0$이면 $0 \cdot x = b$이므로 x에 어떠한 값을 대입하여도 성립하지 않으므로 **불능**(impossible)이라고 한다.

(3) $a = 0$이고 $b = 0$이면 $0 \cdot x = 0$이므로 x에 어떠한 값을 대입하여도 성립하므로 해가 무수히 많아 특정한 값을 정할 수 없어 **부정**(indefinite)이라고 한다.

예제 1.19

미지수 x에 대해 다음 방정식의 해를 구하여라.

(1) $ax - a^2 = bx - b^2$ (2) $|x - 1| = 3$

풀이

(1) $ax - a^2 = bx - b^2$에서 $ax - bx = a^2 - b^2 \Rightarrow (a-b)x = (a+b)(a-b)$ 이다.

    ① $a \neq b$ 일 때, $x = \dfrac{(a+b)(a-b)}{(a-b)}$ 따라서 $x = (a+b)$

    ⑪ $a = b$ 일 때, $0 \cdot x = 0$이 되어 특정한 값을 정할 수 없어 부정이다.

(2) 절댓값 기호가 포함된 방정식은 먼저 절댓값 기호를 내부의 값이 ①음수인 경우와 ⑪ 음수가 아닌 경우로 나누어 절댓값 기호를 없애고, 풀이한 방정식의 근이 절댓값 기호를 없앨 때 생긴 범위와의 상관성을 확인하여야 한다.

    ① $x \geq 1$ 일 때, $|x - 1| = x - 1$ 이므로 $x - 1 = 3$. 따라서 $x = 4$ $(x \geq 1$에 포함$)$

    ⑪ $x < 1$ 일 때, $|x - 1| = -(x - 1) = -x + 1$이므로 $-x + 1 = 3$.

    따라서 $x = -2$ $(x < 1$에 포함$)$

    ①과 ⑪에서 $x = 4$ 또는 $x = -2$

방정식 $x^2 + 2x + 3 = 4x - 5$을 동류항끼리 등호의 좌변으로 모아 정리하면

$$x^2 - 2x + 8 = 0$$

이 된다. 이같이 방정식을 동류항끼리 등호의 좌변으로 모아 정리하였을 때,

$$(\text{미지수 } x \text{에 대한 이차식}) = 0$$

의 형태로 나타낼 수 있는 방정식은 미지수 x에 대한 **이차방정식**(quadratic equation)이 된다.

미지수 x에 대한 이차방정식 $ax^2 + bx + c = 0$의 풀이는 인수분해에 의한 방법과 근의 공식에 의한 방법 등의 두 가지 방법을 일반적으로 사용한다.

(1) 인수분해에 의한 방법

미지수 x에 대한 이차방정식이 $(ax - b)(cx - d) = 0 \, (a, c \neq 0)$의 모양으로 인수분해 되면 $(ax - b)(cx - d) = 0$의 해는 $x = \dfrac{b}{a}$ 또는 $x = \dfrac{d}{c}$ 이다.

(2) 근의 공식에 의한 방법

미지수 x에 대한 이차방정식 $ax^2 + bx + c = 0$의 근은

$$x = \frac{-b \pm \sqrt{b^2 - 4ac}}{2a}$$

이다. 참고로, 근의 공식을 유도하여 보자.

$$ax^2 + bx + c = 0 \quad (a \neq 0)$$

양변을 미지수 x의 최고 차인 x^2의 계수 a로 나누면,

$$x^2 + \frac{b}{a}x + \frac{c}{a} = 0$$

이다. 상수항을 등호의 우변으로 이항하면,

$$x^2 + \frac{b}{a}x = -\frac{c}{a}$$

이다. 등호 양변에 $\left(\dfrac{b}{2a}\right)^2$을 각각 더하면,

$$x^2 + \frac{b}{a}x + \left(\frac{b}{2a}\right)^2 = -\frac{c}{a} + \left(\frac{b}{2a}\right)^2$$

$$\Rightarrow \left(x + \frac{b}{2a}\right)^2 = \frac{b^2 - 4ac}{4a^2}$$

$$\Rightarrow x + \frac{b}{2a} = \pm\frac{\sqrt{b^2 - 4ac}}{2a}$$

이다. 따라서, $x = -\frac{b}{2a} \pm \frac{\sqrt{b^2 - 4ac}}{2a} = \frac{-b \pm \sqrt{b^2 - 4ac}}{2a}$ 을 얻을 수 있다.

임의의 실수 $a(\neq 0)$, b, c에 대하여, 미지수 x에 대한 이차방정식 $ax^2 + bx + c = 0$ 에서 미지수 x에 대한 계수들 사이의 관계식으로 근의 성질에 대한 정보를 알려 주는 **판별식**(discriminant) $D = b^2 - 4ac$은 다음과 같이 세 가지 경우로 나타난다.

(1) $D > 0$ 이면 서로 다른 두 개의 실근을 갖는다.

(2) $D = 0$ 이면 서로 같은 하나의 실근을 갖는다(중근).

(3) $D < 0$ 이면 서로 다른 두 개의 허근을 갖는다.

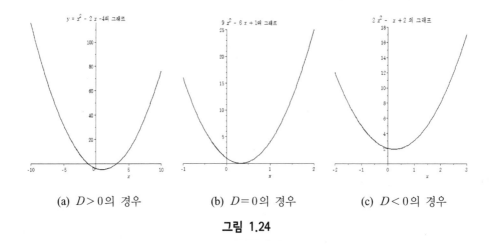

(a) $D > 0$의 경우   (b) $D = 0$의 경우   (c) $D < 0$의 경우

그림 1.24

미지수 x에 대한 삼차 이상의 다항 방정식들을 **고차방정식**(equation of higher degree)이라고 한다. 고차방정식은 먼저 일차 인수를 하나씩 찾아가면서 인수분해를 하거나 치환 또는 인수정리를 이용하여 방정식의 차수를 낮추어가면서 방정식을 풀이한다. 자세한 설명은 다음의 예제로서 설명한다. 참고로 노르웨이의 수학자 **아벨**(Abel N. H.,

1802~1829)이 오차 이상 방정식의 일반적인 해는 대수적인 방법으로는 구할 수 없음을 밝혀냈다.

삼차방정식의 근의 공식은 이탈리아의 수학자 **카르다노**(Cardano G., 1501~1576)가 만들어 카르다노의 공식으로 불린다. 이 공식을 유도하기는 상당히 어렵다. 여기에서는 공식의 소개와 어떻게 사용하는지만 알아보도록 하자.

삼차방정식 $x^3 + ax^2 + bx + c = 0$의 근은 다음과 같다.

$$x = \sqrt[3]{-\frac{q}{2} + \sqrt{r}} + \sqrt[3]{-\frac{q}{2} - \sqrt{r}} - \frac{a}{3} \qquad \cdots ②$$

$$x = \omega \sqrt[3]{-\frac{q}{2} + \sqrt{r}} + \omega^2 \sqrt[3]{-\frac{q}{2} - \sqrt{r}} - \frac{a}{3} \qquad \cdots ③$$

$$x = \omega^2 \sqrt[3]{-\frac{q}{2} + \sqrt{r}} + \omega^3 \sqrt[3]{-\frac{q}{2} - \sqrt{r}} - \frac{a}{3} \qquad \cdots ④$$

여기서,

$$q = \frac{2}{27}a^3 - \frac{ab}{3} + c$$

$$r = \frac{1}{4}\left(\frac{2}{27}a^3 - \frac{1}{3}ab + c\right)^2 + \frac{1}{27}\left(b - \frac{1}{3}a^2\right)^3$$

$$\omega = \frac{-1 + \sqrt{3}\,i}{2}$$

이다. 예를 들어, 삼차방정식 $x^3 - x^2 - x - 2 = 0$은 앞에서 보았던 삼차방정식의 기본 모양에서 $a = -1$, $b = -1$, $c = -2$이고 $q = -\frac{65}{27}$, $r = \frac{49}{36}$이다. 이 값을 식 ②, ③, ④에 차례로 대입하면 세 개의 근 $x = 2$, $x = \frac{-1 + \sqrt{3}\,i}{2}$, $x = \frac{-1 - \sqrt{3}\,i}{2}$가 된다.

사차 이상의 고차방정식에서

$$ax^4 + bx^3 + cx^2 + bx + a = 0 \ (a \neq 0) \qquad \cdots ⑤$$

와 같이 최고차항의 계수와 마지막 상수항의 계수가 같은 방정식을 **상반방정식**(reciprocal equation) 또는 **역수방정식**이라고 한다. 참고로 사차방정식 ⑤은 양변을 x^2으로 나누고 $t = x + \frac{1}{x}$로 치환한 뒤 t에 대한 이차방정식을 푼다.

다음 방정식을 풀어라.

(1) $3x^2 - 7x + 2 = 0$ (2) $2x^2 - 3x + 2 = 0$

(3) $x^3 - x = 0$ (4) $x^4 - 3x^3 + 4x^2 - 3x + 1 = 0$

풀이

(1) (인수분해에 의한 방법)

$$3x^2 - 7x + 2 = 0 \Rightarrow (3x-1)(x-2) = 0$$

따라서 $x = \dfrac{1}{3}$ 또는 $x = 2$

(2) (근의 공식에 의한 방법)

$2x^2 - 3x + 2 = 0$ 에서

$$x = \frac{-3 \pm \sqrt{3^2 - 4 \times 5 \times (-2)}}{2 \times 5} = \frac{-3 \pm 7}{10}$$

따라서 $x = \dfrac{2}{5}$ 또는 $x = -1$

(3) 주어진 방정식의 좌변을 인수분해 하면,

$$x^3 - x = x(x^2 - 1)$$
$$= x(x-1)(x+1)$$
$$= 0$$

따라서 $x = -1$ 또는 $x = 0$ 또는 $x = 1$

(4) 주어진 사차방정식은 최고차항의 계수와 마지막 상수항의 계수가 1로 같으므로 상반방정식이다.

$$x^4 - 3x^3 + 4x^2 - 3x + 1 = 0$$

에서 양변을 x^2 으로 나누면

$$x^2 - 3x + 4 - \frac{3}{x} + \frac{1}{x^2} = 0$$

$$\Rightarrow (x + \frac{1}{x})^2 - 2 - 3(x + \frac{1}{x}) + 4 = 0$$

$$\Rightarrow (x + \frac{1}{x})^2 - 3(x + \frac{1}{x}) + 2 = 0$$

$$\Rightarrow (x + \frac{1}{x} - 1)(x + \frac{1}{x} - 2) = 0$$

$$\Rightarrow x + \frac{1}{x} = 1 \ \ \text{또는} \ \ x + \frac{1}{x} = 2$$

이제 양변에 x를 곱하여 정리하면 $x^2 - x + 1 = 0$ 또는 $x^2 - 2x + 1 = 0$이 되고 두 개의 이차방정식을 풀면 $x = \dfrac{1 \pm \sqrt{3}\,i}{2}$ 또는 $x = 1$이다.

⑤ 연립방정식

어느 농가에서 오리와 송아지를 합쳐서 모두 7마리를 사육하고 있다. 이 동물들의 다리를 합한 수가 모두 20개라면, 이 농가에서 사육하고 있는 오리와 송아지는 각각 몇 마리일까? 오리는 한 마리당 다리가 2개이고, 송아지는 한 마리당 다리가 4개이다. 그런데 송
아지도 2개의 다리와 여분의 다리 2개를 가지고 있다고 가정 하면, 7마리의 동물 모두 한 마리당 2개씩의 다리가 있으므로 $2 \times 7 = 14$(개)이다. 문제의 조건에서 다리가 모두 20개라고 했으므로 나머지 6개의 다리는 송아지의 다리일 것이다. 따라서 송아지의 수는 $6 \div 2 = 3$(마리)이고 오리는 $7 - 3 = 4$(마리)이다.

앞의 오리와 송아지 문제를 방정식을 사용하여 풀어보자. 모르는 수는 오리와 송아지의 수 이다. 오리의 수를 x, 송아지의 수를 y라 하면, 오리와 송아지를 합쳐서 7마리이므로

$$x + y = 7 \qquad\qquad \cdots ①$$

미지수 x, y을 합해서 7이 되는 것만으로는 x와 y의 값을 특정할 수 없다. 즉, 순서쌍 (x, y)는 $(1, 6), (2, 5), (3, 4)$이다. 일반적으로 미지수가 복수일 경우, 식이 하나만이라면 해는 하나로 정해지지 않는다. 해를 하나로 정하려면 미지수와 같은 수의 식을 세워야 한다. 문제에서 동물의 다리의 수를 합해서 20이라는 조건으로부터, 오리의 다리는 한 마리당 2개이므로 $2x$가 된다. 또한 송아지의 다리는 한 마리당 4개이므로

$4y$가 된다. 두 동물의 다리를 합해서 20이므로 다음과 같은 식을 만들 수 있다.

$$2x + 4y = 20 \qquad \cdots ②$$

식 ①과 ②로부터 x와 y에 대해서 다음과 같은 관계식을 얻을 수 있다.

$$\begin{cases} x + y = 7 \\ 2x + 4y = 20 \end{cases}$$

이처럼 두 개 이상의 미지수를 포함하고 있는 방정식들이 쌍을 이루어 새로운 방정식을 구성하는 것을 **연립방정식**(simultaneous equation)이라고 한다. 두 방정식을 동시에 만족하는 x, y의 값 또는 그 순서쌍 (x, y)을 그 연립방정식의 **해**(root)라고 하며, 연립방정식의 해를 구하는 것을 **연립방정식을 푼다**고 한다.

먼저 연립방정식에서 차수가 가장 높은 것이 일차방정식인 경우, **연립일차방정식**(system of linear equations)이라고 한다.

이러한 방정식의 풀이는 미지수 중 하나를 소거하여 일차방정식으로 유도하여 풀이한다. 미지수를 소거하는 방법에는 가감법, 대입법, 등치법 등이 있는데 주어진 연립방정식에 따라 적절히 사용한다.

예제 1.21

(1) 다음 이원일차 연립방정식 $\begin{cases} 2x + y = 5 \\ x - y = -2 \end{cases}$ 을 푸시오.

(2) 다음 삼원일차 연립방정식 $\begin{cases} x + y + z = 6 \\ 2x + y - z = 1 \\ x + 2y - z = 2 \end{cases}$ 을 푸시오.

(3) x, y에 대한 연립방정식 $\begin{cases} ax + y = 1 \\ x + ay = 1 \end{cases}$ 을 푸시오.

(4) 연립방정식 $\begin{cases} 2x - y = 1 \\ 3x^2 - y^2 = -6 \end{cases}$ 을 푸시오.

(5) 연립방정식 $\begin{cases} xy = 2 \\ x^2 + y^2 = 5 \end{cases}$ 을 푸시오.

풀이

(1) $x = 1, y = 3$

(2) $x = 1, y = 2, z = 3$

(3) $a \neq \pm 1$ 일 때, $x = \dfrac{1}{a+1}, y = \dfrac{1}{a+1}$

$a = 1$ 일 때, 해가 무수히 많다(부정).

$a = -1$ 일 때, 해가 없다(불능).

(4) $x = 5, y = 9$ 또는 $x = -1, y = -3$

(5) $(x, y) = (1, 2), (2, 1), (-1, -2), (-2, -1)$

연립방정식에서 차수가 가장 높은 것이 이차방정식일 경우, 이것을 **연립이차방정식** (system of quadratic equations)이라고 한다. 연립이차방정식의 모양은 일차식과 이차식, 이차식과 이차식을 연립하는 경우로 나누어진다.

예제 1.22

다음 연립방정식을 풀어라.

(1) $\begin{cases} x - y = 2 \\ x^2 - 2xy - y = 2 \end{cases}$

(2) $\begin{cases} 2x^2 + 2y^2 + 3x + y = 12 \\ x^2 + y^2 + x - y = 6 \end{cases}$

풀이

(1) $\begin{cases} x - y = 2 & \cdots ③ \\ x^2 - 2xy - y = 2 & \cdots ④ \end{cases}$

라 하자.

식 ③에서

$$y = x - 2 \qquad \cdots ⑤$$

을 식 ④에 대입하면

$$x^2 - 2x(x-2) - (x-2) = 2$$

이다.

이것을 정리하면 $x^2 - 3x = 0 \ \Rightarrow \ x(x-3) = 0$ 이므로 $x = 0, 3$ 을 얻을 수 있다. 따라서 $y = -2, 1$ 이다. 즉, $(x, y) = (0, -2)$ 또는 $(x, y) = (3, 1)$ 이다.

(2) $\begin{cases} 2x^2 + 2y^2 + 3x + y = 12 & \cdots ⑥ \\ x^2 + y^2 + x - y = 6 & \cdots ⑦ \end{cases}$

라고 하자.

⑥ − ⑦ × 2하면 $x + 3y = 0$ 에서 $x = -3y$ ········ ⑧을 식 ⑦에 대입하면
$9y^2 + y^2 - 3y - y - 6 = 0 \Rightarrow 5y^2 - 2y - 3 = 0 \Rightarrow (y-1)(5y+3) = 0$ 이므
로 $y = 1, -\dfrac{3}{5}$ 을 얻을 수 있다. 따라서 $x = -3, \dfrac{9}{5}$ 이다.

즉, $(x, y) = (-3, 1)$ 또는 $(x, y) = (\dfrac{9}{5}, -\dfrac{3}{5})$ 이다.

⑥ 일차부등식

부등호는 영국의 수학자 **해리오트**(Harriot T., 1560~1621) 사후 10년 후에 발행된 저서 Artis analytice praxis에서 발견되었지만 그러부터 1세기가 지난 후에 **부케**(Bouquer P., 1698~1758)에 의해서 사용되었다. 부등호를 사용해서 수나 식의 대소 관계를 나타낸 식을 일반적으로 **부등식**(inequality)이라고 한다. 여기서 부등호란

$$< , \leqq , > , \geqq$$

와 같은 기호를 의미한다. 방정식에서 사용되는 문자는 복소수까지를 허용하지만, 부등식에 포함되는 문자는 허수는 포함할 수 없다. 허수들 사이에서는 대소 관계를 정의하지 않으므로 부등식에 포함될 수 있는 모든 문자는 실수 범위로 한정된다.

등식에 항등식과 방정식이 있듯이 부등식에도 절대부등식과 조건부등식이 있다. **절대부등식**(absolute inequality)은 부등식에 포함되어있는 미지수에 어떠한 실수를 대입하여도 부등식이 항상 성립하는 부등식을 말한다. 예를 들어 $x^2 + 2 > 0$과 같은 부등식이다. 반면에 **조건부등식**(conditional inequality)은 부등식에 포함되어있는 미지수에 특정한 값 또는 특정한 범위의 값을 대입할 때만 성립하는 부등식을 말한다. 예를 들어 $3x - 4 \geqq x + 2$와 같은 부등식이다.

임의의 실수인 미지수 x에 대하여,

$$5x < 10, \ x^2 - 5x \leq 0, \ x - 3 > 5, \ x^2 - 3x \geq 0$$

와 같은 부등식에서 주어진 부등식을 만족하는 미지수 x의 값을 그 **부등식의 해**라고 한다. 부등식의 해 전체의 집합을 그 부등식의 **해집합**(solution set)이라고 하고 부등식의 해집합을 구하는 것을 **부등식을 푼다**고 한다.

실수의 대소에 대한 성질과 정의는 부등식의 대소를 정의하는 기본이 된다. 먼저 실수의 대소에 대한 기본성질과 정의에 대하여 다시 한번 알아보자.

(1) 실수의 대소에 대한 기본성질

① a가 임의의 실수라고 하면 다음 중 하나를 만족한다.

$$a > 0, \quad a = 0, \quad a < 0$$

② 임의의 실수 $a(>0), b(>0)$에 대하여, $a + b > 0, \ ab > 0$을 만족한다.

(2) 실수의 대소에 대한 정의

임의의 두 실수 a와 b에 대하여,

$$a - b > 0 \ \Leftrightarrow \ a > b$$
$$a - b = 0 \ \Leftrightarrow \ a = b$$
$$a - b < 0 \ \Leftrightarrow \ a < b$$

이다. 이같이 실수의 대소에 대한 기본성질과 정의를 확장하여 다음과 같은 기본성질을 얻을 수 있다.

(3) 부등식의 기본성질

① $a > b, \ b > c$ 이면 $a > c$

② $a > b$ 이면 $a + k > b + k, \ a - k > b - k$

③ $a > b, \ k > 0$ 이면 $ak > bk, \ \dfrac{a}{k} > \dfrac{b}{k}$

④ $a > b, \ k < 0$ 이면 $ak < bk, \ \dfrac{a}{k} < \dfrac{b}{k}$

부등식의 기본성질 ④에서 알 수 있듯이 부등식의 양변에 음수를 곱하거나 나누면 부등호의 방향은 반대가 된다.

이번에는 부등식의 사칙연산에 대하여 알아보자. 부등식의 사칙연산에서는 뺄셈과 나눗셈의 연산에 주의하여야 한다.

임의의 두 실수 x와 y가 또 다른 실수들 a, b, c, d에 대하여 다음과 같은 관계를 만족한다고 하자.

$$a < x < b, \quad c < y < d$$

① 부등식의 덧셈

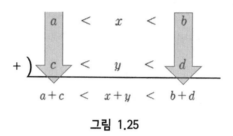

그림 1.25

② 부등식의 뺄셈

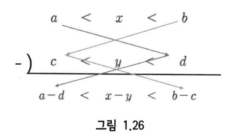

그림 1.26

③ 부등식의 곱셈

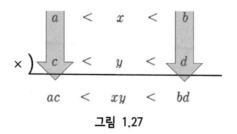

그림 1.27

④ 부등식의 나눗셈

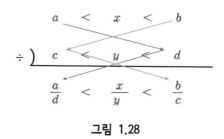

그림 1.28

예제 1.23

임의의 두 실수 x와 y가 다음과 같은 관계를 만족할 때, $x+y$, $x-y$, $x\times y$, $x\div y$ 의 값을 각각 구하여라.

$$3 \leqq x \leqq 6, \quad 2 \leqq y \leqq 3$$

풀이

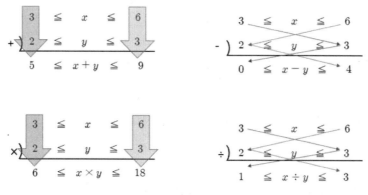

그림 1.29

부등식의 사칙연산 중 곱셈과 나눗셈의 계산에서 주의할 점에 대하여 조금 더 알아보자. 임의의 두 실수 x와 y가 또 다른 양의 실수들 a, b, c, d에 대하여 다음과 같은 관계를 만족한다고 하면

$$-a < x < -b, \ -c < y < -d$$

⑤ 부등식의 곱셈

$$x\times y: \ (-a)\times(-c) \ < \ x\times y \ < \ (-c)\times(-d)$$

따라서, 모순이다

예 $-3 < x \leftarrow 1,\ -2 < x \leftarrow 1 \quad \Rightarrow \quad (-3)(-2) = 6 < xy < 1 = (-1)(-1)$ 모순

⑥ 부등식의 나눗셈

$$x \div y : (-a) \div (-c) <\ x \times y < (-c) \div (-d)$$

따라서, 모순이다

예 $-3 < x < 1,\ -2 < x < 1 \quad \Rightarrow \quad (-3) \div (-2) = 1\frac{1}{2} < xy < 1 = (-1) \div (-1)$ 모순

부등식의 기본성질 ⑤ 와 ⑥의 올바른 결과를 위해서는 다음과 같은 방법을 사용하여 계산한다.

⑤′ 부등식의 곱셈

$x \times y : \quad x \times y$ 는 $(-a) \times (-c),\ (-a) \times (-d),\ (-b) \times (-c),\ (-b) \times (-d)$의 결과 중에서 가장 작은 값보다 크고, 가장 큰 값보다 작다.

예 $-3 < x < -1,\ -2 < x < -1 \quad \Rightarrow \quad 1 < xy < 6$

⑥′ 부등식의 나눗셈

$x \div y : \quad x \div y$ 는 $(-a) \div (-c),\ (-a) \div (-d),\ (-b) \div (-c),\ (-b) \div (-d)$의 결과 중에서 가장 작은 값보다 크고, 가장 큰 값보다 작다.

예 $-3 < x < 1,\ -2 < x < 1 \quad \Rightarrow \quad \frac{1}{2} < xy < 3$

부등식에서 모든 항을 좌변으로 이항하였을 때

$$ax + b < 0 \quad (a \neq 0)$$
$$ax + b \leq 0 \quad (a \neq 0)$$
$$ax + b > 0 \quad (a \neq 0)$$
$$ax + b \geq 0 \quad (a \neq 0)$$

와 같이 좌변의 식이 x에 대한 일차식으로 표현되는 부등식을 미지수 x에 대한 **일차부등식**(linear inequality)이라고 한다. 일차부등식의 해를 구할 때는 미지수 x을 포함하는 항을 좌변으로 모으고 상수항을 우변으로 모으면 다음과 같은 모양 중의 하나가 된다.

$$ax < b \quad (a \neq 0)$$

$$ax \leq b \quad (a \neq 0)$$

$$ax > b \quad (a \neq 0)$$

$$ax \geq b \quad (a \neq 0)$$

일반적으로 미지수 x에 대한 일차부등식 $ax > b$의 해는 다음과 같이 구할 수 있다.

(1) $a > 0$ 일 때는 $x > \dfrac{b}{a}$ ··· (부등호의 방향 유지)

(2) $a < 0$ 일 때는 $x < \dfrac{b}{a}$ ··· (부등호의 방향 변경)

(3) $a = 0$, $b < 0$ 일 때는 x는 모든 실수

(4) $a = 0$, $b \geq 0$ 일 때는 해는 없다.

예제 1.24 ──

다음 일차부등식을 풀어라.

(1) $a(5 - x) > x$ (2) $|x - 2| < 3$

풀이

(1) $a(5 - x) > x$ 에서 $(a + 1)x < 5a$이므로,

  ① $a > -1$ 이면 $x < \dfrac{5a}{a + 1}$

  ② $a < -1$ 이면 $x > \dfrac{5a}{a + 1}$

  ③ $a = -1$ 이면 $0 \cdot x = 0 < -1$ 이므로 해는 없다.

(2) 일반적으로 $a > 0$ 이면 절댓값의 정의에 의해서,

$$|x| < a \text{ 이면 } -a < x < a$$

$$|x| > 0 \text{ 이면 } x < -a \text{ 또는 } x > a$$

가 성립한다. 주어진 방정식 $|x - 2| < 3$에서,

  ① $-3 < x - 2$ 에서 $x > -1$

  ② $x - 2 < 3$ 에서 $x < 5$

따라서, $-1 < x < 5$이다.

정유공장에서 엔진오일 A와 B을 제조하려고 한다. 엔진오일 A을 제조할 용기에는 $2l$의 엔진오일이 남아있었고, 그 후에 매분 $3l$의 비율로 추가 생산되고 있다. 한편, 엔진오일 B을 제조할 용기에는 $5l$의 엔진오일이 남아있었고, 그 후에 매분 $2l$의 비율로 생산되고 있다. 엔진오일 A의 생산량이 $9l$을 넘고 엔진오일 B의 생산량이 $13l$을 넘지 않을 시간대를 찾아라.

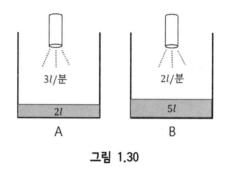

그림 1.30

조건 A와 조건 B을 부등식으로 나타내어 보자. x분 후의 A의 생산량은 $3x + 2$이고, B의 생산량은 $2x + 5$이다. A가 $9l$을 초과하고 B가 $13l$미만임을 부등식으로 나타내면

$$\begin{cases} 3x + 2 > 9 \\ 2x + 5 < 13 \end{cases} \qquad \cdots ①$$

이다.

이처럼 두 개 이상의 일차부등식을 쌍으로 묶어 나타낸 것을 **연립일차부등식**(system of linear inequality) 또는 간단히 **연립부등식**이라고 한다.

이때, 두 연립부등식을 동시에 만족하는 미지수의 값이 포함되는 범위를 **연립부등식의 해**라고 하며, 연립일차부등식의 해를 모두 구하는 것을 **연립일차부등식을 푼다**고 한다. 연립방정식에서는 해가 2개 이상 있었지만 연립부등식의 경우는 해가 하나임을 주의하자.

연립부등식의 해는 2개의 부등식의 각각의 해가 되는 범위를 수직선으로 나타내면 어느 범위가 겹쳐져 있는지 바로 알 수 있어서 편리하다. 연립부등식에서 2개의 부등식을 동시에 만족시키는 범위가 존재하지 않는 경우도 있다.

연립부등식 ①의 해를 화살표를 이용하여 구하여 보자. 연립부등식 ①의 첫 번째 부등식의 해는 $x > 2\frac{1}{3}$ 이고, 두 번째 부등식의 해는 $x < 6$이다. 이것을 그래프로 나타내면

그림 1.31

이다. 따라서 연립방정식의 해가 포함되는 범위는 $2\frac{1}{3} < x < 6$이다. 반면에 새로운 연립방정식

$$\begin{cases} 8x - 5 < 27 \\ 4x + 1 > 25 \end{cases} \quad \cdots \ \text{②}$$

에서 첫 번째 부등식의 해는 $x < 4$이고, 두 번째 부등식의 해는 $x > 8$이다. 이것을 그래프로 나타내면

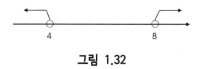

그림 1.32

이다. 따라서 주어진 연립부등식에서 2개의 부등식을 동시에 만족시키는 범위는 존재하지 않는다.

예제 1.25

가로의 길이가 $20\,m$인 직사각형 모양의 경비행기 격납고를 만드는데 둘레의 길이가 $100\,m$ 이상 $110\,m$ 이하가 되게 하려고 한다. 이때, 격납고의 세로의 길이의 범위를 구하여라.

풀이

경비행기 격납고의 가로의 길이가 $20\,m$이므로 격납고의 둘레의 길이는 $(50 + 2x)\,m$이다. 둘레의 길이는 $100\,m$ 이상 $110\,m$ 이하이어야 하므로

$$100 \leq 50 + 2x \leq 110$$

이다. 이 부등식을 연립일차부등식으로 나타내면

$$\begin{cases} 50 + 2x \geq 100 & \cdots ① \\ 50 + 2x \leq 110 & \cdots ② \end{cases}$$

이다. 부등식 ①을 풀면 $x \geq 25$이고 부등식 ②을 풀면 $x \leq 30$이다. 따라서 연립일차방정식의 해는

$$25 \leq x \leq 30$$

이다. 따라서 경비행기 격납고의 세로의 길이의 범위는 $25\,m$ 이상 $30\,m$ 이하이다.

7 이차부등식

클레이사격은 지름 11cm, 두께 약 25mm, 무게 100g의 원반을 공중에 방출하여 산탄을 발사하여 맞추는 경기이다. 18세기 영국에서는 야생 조수는 모두 국왕의 소유물이라 일반 시민들은 수렵에 대해 엄중한 규제를 받았다. 그래서 수렵을 대신해 사격을 즐길 수 있는 방법을 찾은 것이 살아있는 비둘기를 날린 뒤 총을 발사하여 맞추는 경기인 피전슈팅(pigen shooting)이다. 비인간적이라는 논란이 일어 살아있는 비둘기 대신 진흙으로 빚은 접시 모양의 표적을 쓰면서 클레이사격이라는 이름으로 불리게 되었다. 표적은 $80\,km$ 이상의 매우 빠른 속도로 포물선을 그리며 날아가는데 이 포물선의 관계식은 $y = -x^2 + 8x$ 이고 그래프는 그림 1.33과 같다고 하자. 표적이 공중에 떠 있는 시간의 범위를 구하여 보자.

표적이 공중에 머무르는 시간은 $y > 0$일 때이므로,

$$-x^2 + 8x > 0 \qquad \cdots ①$$

이다. 그림 1.31에서 보듯이 이 경우 x의 범위는 $0 < x < 8$ 이다.

부등식 ①과 같이 부등식의 모든 항을 부등호 좌변으로 옮겨 정리하면,

$$ax^2 + bx + c < 0 \quad (a \neq 0)$$

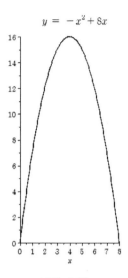

$y = -x^2 + 8x$

그림 1.33

$$ax^2 + bx + c \leqq 0 \quad (a \neq 0)$$

$$ax^2 + bx + c > 0 \quad (a \neq 0)$$

$$ax^2 + bx + c \geqq 0 \quad (a \neq 0)$$

와 같이 좌변이 미지수 x에 대한 이차식이 된다. 이러한 형태의 부등식을 미지수 x에 대한 **이차부등식**(quadratic inequality)이라고 한다.

이차부등식의 풀이는 뒤에서 자세히 알아볼, 이차함수의 그래프를 이용한다. 이차부등식 $ax^2 + bx + c > 0$의 해를 구하려면 이차방정식 $ax^2 + bx + c = 0(a \neq 0, a > 0)$의 판별식

$$D = b^2 - 4ac$$

의 부호에 따라서 방정식의 그래프가 세 가지 경우로 나누어진다.

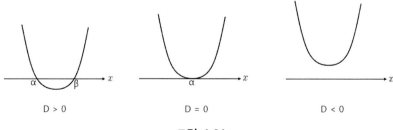

그림 1.34

먼저, $D > 0$인 경우부터 알아보자. 이차방정식 $ax^2 + bx + c = 0$이 서로 다른 두 실근 α와 β $(\alpha < \beta)$에 대하여,

$$ax^2 + bx + c = a(x - \alpha)(x - \beta)$$

와 같이 인수분해가 된다. 따라서

(1) $ax^2 + bx + c > 0$의 해는 $x < \alpha$ 또는 $x > \beta$

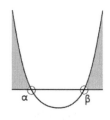

그림 1.35

(2) $ax^2 + bx + c \geqq 0$의 해는 $x \leqq \alpha$ 또는 $x \geqq \beta$

그림 1.36

(3) $ax^2 + bx + c < 0$의 해는 $\alpha < x < \beta$

그림 1.37

(4) $ax^2 + bx + c \leqq 0$의 해는 $\alpha \leqq x \leqq \beta$

그림 1.38

예제 1.26

다음 이차부등식을 풀어라.

(1) $x^2 - x - 2 \geqq 0$ (2) $x^2 - 2x - 1 \leqq 0$

풀이

(1) 이차함수 $y = x^2 - x - 2$ 에서

$$y = x^2 - x - 2 = (x+1)(x-2)$$

이므로 이 이차함수의 그래프는 x축과 두 점 $(-1, 0)$, $(2, 0)$에서 만난다. 그러므로 이 이차함수의 그래프에서 $y \geqq 0$인 x 값의 범위는 $x \leqq -1$ 또는 $x \geqq 2$ 이다. 따라서 구하는 이차부등식의 해는 $x \leqq -1$ 또는 $x \geqq 2$ 이다.

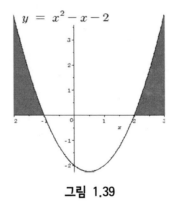

그림 1.39

(2) 이차함수 $y = x^2 - 2x - 1$ 의 근을 근의 공식을 사용하여 구하면

$$x = 1 \pm \sqrt{2}$$

이므로 이 이차함수의 그래프는 x축과 두 점 $(1-\sqrt{2}, 0)$, $(1+\sqrt{2}, 0)$에서 만난다. 그러므로 이 이차함수의 그래프에서 $y \leq 0$인 x값의 범위는

$$1-\sqrt{2} \leq x \leq 1+\sqrt{2}$$

이다. 따라서 구하는 이차부등식의 해는

$$1-\sqrt{2} \leq x \leq 1+\sqrt{2}$$

이다.

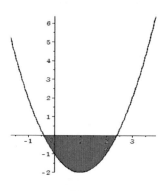

그림 1.40

이차방정식 $x^2-4x+4=0$의 판별식을 구하면 $D=(-4)^2-4\times1\times4=0$이므로 중근을 갖으므로 주어진 방정식의 좌변을 인수분해 하면

$$x^2-4x+4=(x-2)^2$$

이다. 모든 실수 x에 대하여

$$x \neq 2 \ \ 이면 \ (x-2)^2 > 0$$
$$x = 2 \ \ 이면 \ (x-2)^2 = 0$$

임을 알 수 있다. 따라서 이차부등식의 해를 구할 때도 이차부등식의 좌변을 이차방정식처럼 생각하자.

임의의 이 방정식의 판별식 $D=0$ 이고 중근 α을 갖는다고 하면

(1) $a(x-\alpha)^2 < 0 \quad (a>0)$의 해는 없다.

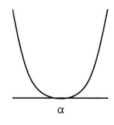

그림 1.41

(2) $a(x-\alpha)^2 \leqq 0 \quad (a>0)$의 해는 $x=\alpha$

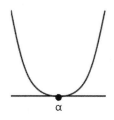

그림 1.42

(3) $a(x-\alpha)^2 > 0 \quad (a>0)$의 해는 $x \neq \alpha$ 인 모든 실수

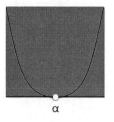

그림 1.43

(4) $a(x-\alpha)^2 \geqq 0 \quad (a>0)$의 해는 모든 실수

그림 1.44

다음 이차부등식을 풀어라.

(1) $-x^2 - 6x \geq 9$ (2) $-4x^2 + 4x - 1 > 0$

풀이

(1) 주어진 부등식의 부등호 양변에 -1을 곱하여 이차항의 계수를 양수로 고치고 정리하자. 물론 부등호 양변에 -1을 곱하였으니 부등호의 방향은 바뀐다.

$$x^2 + 6x + 9 \leq 0$$

이차함수 $y = x^2 + 6x + 9 = (x+3)^2$ 이므로 이 함수의 그래프는 x축과 $(-3, 0)$에서 만난다.

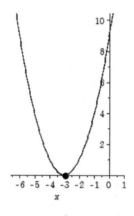

그림 1.45

따라서 그림 1.45에서 $y \leq 0$인 x값의 범위는 $x = -3$이므로 구하려는 이차부등식의 해는 $x = -3$이다.

(2) 주어진 부등식의 부등호 양변에 -1을 곱하여 이차항의 계수를 양수로 고치고 정리하자. 물론 부등호 양변에 -1을 곱하였으니 부등호의 방향은 바뀐다.

$$4x^2 + 4x + 1 < 0$$

이차함수 $y = 4x^2 + 4x + 1 = (2x-1)^2$ 이므로, 이 함수의 그래프는 x축과 $\left(\dfrac{1}{2}, 0\right)$에서 만난다.

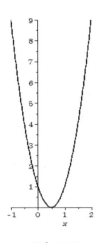

그림 1.46

따라서 그림 1.46에서 $y < 0$인 x값은 없으므로 구하는 이차부등식의 해는 없다.

이차방정식 $ax^2 + bx + c = 0\ (a > 0)$에서 판별식 $D < 0$이면 허근을 갖는다. 이런 경우의 이차부등식의 해를 구하여 보자.

허근을 갖는 경우 이차부등식의 좌변은 실수의 범위에서 인수분해가 되지 않으므로 완전제곱식을 사용하여 부등식의 해를 구할 수 있다.

$$ax^2 + bx + c = a\left(x + \frac{b}{2a}\right)^2 - \frac{b^2 - 4ac}{4a}$$

$$= a\left(x + \frac{b}{2a}\right)^2 - \left(\frac{b^2 - 4ac}{4a}\right)$$

$a > 0,\ D = b^2 - 4ac < 0$이므로

$$a\left(x + \frac{b}{2a}\right)^2 \geqq 0$$

$-\dfrac{b^2 - 4ac}{4a} > 0$이므로,

$$ax^2 + bx + c = a\left(x + \frac{b}{2a}\right)^2 - \frac{b^2 - 4ac}{4a} > 0$$

이 된다. 따라서 이차방정식 $ax^2 + bx + c = 0\ (a > 0)$이 허근을 가질 때,

(1) $ax^2 + bx + c < 0$의 해는 없다.

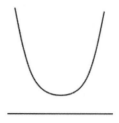

그림 1.47

(2) $ax^2 + bx + c \leq 0$의 해는 없다.

(3) $ax^2 + bx + c > 0$의 해는 모든 실수

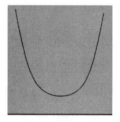

그림 1.48

(4) $ax^2 + bx + c \geq 0$의 해는 모든 실수

예제 1.28

이차부등식 $3x^2 - 2x + 3 < 0$을 풀어라.

풀이

이차함수 $y = 3x^2 - 2x + 3$ 라고 하면 이차방정식 $3x^2 - 2x + 3 = 0$에서

$$D = (-2)^2 - (4 \times 3 \times 3) = -32 < 0$$

이다. 이차함수 $y = 3x^2 - 2x + 3$의 그래프는 그림 1.49와 같이 x축과 만나지 않는다. 따라서 이 그래프에서 $y < 0$인 x값의 범위는 없으므로 주어진 이차부등식의 해는 없다.

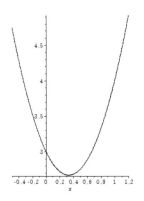

그림 1.49

항공기술교육원에서 경비행기 정비를 위하여 둘레의 길이가 50m 이고 넓이가 150m^2 이상인 직사각형의 격납고를 만들려고 한다. 가로의 길이를 x 라고 할 때, 가로의 길이가 세로의 길이보다 길게 만들려고 한다. 격납고의 가로의 길이 x 의 범위를 구하여 보자. 이 문제를 풀기 위하여 식을 세워보면

$$\begin{cases} x > 25 - x \\ x(25 - x) \geqq 150 \end{cases} \quad \cdots ②$$

이다. 식 ②의 두 부등식 중에서 차수가 높은 부등식이 이차부등식이다. 이같이 연립부등식에서 가장 차수가 높은 부등식이 이차인 연립부등식을 **연립이차부등식**(simultaneous quadratic inequality)이라고 한다. 연립이차부등식을 풀 때는 연립일차부등식의 풀이와 마찬가지로 각 부등식의 해를 구한 후, 이들의 공통부분을 찾으면 된다.

연립이차방정식 ②의 해를 구하여 보자.

첫 번째 식 $x > 25 - x$ 의 해는 $x > 6$
두 번째 식 $x(25 - x) \geqq 150$ 의 해는 $10 \leqq x \leqq 15$

이므로

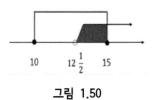

그림 1.50

이다. 그림 1.50에서 두 식을 동시에 만족하는 x의 범위는

$$6 < x \leq 15$$

이다.

예제 1.29

다음 부등식을 풀어라.

$$3(x-1) - x^2 \leq x - 3 < 5x$$

풀이

주어진 부등식을 연립부등식으로 다시 나타내면,

$$\begin{cases} 3(x-1) - x^2 \leq x - 3 \\ x - 3 < 5x \end{cases}$$

이다.

첫 번째 식의 해는 $x \leq 0$ 또는 $x \geq 2$, 두 번째 식의 해는 $x > -\dfrac{3}{4}$ 이다. 따라서 두 해의 공통범위는 $-\dfrac{3}{4} < x \leq 0$ 이다.

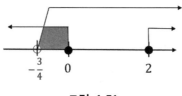

그림 1.51

8 지수와 로그

지수에 대한 기본적인 설명은 앞에서 이미 다항식의 곱셈공식을 알아보기 위하여 다루었다. 여기서는 분수지수의 지수법칙에 대하여 알아보자.

거듭제곱의 지수법칙

$$(a^m)^n = a^{mn} \quad (a > 0) \qquad \cdots \text{①}$$

은 m, n이 양의 정수일 때만이 성립하였다. 만약, 임의의 양의 정수 c, $d(\neq 0)$에 대하

여 $m = \dfrac{c}{d}$, $n = d$ 일 때 즉, m이 유리수일 때도 지수법칙 ①이 성립하려면

$$\left(a^{\frac{c}{d}}\right)^d = a^{\frac{c}{d} \times d} = a^c$$

이다. 한편 $(\sqrt[d]{a^c})^d = a^c$ 이므로, $a^{\frac{c}{d}} = \sqrt[d]{a^c}$ 이라고 할 수 있다. 따라서 다음의 성질을 알 수 있다.

임의의 $a(>0)$와 양의 정수 m, n에 대하여,

$$a^{\frac{1}{n}} = \sqrt[n]{a} \quad , \quad a^{\frac{m}{n}} = \sqrt[n]{a^m} \quad , \quad a^{-\frac{m}{n}} = \frac{1}{a^{\frac{m}{n}}}$$

0^0은 의미가 없다. 그러므로 $0^0 = 1$은 잘못된 것이다. 마찬가지로 0^{-5} 도 의미가 없다. 따라서 앞에서 알아보았듯이 $a \neq 0$인 가정하에서 $a^0 = 1$이고, 양의 정수 n에 대하여 $a^{-n} = \dfrac{1}{a^n}$ 이라고 해야 한다.

예제 1.30

다음 식을 간단히 하여라. (단, $a > 0$)

(1) $a^{-3} \times a^4 \div a^{-2}$

(2) $\sqrt{a\sqrt{a\sqrt{a}}}$

풀이

(1) $a^{-3} \times a^4 \div a^{-2} = a^{-3+4-(-2)} = a^3$

(2) $\sqrt{a\sqrt{a\sqrt{a}}} = \left\{ a \cdot \left(a \cdot a^{\frac{1}{2}}\right)^{\frac{1}{2}} \right\}^{\frac{1}{2}} = \left(a \cdot a^{\frac{3}{4}}\right)^{\frac{1}{2}} = \left(a^{\frac{7}{4}}\right)^{\frac{1}{2}} = a^{\frac{7}{8}}$

$x^2 = 4$을 만족하는 x의 값은 ± 2이라는 것은 앞의 제곱근에서 이미 알아보았다. 하지만 $x^2 = 5$을 만족하는 x의 값은 $x^2 = 4$을 만족하는 x의 값과는 달리 유리수 범위 안에서는 존재하지 않으므로 이를 만족하는 x의 값은 $\pm\sqrt{5}$ 와 같이 근호 $\sqrt{}$ 을 사용하여 나타낸다는 것도 역시 제곱근에서 알아보았다.

마찬가지로 $2^x = 8$이나 $3^x = 9$ 등을 만족하는 x의 값은 각각 $x = 3$ 과 $x = 2$이라는 것은 쉽게 알 수 있다. 하지만 $2^x = 3$이나 $3^x = 5$ 등을 만족하는 x의 값은 유리수

범위 안에서는 존재하지 않는다. 이 경우에는

$$2^x = 3 \Leftrightarrow x = \log_2 3 \qquad , \qquad 3^x = 5 \Leftrightarrow x = \log_3 5$$

와 같이 log 라는 기호를 사용하여 나타낸다.

일반적으로 두 수 x와 y 사이에 $a^y = x \ (a \neq 1 \, , \, a > 0)$인 관계가 성립하면, y는 a을 **밑**(base)으로 하는 x의 **로그**(logarithm)라고 하고

$$y = \log_a x$$

로 나타낸다. 이때, x을 **진수**(antilogarithm)라고 한다.

16세기에 천문학이 발달하면서 계산의 복잡성 때문에 천문학을 연구하는 학자들이 많은 어려움을 겪었다. 그 어려움을 덜어 준 것이 바로 로그의 발견이었다. 로그는 **네피어**(Napier, J., 1550~1617)와 **버기**(Bürgi, J., ?~?)에 의해 거의 같은 시대에 발견되었다. 하지만 버기가 네피어 보다 조금 먼저 로그를 발견하고도 늦게 발표하였다. 참고로 버기는 수학자보다 스위스의 유명한 시계 장인으로 기억하고 있다.

$y = \log_a x$에서 우리가 주의해야 할 것이 있다. 첫 번째로 진수 x는 항상 양수라는 것이다. 예를 들어 진수 $x = -3$이라고 하면 $y = \log_2 (-3) \Leftrightarrow 2^y = -3$ 이다. 2^y은 항상 양수이므로 $2^y = -3$을 만족하는 y은 존재하지 않는다. 마찬가지로 $\log_2 0$도 생각할 필요가 없다. 따라서 로그의 진수는 항상 0보다는 큰, 양수이어야 한다. 두 번째는 로그의 밑 a은 $a \neq 1$ 이고 $a > 0$이어야 한다.

이상의 내용을 정리하여 로그가 갖는 중요한 성질들에 대하여 알아보자.

$x > 0 \, , \, y > 0$이고 $a \neq 1 \, , \, a > 0$ 이라 하자. $a^1 = a$이므로 $\log_a a = 1$이다. $a^0 = 1$이므로 $\log_a 1 = 0$임을 쉽게 알 수 있다. $\log_a x = m \, , \, \log_a y = n$이라고 하면 $a^m = x$ 이고 $a^n = y$이 된다. 그러므로 $xy = a^m \cdot a^n = a^{m+n}$이므로 $m + n = \log_a xy$이다. 따라서 $\log_a xy = \log_a x + \log_a y$임을 알 수 있다. 또, 이 성질을 조금 확장하면

$$\log_a x^n = \log_a (x \cdot x \cdots x \cdot x) = \log_a x + \log_a x + \cdots + \log_a x + \log_a x = n \log_a x$$

임을 알 수 있다.

앞에서 가정하였던 m과 n에 대하여 $\dfrac{x}{y} = \dfrac{a^m}{a^n} = a^{m-n}$이 된다. 즉, $a^{m-n} = \dfrac{x}{y}$ 이므로 $m - n = \log_a \dfrac{x}{y}$이다. 따라서 $\log_a \dfrac{x}{y} = \log_a x - \log_a y$임을 알 수 있다. 이상의 내용을 정리하면 다음과 같은 로그의 성질을 얻을 수 있다.

$x > 0$, $y > 0$이고 $a \neq 1$, $a > 0$ 이면,

(1) $\log_a a = 1$, $\log_a 1 = 0$

(2) $\log_a xy = \log_a x + \log_a y$

(3) $\log_a x^n = n \log_a x$

(4) $\log_a \dfrac{x}{y} = \log_a x - \log_a y$

로그의 사용에서 로그의 밑은 일반적으로 10을 많이 사용한다. 하지만 공학에서는 나중에 알아볼 $e(\neq 1$, $> 0)$을 밑으로 하는 로그가 공학적 계산에서 편리하게 사용된다. 이같이 로그의 밑을 변환하는 방법에 대하여 알아보자. 물론 이러한 밑을 변환하는 방법은 모든 임의의 실수에 대하여도 마찬가지로 적용된다.

임의의 실수 $a(\neq 1)$, $a(> 0)$, $b(> 0)$, $e(> 0)$에 대하여 $\log_a b = x$라고 하면

$$a^x = b \qquad\qquad \cdots ②$$

이다. 식 ②의 양변에 e을 밑으로 하는 로그를 취하면

$$\log_e a^x = \log_e b$$

이 된다. 즉, $x \log_e a = \log_e b$이다. 그러므로 $x = \dfrac{\log_e b}{\log_e a}$이다. 따라서 다음을 얻을 수 있다.

$$\log_a b = \dfrac{\log_e b}{\log_e a} \qquad\qquad \cdots ③$$

식 ③을 응용하면 $\log_a b = \dfrac{1}{\log_b a}$을 얻을 수 있다.

예제 1.31

임의의 세 양수 x , y , z에 대하여, 다음 각 식을 $\log_a x$, $\log_a y$, $\log_a z$을 써서 나타내어라.

(1) $\log_a x^2 y^3 z$ (2) $\log_a \dfrac{x^2 \sqrt{y}}{z^3}$ (3) $\log_a \dfrac{x^4}{y^2 z}$

풀이

(1) $\log_a x^2 y^3 z = \log_a x^2 + \log_a y^3 + \log_a z = 2\log_a x + 3\log_a y + \log_a z$

(2) $\log_a \dfrac{x^2 \sqrt{y}}{z^3} = \log_a x^2 \sqrt{y} - \log_a z^3 = \log_a x^2 + \log_a y^{\frac{1}{2}} - \log_a z^3$

$\qquad\qquad = 2\log_a x + \dfrac{1}{2} \log_a y - 3\log_a z$

(3) $\log_a \dfrac{x^4}{y^2 z} = \log_a x^4 - \log_a y^2 z = \log_a x^4 - (\log_a y^2 + \log_a z)$

$\qquad\qquad = 4\log_a x - 2\log_a y - \log_a z$

⑨ 지수와 로그방정식

다음 방정식의 특징에 대하여 알아보자.

$$8^x = 4 \cdot \sqrt[3]{2} \qquad\qquad \cdots ①$$

$$3^{x-1} = 2^x \qquad\qquad \cdots ②$$

$$2^{2x} - 2^x - 2 = 0 \qquad\qquad \cdots ③$$

이 방정식들은 지금까지 우리가 다루었던, 방정식과 달리 지수에 미지수 x을 포함한 방정식이다. 이와 같은 방정식을 **지수방정식**(exponential equation)이라고 한다. 앞에서 제시하였던 세 가지 유형이 지수방정식의 기본적인 표준형이다. 이 표준형의 풀이 방법에 대하여 알아보자.

지수방정식 ① $8^x = 4 \cdot \sqrt[3]{2}$ 의 풀이 방법을 알아보자.

방정식의 좌변은 $8^x = (2^3)^x = 2^{3x}$이다. 또 방정식의 우변은 $4 \cdot \sqrt[3]{2} = 2^2 \cdot 2^{\frac{1}{3}}$ $= 2^{\frac{7}{3}}$이다. 그러므로 $2^{3x} = 2^{\frac{7}{3}}$을 얻을 수 있다. 즉, 지수에서 밑이 같은 경우이다. 이 경우에는 지수끼리 같아야 등식이 성립하므로, $3x = \dfrac{7}{3}$이다. 따라서 $x = \dfrac{7}{9}$이다.

지수방정식 ② $3^{x-1} = 2^x$ 의 풀이 방법을 알아보자.

방정식 양변에 로그를 취하면

$$\log_{10} 3^{x-1} = \log_{10} 2^x$$

$$\Rightarrow (x-1)\log_{10} 3 = x\log_{10} 2$$

$$\Rightarrow x\log_{10} 3 - \log_{10} 3 = x\log_{10} 2$$

$$\Rightarrow (\log_{10} 3 - \log_{10} 2)x = \log_{10} 3$$

이다. 따라서 $x = \dfrac{\log_{10} 3}{\log_{10} 3 - \log_{10} 2}$ 이다.

지수방정식 ③ $2^{2x} - 2^x - 2 = 0$의 풀이 방법을 알아보자.

$2^x = t$라고 하면 주어진 지수방정식 ③은

$$t^2 - t - 2 = 0 \Rightarrow (t-2)(t+1) = 0 \qquad \cdots \text{④}$$

이 된다. $t = 2^x > 0$이므로, 방정식 ④를 만족하는 $t = 2$이다. 따라서 $x = 1$이다.

이상의 내용을 정리해 보면 일반적으로 다음과 같이 지수방정식의 해를 구하는 방법을 얻을 수 있다.

(1) 지수방정식에서 항이 2개인 경우(지수방정식 ①과 ②의 경우)

ⓘ 지수방정식의 밑을 같게 할 수 있으면 지수방정식을 $a^{f(x)} = a^{g(x)}$의 형태로 정리한 다음에 $f(x) = g(x)$을 푼다. ($a \neq 1$, $a > 0$)

ⓙ 지수방정식의 밑을 같게 할 수 없으면 지수방정식을 $a^{f(x)} = b^{g(x)}$의 형태로 정리한 다음에 $\log_{10} a^{f(x)} = \log_{10} b^{g(x)}$을 푼다. ($a \neq 1$, $a > 0$, $b \neq 1$, $b > 0$)

(2) 지수방정식에서 항이 3개인 경우(지수방정식 ③의 경우)

$a^x = t$로 치환하여 미지수 t에 대한 방정식으로 고친 다음 푼다.

예제 1.32

다음 방정식을 풀어라.

(1) $4^x = \dfrac{1}{4\sqrt{2}}$

(2) $2^{x+1}3 = 3^{2x+1}$

(3) $\begin{cases} 3^x + 3^y = 12 \\ 3^{x+y} = 27 \end{cases}$

풀이

(1) $4^x = (2^2)^x = 2^{2x}$ 이고 $4\sqrt{2} = 2^2 2^{\frac{1}{2}} = 2^{\frac{5}{2}}$ 이므로 $4^x = \dfrac{1}{4\sqrt{2}}$ 에서 $2^{2x} = 2^{-\frac{5}{2}}$ 이다.

그러므로 $2^x = -\dfrac{5}{2}$ 이다. 따라서 $x = -\dfrac{5}{4}$ 이다.

(2) $2^{x+1}3 = 3^{2x+1}$ 에서 양변을 3으로 나누면 $2^{x+1} = 3^{2x}$ 이다. 양변에 $\log$를 취하면,

$$\log_{10} 2^{x+1} = \log_{10} 3^{2x} \Rightarrow (x+1)\log_{10} 2 = 2x \log_{10} 3$$

$$\Rightarrow x\log_{10} 2 + \log_{10} 2 = 2x \log_{10} 3$$

$$\Rightarrow (2\log_{10} 3 - \log_{10} 2)x = \log_{10} 2$$

이다. 따라서 $x = \dfrac{\log_{10} 2}{2\log_{10} 3 - \log_{10} 2}$ 이다.

(3) $3^x = t$, $3^y = k$라고 하면 주어진 연립방정식은

$$\begin{cases} t + k = 12 \\ tk = 27 \end{cases}$$

이 된다. 이 연립방정식을 풀면 $(t , k) = (3 , 9)$ 또는 $(t , k) = (9 , 3)$이다.
$(t , k) = (3 , 9)$이면 $(x , y) = (1 , 2)$, $(t , k) = (9 , 3)$이면 $(x , y) = (2 , 1)$이다.

다음 방정식의 특징에 대하여 알아보자.

$$\log_2 x + \log_2 (x - 2) = 3 \qquad\qquad \cdots ⑤$$

$$(\log_{10} x)^2 = \log_{10} x^2 \qquad\qquad \cdots ⑥$$

$$x^{\log_{10} x} = x \qquad\qquad \cdots ⑦$$

이러한 방정식들은 앞에서 다루었던 지수방정식과 달리 로그의 진수 또는 밑에 미지수 x을 포함한 방정식이다. 이와 같은 방정식을 **로그방정식**(logarithmic equation)이라고 한다. 앞에서 제시하였던 세 가지 유형의 풀이 방법에 대하여 알아보자.

로그방정식 ⑤ $\log_2 x + \log_2 (x - 2) = 3$의 풀이 방법을 알아보자.

방정식 ⑤에서

$$\log_2 x (x - 2) = 3 \qquad\qquad \cdots ⑧$$

을 얻을 수 있다. 그러므로 $x(x-2) = 2^3$이다. 따라서 $x = 4$ 또는 -2이다. 하지만 $x = -2$은 방정식 ⑧은 만족하지만, 방정식 ⑤에서 진수가 음수가 되어 방정식의 근이

될 수 없다.

로그방정식 ⑥ $\left(\log_{10} x\right)^2 = \log_{10} x^2$의 풀이 방법을 알아보자.

$\log_{10} x = t$라고 치환하면, 방정식 ⑥은 $t^2 = 2t$가 된다.

$$t^2 = 2t \implies t^2 - 2t = 0$$
$$\implies t(t - 2) = 0$$

그러므로 $t = 0$ 또는 2이다.

$t = 0$ 으로 부터 $\log_{10} x = 0$이므로 $x = 1$이고, $t = 2$으로 부터 $\log_{10} x = 2$이므로 $x = 100$ 이다.

로그방정식 ⑦ $x^{\log_{10} x} = x$의 풀이 방법을 알아보자.

방정식 ⑦의 양변에 로그를 취하면,

$$\log_{10}\left(x^{\log_{10} x}\right) = \log_{10} x$$
$$\implies \log_{10} x \log_{10} x = \log_{10} x$$
$$\implies \left(\log_{10} x\right)^2 - \log_{10} x = 0$$
$$\implies \log_{10} x \left(\log_{10} x - 1\right) = 0$$

그러므로 $\log_{10} x = 0$ 또는 1이다. 따라서 $x = 1$ 또는 10이다.

앞의 세 가지 예의 풀이에서 보았듯이, 일반적으로 다음과 같이 로그방정식의 해를 구하는 방법을 얻을 수 있다.

(1) (로그방정식 ⑤의 경우)

ⓘ $\log_{10} f(x) = \log_{10} g(x)$ 의 형태는 $f(x) = g(x)$의 형태로 고쳐서 풀이한다.

ⓘ $\log_{10} f(x) = b$의 형태는 $f(x) = a^b$의 형태로 고쳐서 풀이한다.

(2) (로그방정식 ⑥의 경우)

$\log_{10} x = t$라고 치환하여 미지수 t에 대한 방정식으로 고친 다음 푼다.

(3) (로그방정식 ⑦의 경우)

방정식의 양변에 로그를 취하여 방정식을 풀이한다.

다음 방정식을 풀어라.

(1) $\log_{10} 2x + \log_{10}(x-1) = \log_{10}(x^2 + 3)$ 　　(2) $x^{\log_{10} x} - 1000x^2 = 0$

(3) $\begin{cases} 3^x \cdot 2^y = 576 \\ \log_{\sqrt{2}}(y-x) = 4 \end{cases}$

풀이

(1) 　$\log_{10} 2x + \log_{10}(x-1) = \log_{10}(x^2 + 3)$

　　$\Rightarrow \log_{10} 2x(x-1) = \log_{10}(x^2 + 3)$

　　$\Rightarrow 2x(x-1) = x^2 + 3$

　　$\Rightarrow x^2 2x - 3 = 0$

　　$\Rightarrow (x-3)(x+1) = 0$

그러므로 $x = 3$ 또는 -1이다. 하지만 $x = -1$은 준식의 진수를 음수가 되게 하므로 근이 아니다. 따라서 $x = 3$이다.

(2) $x^{\log_{10} x} - 1000x^2 = 0$에서 $x^{\log_{10} x} = 1000x^2$이다. 양변에 로그를 취하면,

　$\log_{10} x^{\log_{10} x} = \log_{10} 1000x^2$

　　$\Rightarrow \log_{10} x \cdot \log_{10} x = \log_{10} 10000 + \log_{10} x^2$

　　$\Rightarrow (\log_{10} x)^2 = 3\log_{10} 10 + 2\log_{10} x$

　　$\Rightarrow (\log_{10} x)^2 - 3 - 2\log_{10} x = 0$

　　$\Rightarrow (\log_{10} x - 3)(\log_{10} x + 1) = 0$

그러므로 $\log_{10} x = 3$ 또는 $\log_{10} x = -1$이다. 따라서 $x = 1000$ 또는 0.1이다.

(3) $\begin{cases} 3^x \cdot 2^y = 576 & \cdots \text{⑩} \\ \log_{\sqrt{2}}(y-x) = 4 & \cdots \text{⑪} \end{cases}$

이라고 하면, 식 ⑩에서 $y - x = (\sqrt{2})^4$ 이므로 $y = x + 4$이다. 식 ⑩에 $y = x+4$를 대입하면 $3^x \cdot 2^{x+4} = 576$이므로 $x = 2$을 얻을 수 있다. 이 값을 $y = x + 4$에

대입하면 $y = 6$이다. $(x, y) = (2, 6)$은 식 ⑪의 진수가 양수를 가지므로 구하려는 근이다.

---

⑩ 지수와 로그부등식

지수에 미지수 x을 포함한 부등식을 **지수부등식**(exponential inequality)이라고 한다. 지수부등식의 기본 형태는 다음과 같은 세 가지가 있다.

(1) $a^{f(x)} > a^{g(x)}$의 형태

(2) $a^{f(x)} > b^{g(x)}$의 형태

(3) $a^x = t$라고 치환하는 형태

지수부등식을 풀이는 부등호를 등호로 고쳤을 때, 지수방정식의 풀이 방법과 같다. 지수부등식의 기본 형태 중에서 첫 번째인 $a^{f(x)} > b^{g(x)}$의 형태를 풀이할 때는 지수들 사이의 대소 관계에 주의해야 한다.

a와 b을 1이 아닌 양수라고 하자.

(1) $a^{f(x)} > a^{g(x)}$ 형태(밑이 같은 경우)

ⓘ $a > 1$일 때

밑이 1보다 크므로 지수가 커질수록 그 값도 따라서 커진다. 부등식의 풀이는

$$f(x) > g(x)$$

의 풀이와 같다.

ⓘ $0 < a < 1$일 때

밑이 0과 1사이에 존재하므로 지수가 커질수록 그 값은 작아진다. 부등식의 풀이는

$$f(x) < g(x)$$

의 풀이와 같다.

(2) $a^{f(x)} > b^{g(x)}$ 형태(밑과 지수가 다를 경우)

부등호 우항의 $b^{g(x)}$에 $\log_a$을 취하면 $\log_a b^{g(x)} = g(x)\log_a b$가 된다. $b^{g(x)}$을 구하기

위하여

$$b^{g(x)} = a^{g(x)\log_a b}$$

을 얻을 수 있다. 따라서 $a^{f(x)} > a^{g(x)\log_a b}$가 된다. 즉, (1)에서 알아보았던 형태의 부등식이 된다.

예제 1.34

다음 부등식을 풀어라.

(1) $25^x > 625$ (2) $2^x > 3$ (3) $2^{2x} - 2^x - 2 > 0$

풀이

(1) $625 = 25^2$이므로 $25^x > 625$는 $25^x > 25^2$ 로 변형할 수 있다. 따라서 $x > 2$이다.

(2) 밑이 같지 않으므로 부등식의 양변에 로그를 취하면

$$2^x > 3 \implies \log_{10} 2^x > \log_{10} 3$$

$$\implies x\log_{10} 2 > \log_{10} 3$$

이다. 따라서 $x > \dfrac{\log_{10} 3}{\log_{10} 2}$ 이다.

(3) $2^x = t$로 치환하면, 준식 $= t^2 - t - 2 > 0 \implies (t-2)(t+1) > 0$ 이다.

$t + 1 = 2^x + 1 > 0 \implies 2^x > -1$ 이므로 모든 x에 대하여 성립한다.

또 $t - 2 = 2^x - 2 > 0 \implies 2^x > 2$ 이므로 $x > 1$이다.

따라서 두 조건의 공통된 구간은 $x > 1$이다.

로그에 미지수 x을 포함한 부등식을 **로그부등식**(logarithmic inequality)이라고 한다. 로그부등식의 기본 형태는 다음과 같다.

$\log_a f(x) > \log_a g(x)$의 형태

$\log_a x = t$라고 치환하는 형태

로그부등식을 풀이는 부등호를 등호로 고쳤을 때, 로그방정식의 풀이 방법과 같다. 로그부등식의 기본 형태 중에서 첫 번째인 $\log_a f(x) > \log_a g(x)$의 형태를 풀이할 때는 로그들 사이의 대소 관계에 주의해야 한다.

임의의 상수 a를 밑으로 하는 로그에 대하여,

(1) $0 < a < 1$일 때

$$f(x) > g(x) \quad \Leftrightarrow \quad \log_a f(x) < \log_a g(x)$$

(2) $a > 1$일 때

$$f(x) > g(x) \quad \Leftrightarrow \quad \log_a f(x) > \log_a g(x)$$

을 얻을 수 있다.

예제 1.35

다음 부등식을 풀어라.

(1) $\log_2 (x-1) - \log_2 (3-x) > 0$ (2) $(\log_{10} x)^2 - \log_{10} x^2 < 0$

풀이

(1) 주어진 부등식은 $\log_a f(x) > \log_a g(x)$의 형태이다.

ⓘ 주어진 부등식에서 진수가 양수가 되는 x의 범위를 구하여 보자.
$x-1 > 0$에서 $x > 1$이고, $3-x > 0$에서 $x < 3$이다.
두 구간의 공통범위는 $1 < x < 3$이다.

ⓘⓘ $\log_a f(x) > \log_a g(x)$의 형태로 변형하여 로그를 없애고 푼다.
$\log_2 (x-1) - \log_2 (3-x) > 0$에서 $\log_2 (x-1) > \log_2 (3-x)$이므로
$x-1 > 3-x$이다. 따라서 $x > 2$이다.

ⓘⓘⓘ ⓘ와 ⓘⓘ에서 구한 미지수 x의 범위의 공통부분을 구한다.
$1 < x < 3$ 와 $x > 2$의 공통범위는 $2 < x < 3$이다.

(2) $\log_{10} x = t$라고 치환하면 주어진 부등식은 미지수 t에 대한 2차 부등식

$$t^2 - 2t < 0 \Rightarrow t(t-2) < 0$$

이 된다. 그러므로 $0 < t < 2$이다. 즉, $0 < \log_{10} x < 0$이다.
따라서, $\log_{10} 1 < \log_{10} x < \log_{10} 100$ 이므로 $1 < x < 100$이다.

01. 다음 두 집합 사의의 포함관계를 기호 $\subset$ 또는 $\not\subset$를 사용하여 나타내어라.

(1) $A = \{\ \lnot\ ,\ \land\ ,\ \sqsubset\ \}$, $B = \{\ x \mid x$ 는 한글의 자음 $\}$

(2) $C = \{\ 1\ ,\ 2\ ,\ 3\ \}$, $D = \{\ 5\ ,\ 2\ ,\ 4\ ,\ 3\ \}$

02. 다음 $\square$ 안에 기호 $=$ 또는 $\neq$ 중 알맞은 것을 써넣으시오.

(1) $\{\ a\ ,\ b\ ,\ c\ \}$ $\square$ $\{\ a\ ,\ c\ ,\ b\ \}$ (2) $\varnothing$ $\square$ $\{\ 0\ \}$

03. 전체집합 $U = \{\ x \mid x$ 는 실수, $1 \leq x \leq 10\ \}$, 집합 $A = \{\ 1\ ,\ 2\ ,\ 3\ ,\ 5\ ,\ 2\ ,\ 4\ \}$, $B = \{\ 1\ ,\ 2\ ,\ 3\ ,\ 4\ ,\ 5\ \}$ 라고 하면 다음을 구하여라.

(1) $A \cup B$ (2) $A \cap B$ (3) $A - B$ (4) B^c

04. 다음은 어느 해의 5대 도시의 연간 강수량과 연평균 기온을 나타낸 표이다.

	광주	부산	인천	대전	대구
연평균 강수량(mm)	1520	1528	1300	1195	1132
연평균 기온(℃)	14.2	14.7	12.7	13.1	14.6

위의 자료를 기준으로 두 집합 A와 B를

$$A = \{\ x \mid x \text{는 연간 강수량이 1500 mm 이상인 도시}\ \}$$
$$B = \{\ x \mid x \text{는 연평균 기온이 14℃ 이상인 도시}\ \}$$

라고 할 때, $A \cup B$, $A \cap B$ 그리고 $A - B$ 를 각각 구하여라.

05. 두 집합 $A = \{\ 1\ ,\ 2\ \}$와 $B = \{\ 3\ ,\ 4\ \}$에 대하여, 다음을 구하여라.

(1) $A \times B$ (2) $B \times A$ (3) $A \times A$ (4) $B \times B$

06. 다음을 간단히 하여라.

(1) $(3a^2 + 6ab) \div 6a$ (2) $\left(-\dfrac{1}{2}a^3 b^3 - \dfrac{1}{3}a^2 b^2 \right) \div \left(-\dfrac{1}{12}ab^2 \right)$

07. 곱셈공식을 이용하여 다음을 계산하여라.

(1) 51^2 (2) 79^2 (3) 51×79

08. 인수분해 공식을 이용하여 $x = 99$일 때, $x^2 + 2x + 1$의 값을 구하여라.

09. 다음 등식이 x에 대한 항등식을 만족할 때, 상수 a, b, c 의 값을 구하여라.

(1) $x^2 - x - 5 = a(x-2)^2 + b(x-2) + c$

(2) $4x^2 - 4x - 2 = a(x-1)(x-2) + bx(x-2) + cx(x-1)$

10. 미지수 x에 대한 삼차 다항식 $f(x) = x^3 + 3x - 5x + 2$을 일차 다항식 $2x - 1$으로 나눌 때의 나머지를 구하여라.

11. 미지수 x에 대한 삼차 다항식 $f(x) = x^3 + ax^2 + bx + 2$가 이차 다항식 $x^2 - 3x + 2$로 나누어떨어질 때, 두 상수 a와 b을 구하여라.

12. 다음 식을 인수분해 하여라.

(1) $x^3 - 7x - 6$ (2) $2x^3 - x^2 - 5x + 3$

13. 다음 두 수의 대소를 비교하여라.

(1) 5, $\sqrt{24}$ (2) $\dfrac{1}{2}$, $\sqrt{\dfrac{1}{2}}$

14. $\sqrt{\dfrac{5}{6}} \left(\sqrt{\dfrac{3}{10}} - \sqrt{\dfrac{2}{15}} \right)$ 을 간단히 하여라.

15. $\sqrt{10 + 8\sqrt{3 + \sqrt{8}}}$ 을 간단히 하여라.

16. 다음 주어진 수를 유리수와 무리수로 구분하여라.

$$\sqrt{25} + 1, \ \sqrt{\dfrac{1}{5}}, \ \pi - 1, \ 5.4\dot{3}\dot{2}\dot{1}$$

17. 다음을 간단히 하여라.

(1) $\sqrt{\dfrac{2}{3}}\sqrt{\dfrac{27}{2}}$ (2) $4\sqrt{\dfrac{13}{32}}$ (3) $\sqrt{30}\div\sqrt{5}$

(4) $2\sqrt{3}\times\sqrt{5}\div\sqrt{10}$ (5) $\sqrt{8}+2\sqrt{32}-\sqrt{2}$

18. $(x-3)+(y-1)i=0$을 만족하는 실수 x 와 y을 구하여라.

19. 다음 식을 간단히 하여라.

(1) i^{999} (2) $(3+2i)-(4-3i)$ (3) $(3+2i)\div(4-3i)$

20. 번분수식 $\dfrac{1+\dfrac{x+y}{x-y}}{1-\dfrac{x+y}{x-y}}$ 을 간단히 하여라.

21. $\dfrac{a+b}{2}=\dfrac{2b+c}{3}=\dfrac{-2c+a}{4}=\dfrac{4a+7b}{x}$ (단, $abc\neq0$)일 때, x 값을 구하여라.

22. $\sqrt{10+8\sqrt{3+\sqrt{8}}}$ 을 간단히 하여라.

23. 미지수 x에 대해 다음 방정식 $a^2x+1=a(x+1)$의 해가 없을 불능일 때, 상수 a의 값을 구하여라.

24. 다음 방정식을 풀어라.

(1) $x^2-3=0$ (2) $2x^2-3x+2=0$

(3) $x^3-5x-2=0$ (4) $x^4-x^2-6=0$

25. 다음 연립방정식을 풀어라.

(1) $\begin{cases} 3x+2y=3 \\ x-y=1 \end{cases}$ (2) $\begin{cases} 2x+4y=-1 \\ 4x+8y=-3 \end{cases}$

$$(3) \begin{cases} 2x + 4y = -1 \\ 4x + 8y = -2 \end{cases} \qquad (4) \begin{cases} x + 2y = 2 \\ 2y + 3z = 5 \\ x + 3z = 3 \end{cases}$$

26. 다음 연립방정식을 풀어라.

$$(1) \begin{cases} x + y = 4 \\ xy = 2 \end{cases} \qquad (2) \begin{cases} 2x^2 - 3xy + y^2 = 0 \\ 5x^2 - y^2 = 16 \end{cases}$$

27. 임의의 두 실수 x와 y가 다음과 같은 관계를 만족할 때, $x + y$, $x - y$, $x \times y$, $x \div y$ 의 값을 각각 구하여라.

$$1 \leq x \leq 5 \quad , \quad 1 \leq y \leq 2$$

28. 다음 일차부등식을 풀어라.

(1) $3(x - 2) > -4x - 1$ $\qquad$ (2) $\dfrac{1}{2}x - \dfrac{2}{3} \geq \dfrac{5}{6}$

29. 높이가 $8\,m$이고, 윗변의 길이가 아랫변의 길이보다 $3\,m$ 더 긴 역 사다리꼴 모양의 도형이 있다. 이 도형의 넓이가 $68\,m^2$ 이상 $84\,m^2$ 미만이라고 할 때, 아랫변의 길이를 구하여라.

30. 다음 이차부등식을 풀어라.

(1) $x^2 - 3x - 18 < 0$ $\qquad$ (2) $x^2 - 2x + 5 > 0$

31. 다음 이차부등식을 풀어라.

(1) $x^2 - 2x + 1 \geq 0$ $\qquad$ (2) $x^2 - 2x + 1 \leq 0$

32. 다음 이차부등식을 풀어라.

(1) $x^2 - 2x + 4 > 0$ $\qquad$ (2) $x^2 - 2x + 4 \leq 0$

33. 다음 연립부등식을 풀어라.

(1) $\begin{cases} x - 1 > 2x - 3 \\ x^2 \leqq x + 2 \end{cases}$

(2) $\begin{cases} x^2 - 16 < 0 \\ x^2 - 4x - 12 < 0 \end{cases}$

34. 다음 식을 간단히 하여라. (단, $a > 0$)

(1) $\{(a^2 b^{-4})^{-3}\}^{-1}$

(2) $\sqrt{\dfrac{a}{\sqrt{a}} \times \sqrt[3]{a}}$

35. $\log_{10} 2 = a$, $\log_{10} 3 = b$라고 할 때, 다음 식을 a와 b의 값으로 나타내어라.

(1) $\log_{10} 600$

(2) $\log_{10} 0.72$

(3) $\log_{10} \sqrt[3]{500}$

36. 다음 방정식을 풀어라.

(1) $\left(\dfrac{1}{9}\right)^x = 3\sqrt[4]{3}$

(2) $4^x - 2^{x+2} - 32 = 0$

(3) $\begin{cases} 2^x + 2^y = 20 \\ 2^{x+y} = 64 \end{cases}$

37. 다음 방정식을 풀어라.

(1) $\log_2 (x - 5) = \log_4 (x - 2) + 1$

(2) $\begin{cases} xy = 10^5 \\ x^{\log_{10} y} = 10^6 \quad (x \geqq y > 0) \end{cases}$

38. 다음 부등식을 풀어라.

(1) $\log_{10} x + \log_{10} (x - 3) < 1$

(2) $(\log_{10} x)^2 < \log_{10} x^4$

사상과 함수

2.1 | 사상

1 대응

공집합이 아닌 두 집합

$$X = \{\ x_1\ ,\ x_2\ ,\ x_3\ ,\ x_4\ ,\ x_5\ \}\ \text{와}\ \ Y = \{\ y_1\ ,\ y_2\ ,\ y_3\ ,\ y_4\ ,\ y_5\ \}$$

에 대하여 집합 X에 속하는 모든 원소가 빠짐없이 집합 Y에 속하는 원소 중에서 어느 하나에 짝을 지어 맺는 것을 **대응**(correspondence)이라고 한다.

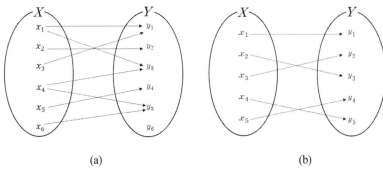

(a)   (b)

그림 2.1

그림 2.1 (b)는 (a)와 다르게 집합 X의 모든 원소와 집합 Y의 모든 원소가 하나도 빠짐없이 꼭 한 개씩 서로 대응하고 있다. 이와 같은 대응을 **일대일대응**(one-to-one correspondence)이라고 한다.

예제 2.1

공집합이 아닌 두 집합 $X = \{\ 2\ ,\ 3\ ,\ 6\ \}$와 $Y = \{\ 1\ ,\ 2\ ,\ 3\ ,\ 6\ \}$에 대하여 다음을 구하여라.

(1) 집합 X의 원소 x에 집합 Y의 원소 y을 'y는 x의 약수'가 되도록 대응 관계를 벤 다이어그램을 이용하여 나타내어라.

(2) 이 대응은 일대일대응인가?

풀이

(1)

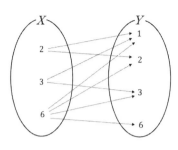

그림 2.2

(2) 한 개씩 대응하지 않으므로 일대일대응이 아니다.

2 사상

항공학부에 입학한 신입생 중에서 5명의 주소를 시·도별로 조사하였더니 표 2.1과 같았다.

학생	출신 시·도
김**	k
이**	j
박**	s
최**	i
오**	g
정**	i

표 2.1

다섯 명의 학생들의 집합을 X라고 하고, 학생들의 주소지 집합을 Y라고 하자. 각 학생에 대한 주소지 시·도의 대응을 그림으로 나타내면 그림 2.3과 같다.

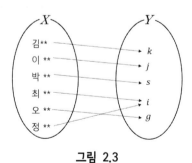

그림 2.3

이 대응에서 X의 원소를 하나 정하면 그 원소에 대하여 Y의 원소는 오직 하나만 정해진다. 비록 집합 Y의 원소 i에는 집합 X의 원소 최**와 정**이라는 두 원소가 대응되지만, 집합 X의 입장에서는 원소 최**에는 집합 Y의 원소 i가 오직 한 개가 대응하고 있다. 물론 정**에도 집합 Y의 원소 i가 오직 한 개만 대응된다.

이처럼 공집합이 아닌 두 집합 X와 Y에서 집합 X의 각 원소에 집합 Y의 원소가 오직 한 개씩만 대응할 때, 이 대응을 X에서 Y로의 **사상**(mapping)이라고 한다. 이때 집합 X의 원소 x에 대응하는 집합 Y의 원소 y를 x의 **상**(image)이라고 한다. 그림 2.3에서 집합 X의 원소의 상 전체의 집합은 $\{k,j,s,i,g\}$이다. 이 집합은 주어진 집합 Y와 같다. 하지만 일반적으로 집합 X의 원소의 상 전체집합이 집합 Y와 항상 같지는 않다.

공집합이 아닌 두 집합 $X = \{x_1, x_2, x_3, x_4, x_5\}$와 $Y = \{y_1, y_2, y_3, y_4, y_5, y_6\}$의 대응 관계가 그림 2.4와 같다고 하자. 이때 집합 X을 **정의역**(domain)이라고 한다. 집합 X의 원소 $x_i(i=1,2,3,4,5)$에 대응하는 집합 Y의 원소들의 집합 $\{y_1, y_2, y_3, y_4, y_5\}$은 집합 Y의 부분집합이 되고, 이 집합을 **치역**(range)이라고 한다.

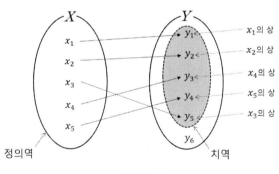

그림 2.4

공집합이 아닌 두 집합 X와 Y에 대하여 집합 X의 각 원소에 집합 Y의 원소가 하나씩 대응할 때, 이 대응을 X에서 Y로의 사상이라고 한다. 사상을 나타낼 때는 보통 f, g 등의 문자를 사용하는데, 사상 f가 X에서 Y로의 사상이라 하면

$$f : X \to Y \quad \text{또는} \quad X \xrightarrow{f} Y$$

로 나타낸다. 마찬가지로 사상 f에 의하여 집합 X의 원소 x가 집합 Y의 원소 y에 대응하는 것을

$$f : x \mapsto y \quad \text{또는} \quad y = f(x)$$

라하고, y을 f에 의한 x의 상이라고 하고 $f(x)$로 나타낸다.

임의의 사상 $f : X \to Y$에 대하여 집합 X을 사상 f의 정의역이라고 하고, 집합 X의 원소 x의 사상 f에 의한 상 전체의 집합 $f(X) = \{ f(x) \mid x \in X \} (\subset Y)$을 사상 f의 치역이라고 한다.

예제 2.2

다음 그림의 대응 관계 중에서 집합 X에서 집합 Y로의 사상을 찾고 사상인 것에 대한 정의역과 치역을 구하여라.

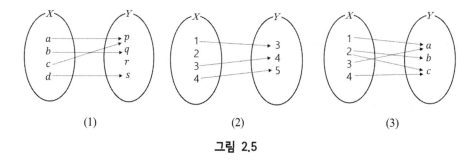

그림 2.5

풀이

(1) 집합 X의 각 원소에 집합 Y의 원소가 하나씩 대응하고 있으므로 사상이다.
   정의역은 $X = \{ a, b, c, d \}$이고, 치역은 $f(X) = \{ p, q, s \}$이다.

(2) 집합 X의 원소 2에 대응하는 집합 Y의 원소가 없으므로 사상이 아니다.

(3) 집합 X의 원소 2에 대응하는 집합 Y의 원소가 b와 c로 두 개가 있으므로 사상이 아니다.

지금까지 사상에 대하여 알아보았다. 우리 주변에서 사상이 활용되는 몇 가지 예를 알아보자. 임의의 점 $(x, y) \to$ 점 (x', y')로의 사상을 예를 들어 보자.

(1) 점 $(1, 2)$와 점 $(3, 1)$을 x축에 대하여 대칭이동 시켜보면 점 $(1, -2)$와 점 $(3, -1)$이 된다.

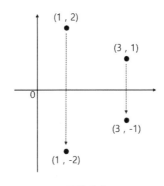

그림 2.5

(2) 항공기의 제작에서 항공기 설계도면 X을 보며 실제로 항공기 Y을 제작한다고 하자. 도면이 $\frac{1}{100}$ 축척의 도면이라면 도면 X 위의 각 점은 실제 항공기 부품 Y을 $\frac{1}{100}$으로 줄여 나타낸 것이다. 따라서 항공기 제작 작업은 도면의 점(x , y)에 점 $(100x , 100y)$을 대응 시키는 작업이라고 할 수 있다.

(3) 영화관의 영사기를 생각하여 보자. 그림 2.6에서 F를 필름, S을 스크린이라 하자. 필름 F 위의 인화를 영사기 P에 의하여 스크린 S에 비춘다고 하자. 이것은 F 위의 점 p을 지나는 빛이 S에 맺히는 점 p'에 대응시키는 사상이라고 할 수 있다. 여기서 p의 상은 p'이고, p'에 대하여 p을 **역상**(inverse image)이라고 한다.

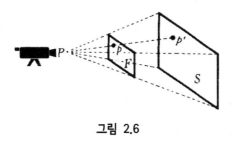

그림 2.6

이상 세 가지 예가 우리가 일상에서 사상을 사용하는 대표적인 예이다. 최근에는 세 번째로 예를 들었던 영화관의 영사기보다는 영화관에서 디지털 스크린을 사용하지만 기본적인 개념은 같을 것으로 생각한다.

2.2 | 함수

1 함수

앞에서 공집합이 아닌 집합 X와 Y사이의 대응 중에서 X의 원소에 Y의 원소가 하나씩 대응할 때 X에서 Y로의 사상이라고 하였다. 이때, X와 Y는 실수의 모임이거나 또는 임의의 사물들의 모임인 집합이면 되었다. 이제부터 알아보려는 사상은 $f : X \rightarrow Y$ 중에서 특히 X와 Y가 숫자들의 집합인 경우이다. 이러한 사상을 특별히 **함수**(function)라고 한다. 그러므로 모든 함수는 사상의 일종이라 할 수 있으며, 함수의 정의는 사상의 정의에서 집합 X와 Y가 수의 집합이라는 조건이 추가되면 된다. 즉, 함수란 수에서 수를 이끌어 내는 규칙이다. 한 자루에 100(원)인 볼펜 10자루를 구매하면 얼마인지를 알아보기 위해서는 100×10을 하면 1000(원)이 된다. 또한 20자루를 구매하면 100×20이므로 2000(원)이 된다. 얼마만큼의 볼펜을 구매할 것인가는 구매자가 얼마나 필요한가에 따라 달라진다. 구매하려는 볼펜의 수가 정해지면 그 수에 볼펜 한 개의 가격인 100을 곱해서 볼펜의 구매 금액을 알 수 있다. 예를 들어 구매 개수가 적혀있는 종이를 넣으면 금액이 적힌 종이가 나오는 기계를 생각해보면 쉽게 이해할 수 있다. 이 기계에 넣는 것을 '입력'이라고 하고, 기계에서 나오는 것을 '출력'이라고 한다. 여기서는 구매하려는 볼펜의 개수가 입력이고 그것의 금액이 출력이다. 이렇게 입력한 것으로부터 일정한 규칙에 따라 출력이 발생하는 경우, 이러한 규칙을 함수라고 한다. 함수를 영어로 function이라고 하는데, 이 단어를 사전에서 찾으면 기능이나 작용이라는 적혀있다. 기계의 기능이나 작용이 바로 함수이다. 수학에서 함수는 길이나 금액과 같이 구체적인 양은 포함하지 않고 수에서 수가 나오는 규칙을 의미한다. 예를 들어 고속도로를 매시간 100km의 속도로 달리는 자동차가 있을 때 달리는 시간과 거리와의 대응을 표로 나타내면 앞에서 알아보았던 볼펜의 가격표와 같다. 즉, 볼펜의 구매한 개수에서 금액을 계산하는 방법과 고속도로를 달리는 시간에서 달리는 거리를 구하는 방법은 양으로서는 다르지만 양을 나타내는 수 사이의 법칙 $y = 100x$가 성립한다는 점에서는 같다.

볼펜 개수(자루)	지불할 금액(원)
1	100
2	200
3	300
4	400
5	500

(a)

주행시간(시간)	주행거리(km)
1	100
2	200
3	300
4	400
5	500

(b)

표 2.2

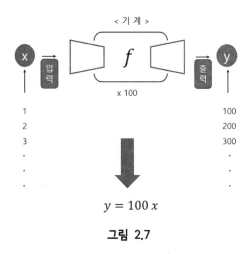

그림 2.7

공집합이 아닌 두 수의 집합 X와 Y에 대하여 X의 각 원소에 Y의 원소가 오직 하나씩 만 대응할 때, 이 대응을 X에서 Y로의 함수라고 하고 문자 f을 사용하여

$$f : X \to Y$$

로 나타낸다.

또, 함수 f에 대하여 X의 원소 x에 Y의 원소 y가 대응하는 것을

$$f : x \mapsto y \;\text{ 또는 } y = f(x)$$

로 나타낸다. 여기서 y을 f에 의한 x의 **상**(image) 또는 **함숫값**(value of function)이라고 하고, x을 **독립변수**(independent variable), y을 f에 대한 x의 **종속변수**(dependent variable)라고 한다. 우리가 일반적으로 **변수**(variable)라 하는 것은 독립변수를 말한다.

함수 $f : X \to Y$ 에서 X을 f의 **정의역**(domain)이라고 하고 $dom(f)$라고 표시한다.

또, Y을 f의 **공역**(codomain)이라고 하고 $codom(f)$라고 표시한다. 이때 Y의 부분집합이면서 X의 원소 x의 **상**(image)(또는 **함숫값**) 전체의 집합 $f(X) = \{\, f(x) \in Y \mid x \in X \,\}$을 f의 **치역**(range)이라고 한다. 앞으로 우리가 다루게 될 함수는 정의역이 실수 전체의 집합이고 공역도 역시 실수 전체인 함수이다. 따라서 별도의 조건이 주어지는 경우를 제외하고는 앞으로 다루게 될 함수는 정의역이 실수 전체의 집합에서 공역이 실수 전체의 집합인 함수이다.

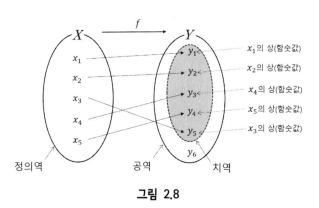

그림 2.8

예제 2.3

자연수 전체의 집합 N에 대하여 함수 f가 다음과 같이 정의될 때,

$$f : N \to N \quad , \quad f(x) = x^2$$

이 함수의 정의역, 공역 그리고 치역을 각각 구하여라.

풀이

주어진 함수에서

$$정의역\ dom(f) = \{\, x \mid x \in N \,\}$$
$$공역\ codom(f) = \{\, y \mid y \in N \,\}$$

이다. 주어진 함수의 관계식이 $f(x) = x^2$이므로

$$f(1) = 1\,,\ f(2) = 4\,,\ f(3) = 9\,,\ f(4) = 16\,, \cdots$$

이다. 따라서 치역 $f(X) = \{\, 1\,,\, 4\,,\, 9\,,\, 16\,, \cdots \,\}$이다.

1장에서 함수의 그래프를 그릴 때, 사용되는 데카르트 곱이라는 새로운 집합을 정의했었다. 공집합이 아닌 두 집합 $X = \{1, 2, 3\}$와 $Y = \{1, 2, 3\}$에 대하여 집합

$$X \times Y = (x, y) \mid x \in X, y \in Y\} \qquad \cdots \text{①}$$

을 정의하였다. 집합 ①의 원소들을 그림 2.9와 같이 나타내기도 한다.

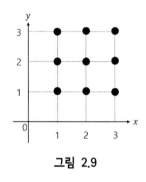

그림 2.9

그림 2.10과 같이 벤 다이어그램으로 나타내어진 함수 $f : X \rightarrow Y$

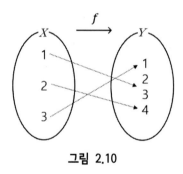

그림 2.10

을 데카르트의 곱을 사용하여 그림으로 나타내면

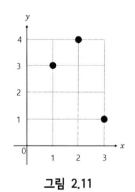

그림 2.11

이다. 첫 번째에는 집합 X의 원소 x을 두 번째에는 함수 f에 의한 x의 함숫값인 집합 Y의 원소 $f(x)$로 만든 순서쌍 $(x\,,f(x))$의 집합을 G라고 하면

$$G = \{\,(1\,,\,3)\,,\,(2\,,\,4)\,,\,(3\,,\,1)\,\}$$

이다. 집합 G는 데카르트의 곱 $X \times Y$의 한 부분집합이다. 이 집합 G을 함수 f의 **그래프(graph)**라고 한다. 이 그래프는 그림 2.11과 같이 나타낼 수도 있는데, 이것을 함수 f의 **그래프의 기하학적 표시**라고 한다. 그래프의 기하학적 표시로 나타낸 도형을 간단히 그래프라고 한다. 그러므로 함수의 그래프를 그리라고 하는 것은 함수의 그래프를 기하학적 표시로 나타내라는 것을 말한다.

예제 2.4

두 집합 $X = \{\,1\,,\,3\,,\,5\,,\,7\,\}$와 $Y = \{\,-1\,,\,0\,,\,1\,,\,2\,,\,3\,,\,4\,,\,5\,\}$에 대하여 함수

$$f : X \;\rightarrow\; Y, \quad x \;\mapsto\; x-2$$

라 할 때, 다음을 구하여라.

(1) 함수 f의 그래프를 집합을 사용하여 나타내어라.

(2) 함수 f의 그래프의 기하학적 표시로 나타내어라.

(3) 함수 f의 치역을 구하여라.

풀이

(1) $\{\,(1\,,\,-1)\,,\,(3\,,\,1)\,,\,(5\,,\,3)\,,(7\,,\,5)\,\}$

(2)

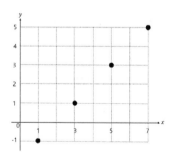

그림 2.12

(3) $f(X) = \{\,-1\,.\,1\,,\,3\,,\,5\,\}$

임의의 두 함수 $f : X \to Y$와 $g : X \to Y$에서, 정의역 X의 모든 원소 x에 대하여 $f(x) = g(x)$일 때, 두 함수 f와 g는 **같다**(equality)라고 하고 기호로

$$f = g$$

로 나타낸다. 또, 함수 $y = f(x)$의 정의역과 공역이 실수 전체의 집합이면 이 함수의 그래프는 y축에 평행한 직선과 오직 한 점에서 만난다.

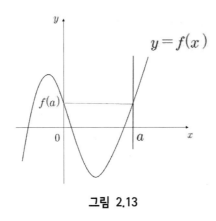

그림 2.13

임의의 함수 $f : X \to Y$에서 정의역 X의 원소 x_1과 x_2에 대해서

$$x_1 \neq x_2 \text{ 이면 } f(x_1) \neq f(x_2)$$

가 성립할 때, 이 함수 f을 **일대일 함수**(one to one function)라고 한다(그림 2.14 (a)). 함수 f가 일대일 함수임을 증명하기 위해서는

$$x_1 \neq x_2 \text{ 이면 } f(x_1) \neq f(x_2)$$

이다. 하지만 함수에서 이러한 사실을 증명하기에는 여러 가지 어려움이 따른다. 이런 경우에는 대우명제를 사용하여 증명하기도 한다. 참고로 수학에서 명제란 그 내용이 참인지 거짓인지를 명확하게 판별할 수 있는 문장이나 식을 말한다. 대우명제는 주어진 명제를 기준으로 그 결론의 부정을 가정으로 하고, 가정의 부정을 결론으로 하는 명제를 말한다. 주어진 명제의 진리값이 참이면 대우명제의 진리값도 역시 참이다. 따라서 앞에서 주어졌던 명제의 대우명제

$$f(x_1) = f(x_2) \text{이면 } x_1 = x_2$$

가 참임을 증명하여도 된다.

특히 함수 $f : X \to Y$가 일대일 함수이고 치역과 공역이 같을 때, 이 함수 f을 **일대일대응**(one to one correspondence)이라고 한다(그림 2.14 (b)). 또 함수 $f : X \to X$라 하자. 즉, 정의역 X의 각 원소 x에 그 자신인 x가 대응할 때, 이 함수 f을 집합 X에서의 **항등함수**(identity function)라고 한다. 또, 함수 $f : X \to Y$에서 정의역 X의 모든 원소 x가 공역 Y의 단 하나의 원소 c에만 대응할 때, 즉

$$f(x) = c \quad (단, \ c는 \ 상수)$$

일 때, 이 함수 f을 **상수함수**(constant function)라고 한다(그림 2.14 (c)).

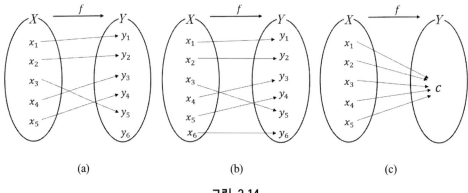

(a)   (b)   (c)

그림 2.14

예제 2.5

다음 함수 중에서 일대일대응인 것을 구하여라.

(1) $f(x) = 2x$ (2) $g(x) = x^2$

풀이

주어진 함수들이 정의역과 공역이 별도로 주어지지 않았으므로 정의역과 공역이 실수 전체의 집합인 함수이다.

(1) 함수 $f(x) = 2x$는 $x_1 \neq x_2$이면 $2x_1 \neq 2x_2$, 즉 $f(x_1) \neq f(x_2)$이므로 일대일 함수이다. 또 치역과 공역이 같으므로 이 함수는 일대일대응이다.

(2) 함수 $g(x) = x^2$는 $x_1 \neq x_2$ 이지만 $x_1^2 = x_2^2$, 즉 $g(x_1) = g(x_2)$인 경우가 있으므로 일대일 함수가 아니다.

2 합성함수와 함수의 연산

공집합이 아닌 임의의 세 집합 X, Y와 Z에 대하여 두 함수 f와 g가 다음과 같이 주어지면

$$f: X \to Y$$

$$g: Y \to Z$$

집합 X의 각 원소 x에 대하여 f에 의한 함숫값 $f(x)$는 Y의 원소이고, Y의 원소 $f(x)$에 대하여 g에 의한 함숫값 $g\{f(x)\}$는 Z의 원소이다. 따라서 X의 각 원소 x가 두 함수 f와 g에 의한 Z의 원소 $g\{f(x)\}$와 대응하는 새로운 함수를 얻을 수 있다. 이 경우 X는 정의역, Z는 공역이 된다. 이렇게 얻어진 새로운 함수를 f와 g의 **합성함수**(composition function)라고 하고

$$g \circ f: X \to Z$$

로 나타낸다.

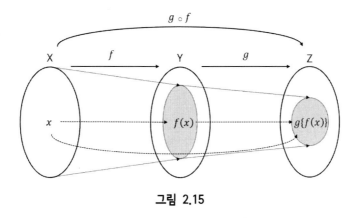

그림 2.15

함수 $g \circ f: X \to Z$에서 x의 함숫값을

$$(g \circ f)(x) = g\{f(x)\}$$

로 나타낸다. 즉, 두 함수 f와 g의 합성함수 $g \circ f$에 의한 x의 함숫값 z는

$$z = g\{f(x)\}$$

이다.

두 함수 $f(x) = x + 1$, $g(x) = x^2$에 대하여 합성함수 $g \circ f$ 을 구하여라.

풀이

함수 f와 g을 연속으로 적용하면

$$x \xrightarrow{\quad f \quad} x + 1 \xrightarrow{\quad g \quad} (x+1)^2$$

이다. 즉, $x \xrightarrow{\quad g \circ f \quad} (x+1)^2$ 이다.

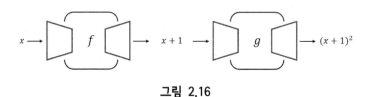

그림 2.16

이것을 다음과 같이 나타낼 수 있다.

$$g \circ f : x \rightarrow (x+1)^2 \quad , \quad (g \circ f)(x) = (x+1)^2 \quad , \quad g\{f(x)\} = (x+1)^2$$

임의의 두 함수 f와 g에 대하여

$$g \circ f \neq f \circ g$$

이다. 따라서 두 함수의 합성은 교환법칙이 성립하지 않으므로 함수의 합성은 일반적으로 교환법칙이 성립하지 않는다고 한다.

함수 $f : X \rightarrow Y$가 일대일대응이면 공역 Y의 각 원소 y에 대하여 $f(x) = y$을 만족하는 정의역 X의 원소 x가 단 하나만 존재한다. 따라서 집합 Y의 각 원소 y에 $f(x) = y$을 만족하는 집합 X의 원소 x을 대응시키면, 집합 Y을 정의역으로 하고 집합 X을 공역으로 하는 새로운 함수를 정의 할 수 있다. 이렇게 새롭게 정의된 함수를 주어진 함수 f의 **역함수**(inverse function)라고 하고, 기호

$$f^{-1} : Y \rightarrow X$$

로 나타낸다. 이때,

$$x = f^{-1}(y) \quad \Leftrightarrow \quad y = f(x)$$

이다.

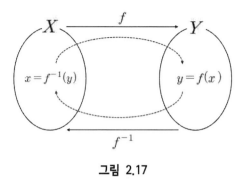

그림 2.17

만약, 함수 $f : X \to Y$의 역함수가 존재하면 역함수의 정의로부터

$$y = f(x) \iff x = f^{-1}(y)$$

이므로 $x \in X$ 와 $y \in Y$에 대하여

$$(f^{-1} \circ f)(x) = f^{-1}(f(x)) = f^{-1}(y) = x$$

$$(f \circ f^{-1})(y) = f(f^{-1}(y)) = f(x) = y$$

이다. 따라서 합성함수 $f^{-1} \circ f$는 X에서의 항등함수이고, 합성함수 $f \circ f^{-1}$는 Y에서의 항등함수이다. 함수를 나타낼 때는 일반적으로 정의역의 원소를 x, 치역의 원소를 y로 나타내므로 함수 $y = f(x)$에 대한 역함수 $x = f^{-1}(y)$의 경우도 x와 y을 서로 바꾸어

$$y = f^{-1}(x)$$

로 사용한다.

임의의 함수 $f : X \to Y$에 대한 역함수 $y = f^{-1}(x)$가 존재할 때, 함수 $y = f(x)$의 그래프 위의 한 점을 $P(a, b)$라고 하면

$$b = f(a) \iff a = f^{-1}(b)$$

기 성립힌다. 따라시 힌 점 $P(a, b)$가 함수 $y = f(x)$의 그래프에 존새하민 점 $Q(b, a)$는 역함수 $y = f^{-1}(x)$의 그래프 위의 한 점이다. 이 경우 점 $P(a, b)$와 점 $Q(b, a)$는 직선 $y = x$에 대하여 서로 대칭이 된다.

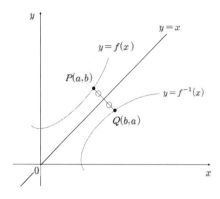

그림 2.18

다음 함수의 역함수를 구하여라.

(1) $y = 3x + 5$ (2) $y = -4x + 3$ (3) $y = \dfrac{1}{x}$

풀이

x 대신에 y, y 대신에 x을 대입한 다음 $y = f(x)$의 형태로 나타낸다.

(1) $x = 3y + 5$ 에서 $y = \dfrac{1}{3}(x - 5)$

(2) $x = -5y + 3$ 에서 $y = \dfrac{1}{4}(3 - x)$

(3) $x = \dfrac{1}{y}$ 에서 $y = \dfrac{1}{x}$

공역이 실수 전체의 집합 R이고 정의역이 같은 임의의 두 함수

$$f(x) = x + 2 \quad , \quad g(x) = 3x - 4$$

에 대하여 두 함수식을 더하여 보자.

$$f(x) + g(x) = (x + 2) + (3x - 4) = 4x - 2$$

두 함수 f와 g의 정의역에 속하는 임의의 원소 x을 $4x - 2$에 대응시키면

$$x \mapsto 4x - 2$$

와 같은 대응 관계를 갖는 새로운 함수를 얻을 수 있다. 이 함수를 함수 f와 g의 **합**(addition)이라고 하고 $f+g$로 나타낸다.

일반적으로 수와 마찬가지로 함수도 덧셈, 뺄셈, 곱셈, 나눗셈을 다음과 같이 정의할 수 있다.

R을 실수 전체의 집합이라고 하고, X을 R의 부분집합이라 할 때

$$f : X \rightarrow R \quad , \quad g : X \rightarrow R$$

에 대하여 다음과 같이 정의할 수 있다.

(1) $f+g : X \rightarrow R$ 은 $(f+g)(x) = f(x) + g(x)$ ⋯ 덧셈

(2) $f-g : X \rightarrow R$ 은 $(f-g)(x) = f(x) - g(x)$ ⋯ 뺄셈

(3) $f \times g : X \rightarrow R$ 은 $(f \times g)(x) = f(x) \times g(x)$ ⋯ 곱셈

(4) $\dfrac{f}{g} : X \rightarrow R$ 은 $\left(\dfrac{f}{g}\right)(x) = \dfrac{f(x)}{g(x)}$ (단, $g(x) \neq 0$)   ⋯ 나눗셈

또, 임의의 상수 k에 대하여

(5) $kf(x) : X \rightarrow R$ 은 $(kf)(x) = kf(x)$

(6) $f+k : X \rightarrow R$ 은 $(f+k)(x) = f(x) + k$

예제 2.8

두 함수 $f(x) = x-3$와 $g(x) = 5x$에 대하여 $f+g$, $f-g$, $f \times g$, $\dfrac{f}{g}$ 을 구하여라. (단, $g(x) \neq 0$)

풀이

$$(f+g)(x) = f(x) + g(x) = (x-3) + 5x = 6x - 3$$

$$(f-g)(x) - f(x) - g(x) = (x-3) - 5x = -4x - 3$$

$$(f \times g)(x) = f(x) \times g(x) = (x-3)\,5x = 5x^2 - 18x$$

$$\left(\dfrac{f}{g}\right)(x) = \dfrac{f(x)}{g(x)} = \dfrac{x-3}{5x}$$

③ 일차함수와 그래프

임의의 함수 $y = f(x)$에서 $f(x)$가 x에 대한 다항식일 때, 함수 $y = f(x)$을 **다항함수**(polynomial function)라고 한다. 또, $f(x)$가 일차, 이차, 삼차, ⋯ 의 다항식일 때, 그 다항함수를 각각 일차함수, 이차함수, 삼차함수, ⋯ 라고 한다. 특히 상수 c에 대하여 $f(x) = c$는 상수함수이고, x에 대한 0차의 다항함수로 볼 수 있다.

함수를 이해할 때, 가장 이해하기 쉬운 예는 상품 한 개의 가격인 단가가 정해져 있는 상품의 수량과 금액 간의 관계로 설명하는 것이다. 함수에서 입력값 x가 상품의 수량이고, 출력값 y가 입력에 대한 금액이 된다. 상품의 단가를 a라 하면, 이 함수는

$$y = ax$$

가 된다. 이처럼 나타내는 함수를 **정비례 함수**라고 한다.

일차함수는 (증가한 양) + (처음의 양)으로 나타낸다. 예를 들어, A 공장에서 이온 음료를 생산할 때 탱크에 이미 $5l$의 이온 음료가 있었다고 하자. 매시간 $0.5l$씩 새로운 이온 음료가 생산된다고 하면, x시간 후에는 $0.5x\,(l)$의 이온 음료가 생산된다. 이렇게 생산된 이온 음료에 처음부터 있었던 $5l$을 더하면 x시간 후의 이온 음료의 생산된 양이 되므로

$$y = 0.5x + 5 \qquad\qquad \cdots ①$$

을 완성할 수 있다.

이렇게 계수와 변수의 곱의 모양이 되는 항과 상수항의 합으로 이루어지는 함수를 **일차함수**(linear function)라고 하고

$$y = ax + b$$

으로 나타낸다. 일차함수 $y = ax + b$와 정비례 함수 $y = ax$의 차이점에 대하여 알아보자. 정비례 함수는 일차함수의 상수항이 0인 경우와 같으므로, 정비례 함수는 일차함수의 일종이라고 할 수 있다. 역으로 $y = ax + b$을 변형하여

$$y - b = ax$$

을 만들 수 있다. 이 등식에서 $y - b$도 역시 x에 정비례한다. 앞의 예에서 함수식 ①도 $y - 5 = 0.5x$라는 식이 성립한다. 이러한 식은 이온 음료 양의 증분에 주의하면 시간에 정비례하여 음료의 양이 증가하고 있음을 나타내고 있다.

첫 번째에는 집합 X의 원소 x을 두 번째에는 함수 f에 의한 x의 함숫값인 집합 Y의 원소 $f(x)$로 만든 순서쌍 $(x, f(x))$의 집합을 G라 하면

$$G = \{(x, f(x)) \mid x \in X, f(x) \in Y\}$$

이다. 집합 G는 데카르트의 곱 $X \times Y$의 한 부분집합이다. 이러한 집합 G을 함수 f의 그래프라 하였고, 이것을 기하학적 표시로 나타낸 도형을 간단히 그래프라 하였다. 그러므로 함수의 그래프를 그리라는 의미는 그래프를 기하학적 표시법으로 나타내라고 하는 것을 의미한다고 하였다.

일차함수의 그래프는 정비례 함수일 때, 직선이 되는 이유를 알아보기 위하여 일차함수 $y = 2x + 1$의 그래프를 그려보자.

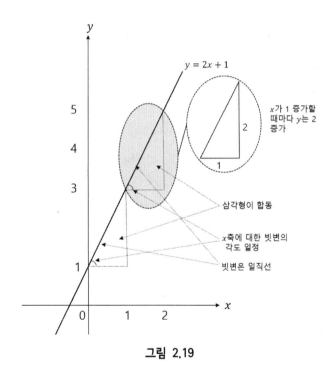

그림 2.19

x가 0에서 1 증가하여 1이 되면, y는 1에서 2 증가하여 3이 되었다. 이처럼 증가하는 방법은 그림 2.19와 같이 직각삼각형으로 나타낼 수 있다. 계속해서 x가 1에서 1 증가하여 2가 되면, y는 3에서 2 증가하여 5가 되어 또 하나의 직각삼각형을 만들 수 있다. 이렇게 x가 1 증가할 때마다 y는 2씩 증가하고 또 다른 직각삼각형이 하나씩 만들어진다. 이렇게 만들어진 직각삼각형들은 모두 합동이므로 밑변과 빗변 사이의 사잇각

은 모두 같다. 함수 $y = 2x + 1$의 그래프는 직각삼각형의 빗변을 이은 것이므로 x축과 일정한 각도를 유지한 그대로의 선인 직선이 될 수밖에 없다.

일반적인 일차함수 $y = ax + b$의 그래프의 대략적인 형태인 개형을 그려보자. 함수의 그래프의 개형을 그리는 기본적인 방법은 다음과 같은 순서에 의한다.

첫 번째, 변수 x대신에 여러 값을 대입하여, 그에 대응하는 함숫값인 y값을 구한다.

두 번째, 첫 번째에서 구한 x와 y값으로 순서쌍을 만들어, 이것을 좌표로 하여 좌표평면에 표시한 뒤 이 점들을 서로 잇는다.

일차함수 $y = ax + b$의 그래프를 생각해보자. 이 그래프는 직선이다. 여기서 우리가 눈여겨볼 점은 일차 함수식 $y = ax + b$에서 a와 b가 갖는 성질이다.

(1) a의 성질

· $a > 0$ 이면 오른쪽 위로 올라가는 직선, 즉 증가하는 그래프가 된다.

· $a < 0$ 이면 오른쪽 아래로 내려가는 직선, 즉 감소하는 그래프가 된다.

· $a = 0$ 이면 x축과 평행한 직선이 된다.

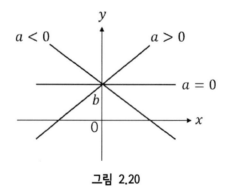

그림 2.20

a는 x값의 증가량인 Δx에 대한 y값의 증가량인 Δy의 비율

$$a = \frac{\Delta y}{\Delta x}$$

이고 a을 **기울기**(slope)라고 한다.

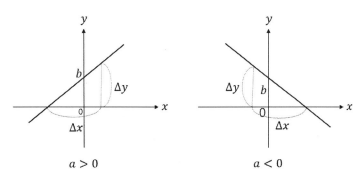

그림 2.21

(2) b의 성질

· $b > 0$ 이면 원점 0의 위쪽, 즉 양의 범위에서 y축과 만난다.

· $b < 0$ 이면 원점 0의 아래쪽, 즉 음의 범위에서 y축과 만난다.

· $b = 0$ 이면 원점을 지난다.

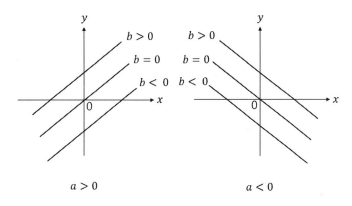

그림 2.22

이때, b을 y**절편**(intercept)이라고 한다. y절편 b의 좌표는 $(0, b)$이다. 마찬가지로 x**절편**도 정의 할 수 있다. x절편은 y값이 0이 되는 점이므로 $0 = ax + b \Rightarrow x = -\dfrac{b}{a}$ 에서 x절편의 좌표는 $\left(-\dfrac{b}{a}, 0\right)$이다.

그래프의 평행이동에 대하여 알아보자. 일차함수 $y = ax + b$의 그래프를 x축의 양의 방향(오른쪽)으로 m만큼 이어서 y축의 양의 방향(위쪽)으로 n만큼 평행이동 시켜서 그 래프를 그려보자.

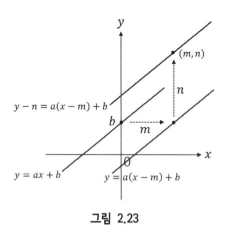

그림 2.23

그림 2.23에서 주어진 함수의 그래프를 x축의 양의 방향으로 m만큼 평행이동 하려면 주어진 함수식의 x좌표에서 m만큼 빼주어야 한다. 마찬가지로 y축의 양의 방향으로 n만큼 평행이동 하려면 주어진 함수식의 y좌표에서 n만큼 빼주어야 한다. 그러므로 일차함수 $y = ax + b$의 그래프를 x축의 양의 방향으로 m만큼 이어서 y축의 양의 방향으로 n만큼 평행이동 함수식은 $y - n = a(x - m) + b$이 된다. 따라서 이 함수식은 기울기가 a, y절편이 b이고 한 점 (m, n)을 지나는 직선의 함수식과 같다.

이러한 내용을 조금 더 일반화하여, 두 점 (x_1, y_1)과 (x_2, y_2)을 지나는 직선의 방정식은

$$y - y_1 = \frac{y_2 - y_1}{x_2 - x_1}(x - x_1)$$

이 된다.

예제 2.9

직선 $ax + 3y = 6$의 그래프가 x축, y축의 양의 방향으로 둘러싼 부분의 넓이가 36일 때, a의 값을 구하여라.

풀이

$ax + 3y = 6$에서 x절편은 $y = 0$일 때이므로 $ax + 3 \times 0 = 6$에서 $x = \dfrac{6}{a}$이고 y절편은 $x = 0$일 때이므로 $a \times 0 + 3y = 6$에서 $y = 2$이다.

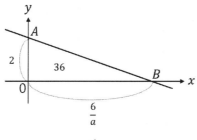

그림 2.24

그림 2.24에서 $\triangle AOB$의 넓이는 36이므로

$$\frac{1}{2} \times \overline{OA} \times \overline{OB} = 36 \;\; \Rightarrow \;\; \frac{1}{2} \times 2 \times \frac{6}{a} = 36 \;\; \Rightarrow \;\; a = \frac{1}{6}$$

4 이차함수와 그래프

가로 2이고 세로가 3인 직사각형 모양의 화단을 가로와 세로 모두 x.만큼씩 확장하여 화단의 크기를 키워 새로운 화단을 만들려고 한다. 새롭게 만든 화단의 넓이를 y라고 하면

$$y = (2+x)(3+x) = 6 + 5x + x^2 = x^2 + 5x + 6$$

와 같이 y는 x에 대한 이차식으로 나타낼 수 있다.

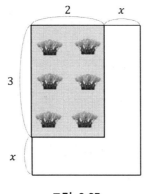

그림 2.25

이처럼 함수 $y = f(x)$에서 y가 x에 대한 이차식

$$y = ax^2 + bx + c \;\; (a\,,\,b\,,\,c\text{는 상수}, \; a \neq 0) \qquad \cdots \text{①}$$

로 나타날 때, 이 함수를 x에 대한 **이차함수**(quadratic function)라고 한다.

이차함수의 또 다른 예를 들어 보자. 높은 빌딩의 옥상에서 구슬을 떨어뜨리는 실험을 한다고 가정하여보자. 각 층에서 몇 초 동안에 몇 m 떨어졌는가를 여러 번 반복 기록해서 평균값을 구하여 그 결과를 다음과 같은 표로 만들었다.

시간(초)	0.5	1	1.5	2	2.5	3	3.5	4	4.5	5
낙하 거리의 평균(m)	0.23	4.95	10.95	19.82	30.49	44.01	60.00	78.50	99.25	122.48

표 2.3

이러한 표만 가지고는 낙하 시간과 낙하 거리의 관계를 찾기는 어렵다. 하지만 조금 더 시간의 간격을 줄여 낙하 시간 x와 낙하 거리 y사이의 관계를 조사해 보면, 다음과 같은 관계식으로 나타낼 수 있다.

$$y = 4.9\,x^2$$

일정한 속도로 진행하는 물체의 이동 거리는 이동하는 시간에 정비례하지만 떨어지는 물체의 낙하 거리는 낙하 시간의 제곱에 비례한다. 따라서 1초당 떨어지는 거리의 증가 정도도 또한 증가하기 때문에, 물체가 떨어질 때의 속도도 시간이 지남에 따라 증가하게 된다.

앞에서 했던 실험을 조금 더 확장하여 구슬을 옥상에서 머리 위로 똑바로 던지면 구슬은 어떤 운동을 할까. 우리가 사는 지구에는 중력이 있다. 만약 지구에 중력이 없다면 물체에 가해지는 외부 힘의 합력이 0일 때 자신의 운동상태를 지속하는 관성의 법칙으로 인하여, 던진 순간의 속도인 초속도를 유지하면서 똑바로 위로 올라갈 것이다. 만약 처음 던질 때의 속도인 초속도가 $5m/sec$라고 하면, 중력이 작용하지 않으므로 x초 후의 물체의 상승 거리는 $y = 5x$라는 관계식으로 나타낼 수 있다. 하지만 지구에는 중력이 작용하므로 구슬이 던진 사람의 손을 떠난 순간부터 특정한 힘이 지구 중심을 향하여 물체에 가해진다. 즉, 구슬의 상승 속도가 점점 느려지게 된다. 만약 구슬을 손에서 자유낙하 시킨다고 가정하면, x초 후의 구슬의 위치는 처음 손에서 떨어졌을 때의 위치를 $0m$라고 하면 $y = -4.9\,x^2$의 관계식으로 나타낼 수 있다. 여기서 x^2의 계수 앞에 -을 붙인 이유는 손에서 떨어진 구슬이 지구 중심의 반대 방향인 하늘의 방향을 +라고 하면 지구 중심 방향은 -을 부쳐서 나타낼 수 있다. 이번에는 구슬을 하늘을 향하여 던졌을 때의 x초 후의 구슬의 높이는 던져서 하늘을 향하는 운동과 지구 중심을 향하는 낙하운동에 의한 이동 거리를 합한 것과 같다. 그러므로 다음과 같은 관계식으로 나타낼 수 있다.

$$y = -4.9x^2 + 5x \qquad\qquad \cdots \; ②$$

만약 표 2.3의 내용을 함수식 ②과 결합하여 건물의 높이가 125m인 건물의 옥상에서 구슬을 머리 위로 똑바로 던지면 x을 초 후의 구슬의 위치 y를 다음과 같은 함수식으로 나타낼 수 있다.

$$y = -4.9x^2 + 8x + 125$$

이 함수식은 식 ①과 같은 형태이므로 이러한 함수식도 이차함수이다.

이차함수인 $y = x^2$의 그래프를 그려보자. 변수 x의 값이 -3, -2, -1, 0, 1, 2, 3으로 변할 때, 이차함수 $y = x^2$의 그래프를 그리기 위해서 각 변수 x에 대응하는 y값을 구하여 표로 만들면 표 2.4와 같다. 이것을 그래프로 나타내면 그림 2.26과 같다.

x	-3	-2	-1	0	1	2	3
y	9	4	1	0	1	4	9

표 2.4

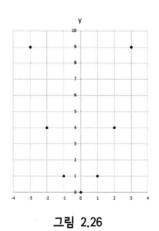

그림 2.26

표 2.4의 변수 x값의 간격을 점점 더 세분하고 x값의 범위를 실수 전체로 확장하여 그래프를 그리면 그림 2.27과 같은 매끄러운 곡선이 된다.

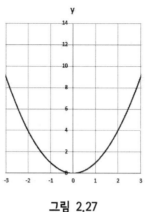

그림 2.27

이차함수 $y = x^2$의 그래프는 원점을 지나고 아래로 볼록하며, y축에 대해서 대칭인 곡선이다. 또 $x < 0$일 때 x의 값이 증가하면 y의 값은 감소하고, $x > 0$일 때 x의 값이 증가하면 y의 값도 증가한다.

이차함수 $y = x^2$을 조금 더 일반화하여 이차함수 $y = ax^2$의 그래프에 대하여 알아보자. 주어진 함수식에서 x^2의 계수 a의 값이 -2, -1, 1, 2일 때의 그래프를 그려보자.

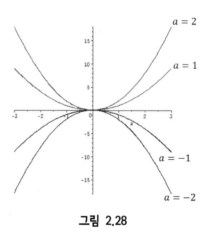

그림 2.28

그림 2.28에서 보듯이 이차함수 $y = ax^2$의 그래프는

(1) $a > 0$이면 아래로 볼록

(2) $a < 0$이면 위로 볼록

한 곡선이다. 또, a의 절댓값이 클수록 그래프의 폭이 좁아진다. 이차함수 $y = ax^2$의

그래프와 $y = -ax^2$의 그래프는 x축에 대하여 대칭이다.

이차함수 $y = ax^2$의 그래프와 같은 모양의 곡선을 **포물선**(parabola)이라고 한다. 포물선은 선대칭도형(symmetric figute for a line)으로 대칭축을 **포물선의 축**(the axis of a parabola)이라고 하고, 포물선과 축이 만나는 점을 **포물선의 꼭짓점**(the vertex of a parabola)이라고 한다.

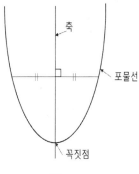

그림 2.29

이차함수 $y = x^2$의 그래프를 이용하여 이차함수 $y = x^2 + 3$의 그래프를 그려보자. 표 2.5는 이들 두 함수의 변수 x에 대응하는 함숫값 y의 차이를 비교하기 위하여 표로 나타낸 것이다.

x	$\cdots$	-2	-1	0	1	2	$\cdots$
x^2	$\cdots$	4	1	0	1	4	$\cdots$
$x^2 + 3$	$\cdots$	7	4	3	4	7	$\cdots$

표 2.5

표 2.5에서 같은 x의 값에 대하여 $x^2 + 3$의 값은 x^2의 값보다 항상 3만큼 크다는 사실을 알 수 있다. 따라서 이차함수 $y = x^2 + 3$의 그래프는 그림 2.30과 같이 이차함수 $y = x^2$의 그래프를 y축의 양의 방향(위쪽)으로 3만큼 평행 이동한 것과 같다. 이차함수 $x^2 + 3$의 그래프는 점 $(0, 3)$을 꼭짓점으로 하고 y축을 축으로 하는 아래로 볼록한 포물선이다.

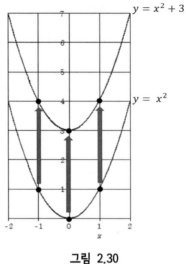

그림 2.30

이차함수 $y = x^2$의 그래프를 이용하여 이차함수 $y = (x-2)^2$의 그래프를 그려보자. 표 2.6은 이들 두 함수의 변수 x에 대응하는 함숫값 y의 차이를 비교하기 위하여 표로 나타낸 것이다.

x	$\cdots$	-3	-2	-1	0	1	2	3	4	$\cdots$
x^2	$\cdots$	9	4	1	0	1	4	9	16	$\cdots$
$(x-2)^2$	$\cdots$	25	16	9	4	1	0	1	4	$\cdots$

표 2.6

따라서 이차함수 $y = (x-2)^2$의 그래프는 이차함수 $y = x^2$의 그래프를 표 2.6에서 x의 값이 -3, -2, -1, 0, 1, 2 일 때, x^2의 값 9, 4, 1, 0, 1, 4은 $(x-2)^2$의 x가 -1, 0, 1, 2, 3, 4의 값과 같음을 알 수 있다. 그러므로 이차함수 $y = (x-2)^2$의 그래프는 이차함수 $y = x^2$의 그래프를 x축의 양의 방향(오른쪽)으로 2만큼 평행이동한 것과 같다. 이차함수 $(x-2)^2$의 그래프는 점 $(2, 0)$을 꼭짓점으로 하고 직선 $x = 2$을 축으로 하는 아래로 볼록한 포물선이다.

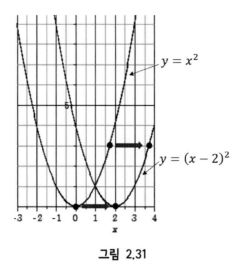

그림 2.31

이번에는 앞에서 알아보았던 두 가지 평행이동을 결합한 형태의 이차함수의 그래프에 대하여 알아보자. 즉, 이차함수 $y = (x-2)^2 + 3$의 그래프는 이차함수 $y = x^2$의 그래프를 x축의 양의 방향(오른쪽)으로 2만큼, y축의 양의 방향(위쪽)으로 3만큼 평행 이동한 것이다. 그러므로 이차함수 $y = (x-2)^2 + 3$의 그래프는 직선 $x = 2$을 축으로 하고 점 $(2, 3)$을 꼭짓점으로 하는 아래로 볼록한 포물선이 된다.

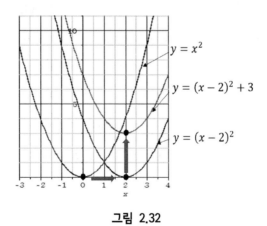

그림 2.32

이차함수 $y = ax^2 + bx + c$의 그래프는 주어진 이차함수를 $y = a(x-p)^2 + q$의 형태로 변환한 다음에 이차함수 $y = ax^2$의 그래프를 x축의 양의 방향으로 p만큼, y축의 양의 방향으로 q만큼 평행 이동한 것이 된다. 물론 이 그래프는 직선 $x = p$을 축으로 하고, 점 (p, q)을 꼭짓점으로 하는 포물선이 된다.

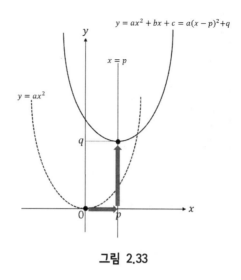

$$y = ax^2 + bx + c = a(x-p)^2 + q$$

그림 2.33

지금까지 알아보았던 이차함수 $y = ax^2 + bx + c$이 갖는 성질은 다음과 같다.

(1) 이차함수 $y = ax^2 + bx + c$의 그래프는 $y = a(x-p)^2 + q$의 형태로 고쳐서 그린다.

(2) $a > 0$이면 아래로 볼록하고, $a < 0$이면 위로 볼록하다.

(3) y축 위의 점 $(0, c)$을 지난다.

함수의 모든 함숫값 중에서 가장 큰 값을 그 함수의 **최댓값**(maximum value)이라고 하고, 가장 작은 값을 그 함수의 **최솟값**(minimum value)이라고 한다.

이차함수 $y = ax^2 + bx + c$에서 최댓값과 최솟값은 주어진 이차함수를 $y = a(x-p)^2 + q$의 형태로 변형한 다음에 다음과 같이 구할 수 있다.

(3) $a > 0$이면 $x = p$에서 최솟값은 q이고 최댓값은 없다.

(4) $a < 0$이면 $x = p$에서 최댓값은 q이고 최솟값은 없다.

예제 2.10

다음을 구하시오.

① 이차함수 $y = x^2 - 6x + 13$의 그래프에서 꼭짓점의 좌표를 구하시오.

② 이차함수 $y = x^2 - 4x + k$의 그래프가 점 $(1, 1)$을 지날 때, 이 포물선의 꼭짓점의 좌표를 구하시오.

③ 정의역이 $\{x | -1 \leq x \leq 2\}$인 이차함수 $y = -(x-1)^2 + 3$의 치역의 값을 구하시오.

④ 이차함수 $y = x^2 - 2x - 1$의 그래프에서 꼭짓점과 원점 사이의 거리를 구하시오.

⑤ 세 점 $(0, 9)$, $(3, 0)$, $(-3, 0)$을 지나는 포물선의 식을 구하시오.

⑥ 이차함수 $y = 2x^2$의 그래프 위에 두 점 $A(p, 8)$, $B(1, q)$를 지나는 직선의 식을 구하시오. (단, $p < 0$)

⑦ 이차함수 $y = 2x^2 - 4ax + 2a^2 - b^2 - 4b$의 그래프에서 꼭짓점의 좌표가 $(3, 4)$일 때, a, b의 값을 구하시오.

⑧ 이차함수 $y = -x^2 + bx + c$의 그래프를 x축의 방향으로 2만큼, y축의 방향으로 –3만큼 평행 이동하면 꼭짓점의 좌표가 $(4, 1)$이 된다. 이때 $b + c$의 값을 구하시오.

⑨ 정의역 $\{x | 1 \leq x \leq 3\}$에서 이차함수 $y = -2x^2 + 3x + k$의 최댓값이 2가 될 때, k의 값을 구하시오.

⑩ 이차함수 $y = x^2 + 2x + k$의 그래프를 x축의 방향으로 –2만큼, y축의 방향으로 2만큼 평행 이동하면 최솟값이 –5가 된다. 이때, k의 값을 구하시오.

풀이

① $y = x^2 - 6x + 13 = x^2 - 6x + 9 - 9 + 13 = (x - 3)^2 + 4$이므로 꼭짓점의 좌표는 $(3, 4)$ 이다.

② $y = x^2 - 4x + k$의 그래프가 점 $(1, 1)$을 지나므로 $1 = 1^2 - 4 \times 1 + k \Rightarrow k = 4$이다. 따라서 $y = x^2 - 4x + 4 = (x - 2)^2$이므로 꼭짓점의 좌표는 $(2, 0)$이다.

③ 이차함수 $y = -(x - 1)^2 + 3$은 x^2의 계수가 -1이므로 $x = 1$일 때 최댓값 $y = 3$을 갖는다. 한편 정의역이 $\{x | -1 \leq x \leq 2\}$이므로 $x = -1$일 때 최솟값 $y = -1$을 가지므로 치역은 $\{y | -1 \leq y \leq 3\}$이다.

④ $y = x^2 - 2x - 1 = x^2 - 2x + 1 - 1 - 1 = (x - 1)^2 - 2$이므로 꼭짓점의 좌표는 $(1, -2)$ 이다. 따라서 꼭짓점과 원점 사이의 거리는 $\sqrt{(1 - 0)^2 + (-2 - 0)^2} = \sqrt{5}$이다.

⑤ 세 점 $(0, 9)$, $(3, 0)$, $(-3, 0)$이 주어졌는데 x절편이 보이므로
$y = a(x + 3)(x - 3) \Rightarrow 9 = a(0 + 3)(0 - 3) \Rightarrow a = -1$이다. 따라서 $y = -x^2 + 9$이다.

⑥ $A(p, 8)$, $B(1, q)$가 $y = 2x^2$의 그래프 위에 있으므로 $8 = 2p^2 \Rightarrow p = -2 \ (\because p < 0)$
$q = 2 \times 1^2 = 2$이므로 두 점 $A(-2, 8)$, $B(1, 2)$를 지나는 직선의 방정식은

$$y - 2 = \frac{2 - 8}{1 - (-2)}(x - 1) \Rightarrow y - 2 = -2(x - 1)$$

이다. 따라서 $y = -2x + 4$이다.

⑦ $y = 2x^2 - 4ax + 2a^2 - b^2 - 4b$의 그래프에서 꼭짓점의 좌표가 $(3, 4)$이므로
$y = 2(x - 3)^2 + 4 = 2x^2 - 12x + 22$이다. 계수들을 비교하면

$$-4a = -12 \Rightarrow a = 3$$

$$2a^2 - b^2 - 4b = 22 \Rightarrow b^2 + 4b + 4 = 0$$

$$\Rightarrow (b-2)^2 = 0$$

$$\Rightarrow b = 2$$

⑧ $y = -x^2 + bx + c$의 그래프를 x축의 방향으로 2만큼, y축의 방향으로 –3만큼 평행이동 하여 꼭짓점의 좌표가 $(4, 1)$이 되었다면 평행 이동하기 전의 꼭짓점의 좌표는 $(2, 4)$이다. 그러므로 $y = -(x-2)^2 + 4 = -x^2 + 4x$이므로 계수들을 비교해 보면 $b = 4$, $c = 0$이다. 따라서 $b + c = 4$이다.

⑨ 정의역 $\{x | 1 \le x \le 3\}$에서

$$y = -2x^2 + 3x + k = -2\left(x^2 - \frac{3}{2}x + \frac{9}{16} - \frac{9}{16}\right) + k = -2\left(x - \frac{3}{4}\right)^2 + k + \frac{9}{8}$$이므로,

$x = 1$일 때 최댓값 $y = 1 + k$을 갖는다. 따라서 최댓값이 2이므로 $2 = 1 + k$이다. 따라서 $k = 1$.

⑩ $y = x^2 + 2x + k$의 그래프를 x축의 방향으로 –2만큼, y축의 방향으로 2만큼 행이동하면

$$y - 2 = (x - (-2))^2 + 2(x - (-2)) + k \Rightarrow y - 2 = x^2 + 4x + 4 + 2x + 4 + k$$

$$\Rightarrow y = x^2 + 6x + 10 + k$$

$$\Rightarrow y = (x+3)^2 + 1 + k$$

이다. 한편 평행이동 후의 최솟값이 -5이므로 $1 + k = -5 \Rightarrow k = -6$이다

예제 2.11

지면에서 초속 $100\,m$의 속력으로 발사한 실험용 로켓이 포물선을 그리며 움직인다고 하자. 이 실험용 로켓이 움직인 시간을 x초라고 하면 그때의 지상으로부터 실험용 로켓까지의 높이 $y\,m$는

$$y = -50x^2 + 100x$$

라고 하자. 실험용 로켓이 가장 높이 올라갔을 때의 시간과 높이를 구하여라.

풀이

$$y = -50x^2 + 100x = -50(x^2 - 2x) = -50(x^2 - 2x + 1 - 1) = -50(x-1)^2 + 50$$

이므로 최댓값은 $x = 1$일 때 5이다. 따라서 실험용 로켓은 발사한 지 1초 뒤의 높이가 $50\,m$로 가장 높다.

5 유리ㆍ무리함수의 그래프

함수 $y = f(x)$가 x에 대한 분수식일 때, 이 함수를 **분수함수**(fractional function)라고 하고 다항함수와 분수함수를 통틀어서 **유리함수**(rational function)라고 한다.

유리함수 $y = \dfrac{k}{x}$는 분모인 x가 0이면 주어진 함수가 정의되지 않으므로 주어진 유리함수 $y = \dfrac{k}{x}$의 정의역은 모든 실수가 아니라 실수에서 주어진 유리함수가 정의되지 않는 분모가 0이 되는 점을 제외한 모든 실수가 된다. 그러므로 유리함수에서 정의역이 별도로 정의되지 않았을 때는 분모를 0으로 만드는(즉, 함수가 정의되지 않는) x값을 제외한 실수 전체의 집합을 정의역으로 한다.

유리함수 $y = \dfrac{k}{x}$의 그래프에 대하여 알아보자. $x \neq 0$인 점을 제외한 모든 실수에서 그림 2.34와 같이 원점에서 멀어질수록 곡선은 각각 x축과 y축에 한없이 가까워지는 쌍곡선이라고 하는 한 쌍의 곡선을 얻을 수 있다. 여기서 쌍곡선이 원점에서 멀어질수록 한없이 가까워지는 선을 **점근선**(asymptotic line)이라고 한다.

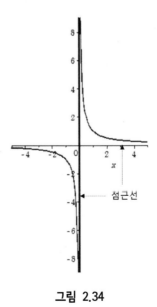

그림 2.34

유리함수 $y = \dfrac{k}{x}$에서 k의 값을 -2, -1, $-\dfrac{1}{2}$, $\dfrac{1}{2}$, 1, 2와 같이 여러 가지로 변화시키면서 각 경우의 그래프를 그려보면 그림 2.35와 같다.

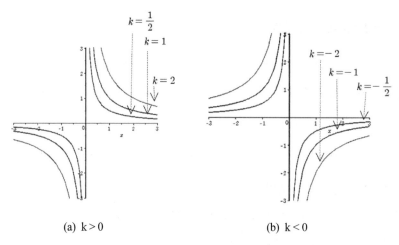

(a) k > 0   (b) k < 0

그림 2.35

유리함수의 일반적인 형태인 $y = \dfrac{ax+b}{cx+d} = \dfrac{k}{x-p} + q$의 그래프를 그려보자. 주어진 식을 변형하여

$$ y = \frac{k}{x-p} + q \;\Rightarrow\; y - q = \frac{k}{x-p} $$

을 얻을 수 있다. 이식은 다음과 같은 성질을 갖는다.

① $y = \dfrac{k}{x}$의 그래프를 x축 양의 방향(오른쪽)으로 p만큼, y축 양의 방향(위쪽)으로 q만큼 평행이동 시킨 것이다.

② 점 (p, q)에 대하여 대칭인 직각 쌍곡선이다.

③ 점근선은 $x = p$, $y = q$이다.

④ 정의역은 p을 제외한 실수 전체의 집합, 치역은 q을 제외한 실수 전체의 집합이다.

$$ \text{정의역} : R - \{p\}, \quad \text{치역} : R - \{q\} $$

⑤ 대칭의 중심은 (p, q)이다.

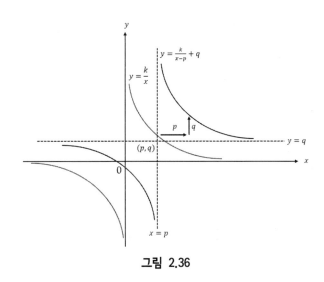

그림 2.36

유리함수 $y = \dfrac{1}{x-2} - 3$의 그래프를 그리고 점근선의 방정식을 구하여라.

풀이

유리함수 $y = \dfrac{1}{x-2} - 3$의 그래프는 유리함수 $y = \dfrac{1}{x}$의 그래프를 x축의 양의 방향(오른쪽)으로 2만큼, y축의 음의 방향(아래쪽)으로 3만큼 평행 이동한 것이다.

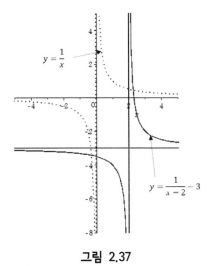

그림 2.37

점근선은 $x = 2$와 $y = -3$ 이다.

함수 $y = f(x)$가 x에 대한 무리식일 때, 이 함수를 **무리함수**(irrational function)라고 한다. 예를 들어, 함수 $y = \sqrt{x-1}$, $y = \sqrt{1-2x} + 5$는 모두 무리함수이다. 무리함수 에서 정의역이 주어지지 않을 때는 근호 안의 식의 값은 음수가 될 수 없으므로, 0 이 상이 되도록 하는 모든 실수의 집합을 정의역으로 한다. 그러므로 무리함수 $y = \sqrt{x-1}$ 의 정의역은 $\{x \mid x \geq 1\}$이고 무리함수 $y = \sqrt{1-2x} + 5$ 의 정의역은 $\left\{x \mid x \leq \dfrac{1}{2}\right\}$이 된다.

무리함수 $y = \sqrt{x}$ 의 정의역을 $\{x \mid x \geq 0\}$, 공역을 $\{y \mid y \geq 0\}$이라 하면 주어진 무 리함수 $y = \sqrt{x}$ 는 일대일대응이다. 따라서, 이 함수는 역함수가 존재한다. 함수 $y = \sqrt{x}$ $(x \geq 0)$에서 x을 y에 대한 식으로 정리하면 $x = y^2 (y \geq 0)$이다. 이 식에서 x 와 y을 서로 바꾸면

$$y = x^2 \, (x \geq 0)$$

이다. 이 함수가 함수 $y = \sqrt{x}$ 의 역함수가 된다. 이들 두 함수의 그래프를 동시에 그 려보면 $y = x$의 그래프에 대하여 대칭이 된다.

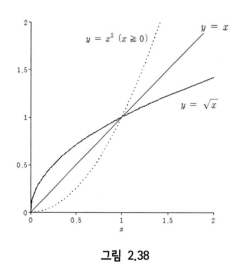

그림 2.38

한편 무리함수 $y = -\sqrt{x}$ 의 그래프는 무리함수 $y = \sqrt{x}$ 의 그래프와 x축에 대하여 대칭이다.

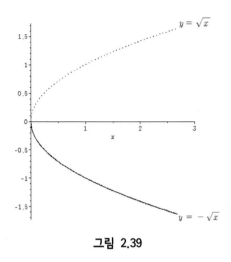

그림 2.39

무리함수 $y = \sqrt{ax}\ (a \neq 0)$의 그래프는 역함수 $y = \dfrac{x^2}{a}\ (a \geqq 0)$의 그래프와 $y = x$ 의 그래프에 대하여 대칭이다. 그러므로 근호 안의 a의 값의 부호에 따라 그래프의 모양이 달라진다.

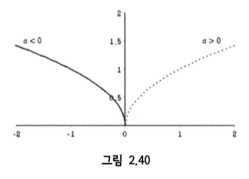

그림 2.40

또 무리함수 $y = -\sqrt{ax}\ (a \neq 0)$의 그래프는 무리함수 $y = \sqrt{ax}\ (a \neq 0)$의 그래프 와 x축에 대하여 대칭이므로, 다음 그림과 같다.

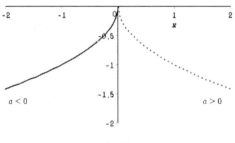

그림 2.41

무리함수 $y = \sqrt{a(x-p)} + q$의 그래프를 그려보자. 이 함수의 그래프는 다음과 같은 성질을 갖는다.

⑥ $y = \sqrt{ax}$ 의 그래프를 x축의 양의 방향(오른쪽)으로 p만큼, y축의 양의 방향(위쪽)으로 q만큼 평행이동 시킨 것이다.

⑦ $y = \sqrt{ax}$ 의 그래프는 함수 $y = \dfrac{1}{k}x^2 \ (k \neq 0)$의 역함수이다.

⑧ $a > 0$ 일 때, 정의역은 $\{x \mid x \geq p\}$이고 치역은 $\{y \mid y \geq q\}$이다.

   $a < 0$ 일 때, 정의역은 $\{x \mid x \leq p\}$이고 치역은 $\{y \mid y \geq q\}$이다.

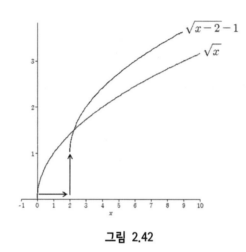

그림 2.42

예제 2.13

---

① 무리함수 $y = 1 - \sqrt{-2x+4}$ 의 정의역과 치역을 각각 구하시오.

② 무리함수 $y = -\sqrt{-3x-9} + 2$의 그래프는 무리함수 $y = -\sqrt{-ax}$ 의 그래프를 x축의 방향으로 m만큼, y축의 방향으로 n만큼 평행 이동한 것일 때, 상수 a, m, n의 값을 구하시오.

③ 무리함수 $f(x) = \sqrt{x-2} + 3$의 역함수를 구하고, 이 역함수의 정의역과 치역을 구하시오.

풀이

① $y = 1 - \sqrt{-2x+4}$ 에서 $-2x + 4 \geq 0$이므로 정의역은 $\{x \mid x \leq 2\}$이고 치역은 $\{y \mid y \leq 1\}$이다.

② $y = -\sqrt{-3x-9} + 2 = -\sqrt{-3(x+3)} + 2$이므로 $y = -\sqrt{-3x}$ 의 그래프를 x축의

음의 방향(왼쪽)으로 3만큼 y축의 양의 방향(위쪽)으로 2만큼 평행이동 한 것이므로 $a = 3$, $m = -3$, $n = 2$이다.

③ $y = \sqrt{x - 2} + 3$의 정의역은 $\{x \mid x \geq 2\}$이고 치역은 $\{y \mid y \geq 3\}$이다. 따라서 이 함수의 역함수를 구하면

$x = \sqrt{y - 2} + 3 \rightarrow x - 3 = \sqrt{y - 2} \Rightarrow (x - 3)^2 = y - 2 \Rightarrow y = (x - 3)^2 + 2$이고 정의역은 $\{x \mid x \geq 3\}$이고 치역은 $\{y \mid y \geq 2\}$이다.

01. 두 집합 $X = \{\,2\,,\,3\,,\,6\,\}$와 $Y = \{\,a\,,\,b\,,\,c\,\}$에 대하여 집합 X에서 집합 Y 로의 일대일대응은 몇 개인가?

02. 두 집합 X와 Y가 다음과 같을 때, 집합 X에서 집합 Y로의 사상 $f : x \to x + 1$의 치역을 구하여라.

$$X = \{\,x \mid -2 < c < 3\,,\,x \in Z\,\} \quad , \quad Y = \{\,x \mid x \in R\,\}$$

03. 다음 함수의 정의역을 구하여라.

(1) $y = x^2 + x$ (2) $y = \sqrt{1 - x^2}$ (3) $y = \dfrac{5}{(x-1)(x-3)}$

04. 집합 $X = \{\,x \mid 1 \leq x \leq 4\,,\,x \in Z\,\}$에 대하여 함수

$$f : X \;\to\; R \;,\quad f(x) = x - 1$$

인 함수 f의 그래프와 치역을 구하여라.

05. 두 집합 $X = \{\,1\,,\,2\,,\,3\,\}$와 $Y = \{\,4\,,\,5\,,\,6\,\}$에 대하여 X에서 Y로의 일대일 함수는 몇 개인가?

06. 두 함수 $f(x) = x + 2$, $g(x) = 3x - 5$에 대하여 다음 합성함수를 구하여라.

(1) $(g \circ f)(x)$ (2) $(f \circ g)(x)$

07. 다음 함수의 역함수를 구하여라.

(1) $y = 1 - x \;(x \leq 1)$ (2) $y = \dfrac{1}{x-1} \;(x > 1)$

08. 두 함수 $f(x) = x - 2$과 $g(x) = 3x$에 대하여 $f + g$, $f - g$, $f \times g$, $\dfrac{f}{g}$을 각각 구하여라. (단, $g(x) \neq 0$)

09. 직선 $ax + 2y = 4$의 그래프가 x축, y축의 양의 방향으로 둘러싼 부분의 넓이가 16일 때, a의 값을 구하여라.

10. 두 포물선

$$y = ax^2 + bx + 8 \ , \ y = 2x^2 - 3x + 2$$

의 두 교점을 연결하는 직선이 $y = -x + 6$ 일 때 다음을 구하여라.

(1) 두 포물선의 교점의 좌표를 구하여라.

(2) a와 b의 값을 구하여라.

11. 골프장 평지에서 골프공을 쳤을 때, 골프공이 수평으로 날아간 거리를 $x\,m$라고 하면 그때의 지상으로부터 골프공까지의 높이 $y\,m$는

$$y = -\frac{1}{140}x^2 + x$$

라고 하자. 이때 골프공의 최대 높이를 구하여라.

12. 다음 각 함수의 그래프에 대하여 설명하여라.

(1) $y = \dfrac{1}{x+3} + 2$ (2) $y = \dfrac{5-2x}{x-1}$

13. 다음 각 함수의 그래프에 대하여 설명하여라.

(1) $y = \sqrt{x-2} - 1$ (2) $y = 1 - \sqrt{-2x-4}$

삼각비

그림 3.1 (a)에 있는 4개의 직각삼각형의 위치를 바꾸어서 (b)와 같은 정사각형을 만들었다.

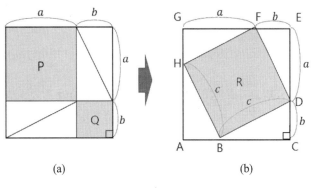

(a)   (b)

그림 3.1

정사각형 P의 넓이는 a^2이고 정사각형 Q의 넓이는 b^2이다. 그림 3.1 (b)는 직각삼각형 BCD와 합동인 4개의 직각삼각형을 이용하여, 한 변의 길이가 $a+b$인 정사각형 $ACEG$을 그린 것이다. 여기서 사각형 $BDFH$는 네 변의 길이가 모두 c인 마름모이다. 그림 3.1 (b)의 4개의 직각삼각형은 서로 합동이므로 $\angle BDC + \angle EDF = 90°$이다. 그러므로 $\angle BDF = 90°$이다. 따라서 사각형 $BDFH$는 정사각형이 된다.

$\square ACEG = \square BDFH + 4 \times \triangle BCD$이므로

$$(a+b)^2 = c^2 + 4 \times \frac{1}{2}ab$$

$$a^2 + 2ab + b^2 = c^2 + 2ab$$

이다. 따라서

$$a^2 + b^2 = c^2$$

을 얻을 수 있다. 즉, 직각삼각형에서 직각을 낀 두 변의 길이의 제곱합은 빗변 길이의 제곱과 같음을 알 수 있다. 이것을 일반화하면 직각삼각형 ABC에서 직각을 낀 두 변의 길이를 각각 a와 b라고 하고 빗변의 길이를 c라고 하면,

$$a^2 + b^2 = c^2$$

이 된다.

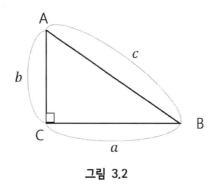

그림 3.2

이와 같은 성질을 **피타고라스 정리**(Pythagorean theorem)라고 한다.

피타고라스 정리를 이용하여 직사각형의 대각선의 길이를 구하여 보자. 가로의 길이가 a, 세로의 길이가 b인 직사각형 $ABCD$에서 $\triangle BCD$는 직각삼각형이므로 피타고라스 정리에 따라서

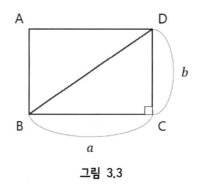

그림 3.3

$$(\overline{BD})^2 = a^2 + b^2$$

이다. $\overline{BD} > 0$이므로

$$\overline{BD} = \sqrt{a^2 + b^2}$$

이다. 따라서 가로가 a, 세로가 b인 직사각형의 대각선의 길이는 $\sqrt{a^2 + b^2}$ 가 된다.

이번에는 피타고라스 정리를 이용하여 직육면체의 대각선의 길이를 구하여 보자. 세 모서리의 길이가 각각 a, b, c인 직육면체에서

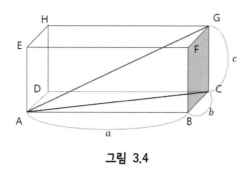

그림 3.4

$\triangle ABC$와 $\triangle ACG$는 모두 직각삼각형이다. 그러므로 피타고라스 정리에 따라서

$$(\overline{AC})^2 = a^2 + b^2$$

$$(\overline{AG})^2 = (\overline{AC})^2 + (\overline{CG})^2 = a^2 + b^2 + c^2$$

이다. $\overline{AG} > 0$이므로

$$\overline{AG} = \sqrt{a^2 + b^2 + c^2}$$

을 만족한다.

피타고라스 정리를 이용하여 정삼각형의 높이와 넓이를 구하여 보자.

먼저 중점에 대하여 알아보자. 그림 3.5와 같이 $\overline{AB}$ 위의 한 점 M에 대하여

$$\overline{AM} = \overline{BM}$$

일 때, 점 M을 $\overline{AB}$의 **중점**(middle point)이라고 한다. 중점은 $\overline{AB}$을 이등분하므로

$$\overline{AM} = \frac{1}{2}\overline{AB}$$

을 만족한다.

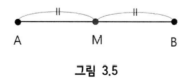

그림 3.5

한 변의 길이가 a인 정삼각형 ABC의 꼭짓점 A에서 $\overline{BC}$에 내린 수선의 발을 H라고 하면 점 H는 $\overline{BC}$의 중점이므로 $\overline{BH} = \frac{a}{2}$가 된다.

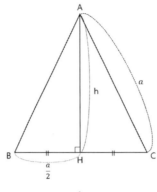

그림 3.6

$\overline{AH} = h$라고 하면 $\triangle ABH$는 직각삼각형이므로 피타고라스 정리에 따라서

$$\left(\frac{a}{2}\right)^2 + h^2 = a^2, \ h^2 = a^2 - \frac{a^2}{4} = \frac{3}{4}a^2$$

이다. $h > 0$이므로

$$h = \sqrt{\frac{3}{4}a^2} = \frac{\sqrt{3}}{2}a$$

이다. 그러므로 정삼각형의 넓이는

$$\frac{1}{2} \times a \times \frac{\sqrt{3}}{2}a = \frac{\sqrt{3}}{4}a^2$$

이다. 따라서 한 변의 길이가 a이고 높이가 $\frac{\sqrt{3}}{2}a$인 정삼각형의 넓이는 $\frac{\sqrt{3}}{4}a^2$ 이다.

예제 3.1

밑면은 한 변의 길이가 5인 정삼각형이고, 옆면의 모서리인 모선의 길이가 7인 정사각뿔의 높이와 부피를 구하여라.

풀이

그림 3.7과 같이 정사각뿔의 꼭짓점 O에서 밑면에 내린 수선의 발을 H라고 하면 점 H는 정사각형 $ABCD$의 두 대각선의 교점이므로 $\overline{AC}$의 중점이다. $\overline{AC}$는 한 변의 길이가 5인 정사각형의 대각선이므로

$$\overline{AC} = 5\sqrt{2}, \ \overline{AH} = \frac{1}{2}\overline{AC} = \frac{5}{2}\sqrt{2}$$

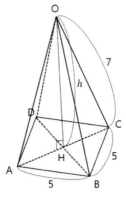

그림 3.7

$\triangle OAH$는 직각삼각형이므로 피타고라스 정리에 따라서

$$(\overline{OH})^2 = (\overline{OA})^2 - (\overline{AH})^2 = 7^2 - (\frac{5}{2}\sqrt{2})^2 = \frac{73}{2}$$

그런데 $\overline{OH} > 0$이므로 $\overline{OH} = \sqrt{\frac{73}{2}}$이고, 정사각뿔의 높이가 $\sqrt{\frac{73}{2}}$이므로 부피는 $\frac{1}{3} \times 5 \times 5 \times \sqrt{\frac{73}{2}} = \frac{25}{3}\sqrt{\frac{73}{2}}$ 이다.

3.2 │ 삼각비

직각삼각형에서 직각이 아닌 두 내각 중에서 한 내각의 크기가 정해지면 삼각형의 내각의 합은 $180°$ 이므로 나머지 한 내각의 크기도 알 수 있다. 그러므로 한 예각의 크기가 같은 모든 직각삼각형은 서로 닮은 도형이다.

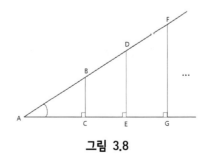

그림 3.8

그림 3.8에서 $\triangle ABC$, $\triangle ADE$, $\triangle AFG$, $\cdots$은 모두 직각삼각형이고, 직각이 아닌 내각 $\angle A$는 공통이므로 서로 닮은 도형이다. 닮은 도형은 대응하는 변의 길이의 비가 일정하므로

$$\frac{\overline{BC}}{\overline{AB}} = \frac{\overline{DE}}{\overline{AD}} = \frac{\overline{FG}}{\overline{AF}} = \cdots$$

$$\frac{\overline{AC}}{\overline{AB}} = \frac{\overline{AE}}{\overline{AD}} = \frac{\overline{AG}}{\overline{AF}} = \cdots$$

$$\frac{\overline{BC}}{\overline{AC}} = \frac{\overline{DE}}{\overline{AE}} = \frac{\overline{FG}}{\overline{AG}} = \cdots$$

따라서 $\angle C = 90°$인 직각삼각형 ABC에서 직각이 아닌 다른 한 각 $\angle A$의 크기가 정해지면 직각삼각형의 크기에 상관없이 두 변의 길이의 비

$$\frac{\overline{BC}}{\overline{AB}}, \ \frac{\overline{AC}}{\overline{AB}}, \ \frac{\overline{BC}}{\overline{AC}}$$

는 항상 일정하다.

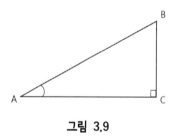

그림 3.9

이때, 일정한 비 $\dfrac{\overline{BC}}{\overline{AB}}$을 $\angle A$의 **사인**(sine)이라고 하고 기호

$$\sin A$$

로 나타낸다.

또, 일정한 비 $\dfrac{\overline{AC}}{\overline{AB}}$을 $\angle A$의 **코사인**(cosine)이라고 하고 기호

$$\cos A$$

로 나타낸다.

그리고 일정한 비 $\dfrac{\overline{BC}}{\overline{AC}}$ 을 $\angle A$의 **탄젠트**(tangent)라고 하고 기호

$$\tan A$$

로 나타낸다.

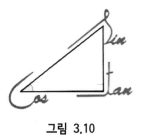

그림 3.10

앞에서 알아본 $\sin A$, $\cos A$, $\tan A$을 통틀어 $\angle A$의 **삼각비**(trigonometric ratio)라고 한다.

이상의 내용을 정리하면 $\angle C = 90\degree$ 인 직각삼각형 ABC에서

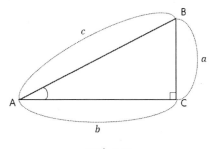

그림 3.11

$$\sin A = \frac{a}{c}$$

$$\cos A = \frac{b}{c}$$

$$\tan A = \frac{a}{b}$$

그림 3.12와 같이 한 변의 길이가 1인 정사각형 $ABCD$에서 점 A와 점 C 을 잇는 대각선을 그으면 $\angle B$가 직각인 이등변삼각형 ABC을 구할 수 있다.

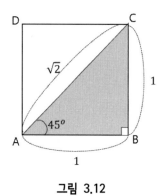

그림 3.12

이등변삼각형 ABC 에서 각 변의 길이의 비율은

$$\overline{AB} : \overline{BC} : \overline{CA} = 1 : 1 : 2$$

가 된다. 따라서 $45°$ 의 삼각비의 값은

$$\sin 45° = \frac{1}{\sqrt{2}}$$

$$\cos 45° = \frac{1}{\sqrt{2}}$$

$$\tan 45° = 1$$

이 된다.

한 변의 길이가 2인 정삼각형 ABC의 꼭짓점 A에서 변 BC 에 내린 수선의 발을 H 라고 하면 그림 3.13과 같은 세 내각을 갖는 직각삼각형 ABH을 얻을 수 있다.

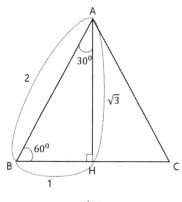

그림 3.13

이등변삼각형 ABH 에서 각 변의 길이의 비율은

$$\overline{AB} : \overline{BH} : \overline{HA} = 2 : 1 : \sqrt{3}$$

가 된다. 따라서 $30°$ 와 $60°$ 의 삼각비의 값은

$$\sin 30° = \frac{1}{2}, \; \cos 30° = \frac{\sqrt{3}}{2}, \; \tan 30° = \frac{1}{\sqrt{3}}$$

$$\sin 60° = \frac{\sqrt{3}}{2}, \; \cos 60° = \frac{1}{2}, \; \tan 60° = \sqrt{3}$$

이다.

이번에는 일반적인 예각에 대한 삼각비의 값을 구하여 보자.

그림 3.14 (a)와 같이 반지름의 길이가 1이고 중심각의 크기가 $90°$ 인 부채꼴 안에 있는 직각삼각형 ABC 에서 $\overline{AB} = 1$이다. 따라서

$$\sin A = \overline{BC}$$

$$\cos A = \overline{AC}$$

이다.

또, 그림 3.14 (b)의 직각삼각형 APQ 에서 $\overline{AQ} = 1$이다. 따라서

$$\tan A = \overline{PQ}$$

이다.

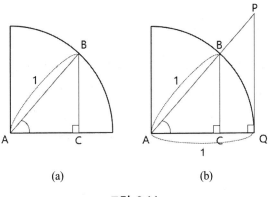

(a)   (b)

그림 3.14

앞의 설명을 이용하여 일반적인 예각에 대한 삼각비의 값을 구할 수 있다. 반지름의

길이가 1이고 중심각의 크기가 $90°$인 부채꼴을 이용하여 $50°$의 삼각비의 값을 구하여 보자. 각도기와 콤파스 그리고 자를 사용하여 그림 3.15를 쉽게 그릴 수 있다. 이 그림을 이용하여 쉽게 삼각비의 값을 구할 수 있다.

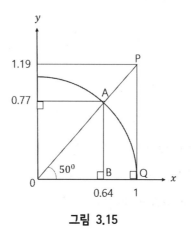

그림 3.15

$$\sin 50° = \overline{AB} = 0.77$$
$$\cos 50° = \overline{OB} = 0.64$$
$$\tan 50° = \overline{PQ} = 1.19$$

임을 알 수 있다. 물론 부록에 있는 삼각비의 표를 이용하면 삼각비의 값을 쉽게 구할 수 있다.

예제 3.2

오른쪽 그림과 같이 비행기 엔진을 정비하기 위하여 사다리가 엔진 B지점에 놓여있다. 사다리의 시작 지점 A에서 B까지의 거리 $\overline{AB}$는 $5\,m$이고 지면에서 사다리의 시작점 A까지의 거리는 $0.3\,m$이다. 사다리는 지면에서 $65°$의 각도로 설치되어 있다고 할 때. 다음을 구하여라.

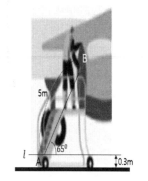

(1) 엔진 B지점에서 지면까지의 거리
(2) 사다리의 시작 지점 A에서 엔진에 이르는 거리

풀이

B지점에서 직선 l에 내린 수선의 발을 H라고 하자.

(1) $\sin 65° = \dfrac{\overline{BH}}{\overline{AB}} = \dfrac{\overline{BH}}{5}$ 이므로

$$\overline{BH} = 5 \times \sin 65° = 5 \times 0.9063 = 4.5315\,(m)$$

이다. 그런데 직선 l은 지면에서 $0.3\,m$ 떨어져 있으므로 엔진 B지점에서 지면까지의 거리는 $4.5315 + 0.3 = 4.8315\,(m)$이다.

(2) $\cos 35° = \dfrac{\overline{AH}}{\overline{AB}} = \dfrac{\overline{AH}}{5}$ 이므로

$$\overline{AH} = 5 \times \cos 65° = 5 \times 0.4226 = 2.113\,(m)$$

이다.

삼각형에서 두 변의 길이와 그 끼인 각의 크기를 알 때, 삼각비를 이용하여 삼각형의 넓이를 구할 수 있다. 두 변 사이에 끼인 각의 크기가 (a) $0°$ 보다는 크고 $90°$ 보다는 작은 예각(acute angle)인 경우와 (b) $90°$ 보다는 크고 $180°$ 보다는 작은 둔각(obtuse angle)인 경우로 나누어 생각할 수 있다.

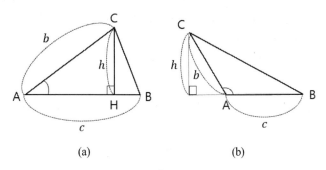

그림 3.16

(a) ∠A가 예각인 경우

$\triangle ABC$ 의 꼭짓점 C에서 변 AB에 내린 수선의 발 H에 대하여 $\overline{CH} = h$ 라고 하면 $\triangle AHC$에서

$$\sin A = \frac{h}{b} \text{이므로} \quad h = b \sin A$$

따라서 $\triangle ABC$의 넓이 S는

$$S = \frac{1}{2}ch = \frac{1}{2}\sin A$$

이다.

(b) ∠A가 둔각인 경우

$\triangle ABC$ 의 꼭짓점 C에서 변 AB의 연장선 위에 내린 수선의 발 H에 대하여 $\overline{CH} = h$라고 하면 $\triangle AHC$에서 $\angle CAH = 180° - A$이고

$$\sin(180° - A) = \frac{h}{b} \text{이므로} \quad h = b \sin(180° - A)$$

따라서 $\triangle ABC$의 넓이 S는

$$S = \frac{1}{2}ch = \frac{1}{2}bc\sin(180° - A)$$

예제 3.3

오른쪽 그림과 같은 평행사변형 $ABCD$에서 두 대각선이 이루는 각의 크기가 $60°$이고 $\overline{AC} = 10$, $\overline{BD} = 14$일 때, 평행사변형 $ABCD$의 넓이를 구하여라.

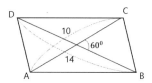

풀이

두 대각선의 교점을 M이라고 하면 평행사변형의 두 대각선은 서로 다른 것을 이등분한다.

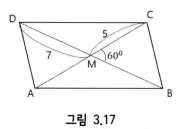

그림 3.17

$$\overline{DM} = \frac{1}{2}\overline{BD} = 7$$

$$\overline{AM} = \frac{1}{2}\overline{AC} = 7$$

이때, 네 삼각형 ABM, BMC, CDM, DAM의 넓이는 모두 같으므로

$$\square ABCD = 4 \times \triangle ABM$$

$$= 4 \times \left(\frac{1}{2} \times 5 \times 7 \times \sin 60^\circ \right)$$

$$= 4 \times \left(\frac{35}{2} \times \frac{\sqrt{3}}{2} \right)$$

$$= 35\sqrt{3}$$

01. 모선의 길이가 10이고 밑면이 원의 반지름의 길이가 6인 원뿔의 높이와 부피를 구하여라.

02. 초당이는 나무로부터 $7m$ 떨어진 곳에서 나무의 꼭대기를 올려다본 각의 크기를 재었더니 $60°$ 이었다. 초당이의 눈높이가 $1.7m$일 때, 나무의 높이를 구하여라.

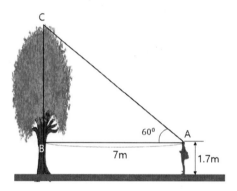

03. 다음 삼각형의 넓이를 구하여라.

(1)   (2)

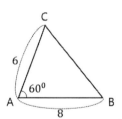   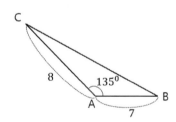

극한

4.1 | 수열의 극한

정의역이 양의 정수, 즉 자연수 전체의 집합 N이고 공역이 실수 전체의 집합 R인 함수

$$f : N \to R$$

을 생각하자. 이 함수는 자연수의 원소 한 개에 실수의 원소 한 개를 대응하는 함수이다. 이러한 함수를 **수열**(sequence)이라고 한다.

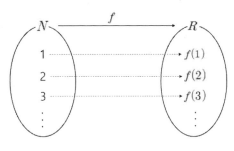

그림 4.1

정의역 N의 원소 1, 2, 3, $\cdots$ 에 대한 함숫값인 공역 R의 원소를 주어진 수열의 **항**(term)이라고 하고, 각 항을 앞에서부터 순서대로 첫째항, 둘째항, 셋째항, $\cdots$ 또는 제1항, 제2항, 제3항, $\cdots$ 이라고 한다. 수열은

$$a_1 , \ a_2 , \ a_3 , \ \cdots , a_k , \ \cdots , \ a_n , \ \cdots$$

과 같이 나타낸다. 여기서 제n항인 a_n을 이 수열의 **일반항**(general term)이라고 하고 일반항 a_n을 사용하여 수열을 간단히

$$\{ a_n \}$$

로 나타낸다.

예제 4.1

다음 수열의 일반항을 구하여라.

(1) 3, 6, 9, 12, 15, $\cdots$

(2) 9, 99, 999, 9999, $\cdots$

풀이

(1) $a_1 = 3 = 3 \times 1$, $a_2 = 6 = 3 \times 2$, $a_3 = 9 = 3 \times 3$, $a_4 = 12 = 3 \times 4$, $\cdots$ 이므로 일반항 $a_n = 3 \times n = 3n$이다.

(2) $a_1 = 9 = 10^1 - 1$, $a_2 = 99 = 10^2 - 1$, $a_3 = 999 = 10^3 - 1$, $a_4 = 9999 = 10^4 - 1$, $\cdots$ 이 므로 일반항 $a_n = 10^n - 1$이다.

수열

$$1, \ 3, \ 5, \ 7, \ 9, \ 11, \cdots$$

은 첫째항 1에서부터 시작하여 앞항에 차례로 2을 더하여 다음 항을 얻은 수열이다. 이같이 첫째항 a_1에서부터 차례대로 일정한 값 d을 더하여 얻은 수열을 **등차수열**(arithmetic sequence)이라고 하고, 그 일정한 값 d을 이 등차수열의 **공차**(common difference)라고 한다.

첫째항이 a, 공차가 d인 등차수열 $\{a_n\}$에서

$$a_1 = a$$
$$a_2 = a_1 + d = a + d$$
$$a_3 = a_2 + d = (a + d) + d = a + 2d$$
$$a_4 = a_3 + d = (a + 2d) + d = a + 3d$$
$$a_5 = a_4 + d = (a + 3d) + d = a + 4d$$

$$\vdots$$

이다. 따라서 일반항은

$$a_n = a + (n - 1)d$$

이 된다.

이번에는 등차수열의 첫 번째 항에서 제n항까지의 합을 구하여 보자. 첫째항이 a, 공차가 d인 등차수열의 제n항을 l이라고 하자. 첫째항에서 제n항까지의 합을 S_n이라 하면

$$S_n = a + (a+d) + (a+2d) + (a+3d) + \cdots + (l-d) + l \qquad \cdots \; ①$$

이다. 식 ①의 우변의 합을 역순으로 더하여 나타내면

$$S_n = l + (l-d) + (l-2d) + \cdots + (a+2d) + (a+d) + a \qquad \cdots \; ②$$

이다. 식 ①과 ②를 각 변끼리 더하면

$$2S_n = (a+l) + (a+l) + (a+l) + \cdots + (a+l) + (a+l) = n(a+l) \qquad \cdots \; ③$$

을 얻을 수 있다. 따라서 구하려는 등차수열의 합 S_n은

$$S_n = \frac{n(a+l)}{2} \qquad \cdots \; ④$$

이다. 제n항 $l = a + (n-1)d$이므로 이 식을 식 ④에 대입하면 첫째항에서 제n항까지의 합

$$S_n = \frac{n(a+l)}{2} = \frac{n\{2a+(n-1)d\}}{2}$$

이 성립한다.

예제 4.2

100미만의 자연수 중에서 5의 배수들의 합을 구하여라.

풀이

100미만의 자연수 중에서 5의 배수들을 크기순으로 오름차순 나열하면

$$5, \; 10, \; 15, \; 20, \; \cdots \; , 95$$

이다. 이 나열은 첫째항이 5이고 공차가 5인 등차수열을 이룬다. 5의 배수이면서 100미만
인 자연수 중에서 가장 큰 수는 95이다. 95을 이 수열의 제n항이라 하면

$$a_1 + (n-1)d = 5 + (n-1) \times 5 = 95$$

이므로 $n = 19$이다. 따라서 첫째항부터 제19항까지의 합은 식 ④로부터,

$$S_{19} = \frac{19(5+95)}{2} = 950$$

이다.

수열

$$1,\ 5,\ 25, 125,\ 625, \cdots$$

은 앞에서 알아보았던 등차수열과 다르게 첫째항 1에서 시작하여 앞항에 5을 곱해서 다음 항을 얻는 수열이다. 이같이 첫째항 a_1에서부터 차례대로 일정한 값 r을 곱하여 얻은 수열을 **등비수열**(geometric sequence)이라고 하고, 그 일정한 값 r을 이 등비수열의 **공비**(common ratio)라고 한다.

첫째항이 a, 공비가 r인 등비수열 $\{a_n\}$에서

$$a_1 = a$$

$$a_2 = a_1 r = ar$$

$$a_3 = a_2 r = (ar)r = ar^2$$

$$a_4 = a_3 r = (ar^2)r = ar^3$$

$$a_5 = a_4 r = (ar^{3)}r = ar^4$$

$$\begin{array}{c} \cdot \\ \cdot \\ \cdot \end{array}$$

이다. 따라서 일반항은

$$a_n = ar^{n-1} \ (단,\ n = 2, 3, 4, \cdots)$$

이 된다.

이번에는 등비수열의 첫 번째 항에서 제n항까지의 합을 구하여 보자. 첫째항이 a, 공비가 r인 등비수열의 첫째항에서 제n항까지의 합을 S_n이라 하면

$$S_n = a + ar + ar^2 + \cdots + ar^{n-2} + ar^{n-1} \qquad \cdots ⑤$$

이다. 식 ⑤의 양변에 r을 곱하면

$$rS_n = ar + ar^2 + ar^3 + \cdots + ar^{n-1} + ar^n \qquad \cdots ⑥$$

이다. 식 ⑤에서 ⑥을 변끼리 **빼면**

$$(1-r)S_n = a - ar^n = a(1-r^n)$$

이므로 첫째항에서 제n항까지의 합 S_n은

① $r \neq 1$일 때,

$$S_n = \frac{a(1-r^n)}{1-r} = \frac{a(r^n-1)}{r-1}$$

① $r = 1$일 때, 등식 ⑤에서

$$S_n = a+a+a+\cdots+a+a = na$$

이 성립한다.

예제 4.3

A 회사에서 생산하는 오일필터는 총 7겹으로 구성되어 있다. 오일이 오일필터의 한 겹을 통과될 때마다 연료 속에 들어있는 불순물을 15%씩 걸러낸다고 한다. 불순물이 1kg 포함되어있는 오일이 오일필터를 통과하면 걸러지는 불순물의 양은 모두 몇 g인가?

풀이

오일필터 한 겹이 15%씩의 불순물을 걸으므로 불순물 1kg이 포함된 오일이 오일필터에 들어가면 n개의 칸을 통과할 때 걸러지는 불순물의 양은 첫째항이 $1000 \times 0.15 = 150(g)$, 공비가 $1 - 0.15 = 0.85$인 등비수열이다. 따라서 불순물 1kg이 포함된 오일을 오일필터에 통과시킬 때, 걸러지는 불순물의 양은 첫째항이 $150(g)$, 공비가 0.85인 등비수열의 첫째항부터 제7항까지의 합과 같으므로

$$\frac{150(1-0.85^7)}{1-0.85} = \frac{150(1-0.320577)}{0.15} = 679(g)$$

이 된다.

수열 $\{a_n\}$의 첫째항에서 제n항까지의 합 $a_1 + a_2 + a_3 + \cdots + a_{n-1} + a_n$을 기호 $\sum$을 사용하여 다음처럼 간편하게 나타낼 수 있다.

$$\sum_{i=1}^{n} a_i = a_1 + a_2 + a_3 + \cdots + a_{n-1} + a_n$$

이다. 기호 $\sum$는 합을 의미하는 영어 Sum의 첫 글자 S의 알파벳 대문자에 해당하는 그리스 문자 **시그마**(sigma)이다. 이 기호는 스위스의 수학자 **오일러**(Euler. L., 1707~1783)가 자연수의 제곱의 역수의 합이 원주율 π와 관련되어

$$\sum_{i=1}^{n} \frac{1}{n^2} = \frac{1}{1^2} + \frac{1}{2^2} + \frac{1}{3^3} + \cdots = \frac{\pi^2}{6}$$

이 성립함을 보이면서 처음으로 사용하였다.

임의의 두 수열 $\{a_n\}$과 $\{b_n\}$에 대하여

$$\sum_{i=1}^{n} (a_n \pm b_n) = (a_1 \pm b_1) + (a_2 \pm b_2) + (a_3 \pm b_3) + \cdots + (a_n \pm b_n)$$

$$= (a_1 + a_2 + a_3 + \cdots + a_n) \pm (b_1 + b_2 + b_3 + \cdots + b_n)$$

$$= \sum_{i=1}^{n} a_i \pm \sum_{i=1}^{n} b_i$$

이다. 또, 임의의 상수 k에 대하여

$$\sum_{i=1}^{n} k \cdot a_i = k \cdot a_1 + k \cdot a_2 + k \cdot a_3 + \cdot \cdot + k \cdot a_n$$

$$= k(a_1 + a_2 + a_3 \cdots + a_n)$$

$$= k \cdot \sum_{i=1}^{n} a_i$$

이고

$$\sum_{i=1}^{n} k = k + k + k = \cdots + k = k \cdot n$$

이다.

예제 4.4

다음을 구하여라.

(1) $\displaystyle\sum_{i=1}^{n} (3a_i + 5b_i) = \sum_{i=1}^{n} 3a_i + \sum_{i=1}^{n} 5b_i = 3\sum_{i=1}^{n} a_i + 5\sum_{i=1}^{n} b_i$

(2) $\displaystyle\sum_{i=1}^{100} 5 = 5 \times 100 = 500$

1부터 n까지의 자연수의 합은 첫째항이 1, 제n항이 n인 등차수열의 첫째항부터 제 n항까지의 합과 같다. 따라서 식 ④로부터 다음을 얻을 수 있다.

$$1 + 2 + 3 + 4 + \cdots + n = \sum_{i=1}^{n} i = \frac{n(n+1)}{2}$$

1부터 n까지의 자연수의 제곱합

$$1^1 + 2^2 + 3^3 + \cdots + n^2 = \sum_{i=1}^{n} i^2$$

을 계산하여보자. 항등식 $(i+1)^3 - i^3 = 3i^2 + 3i + 1$의 i 대신에 $1, 2, 3, 4, \cdots, n$을 차례로 대입하면

$$i = 1 일 \ 때, \ 2^3 - 1^3 = 3 \cdot 1^2 + 3 \cdot 1 + 1$$

$$i = 2 일 \ 때, \ 3^3 - 2^3 = 3 \cdot 2^2 + 3 \cdot 2 + 1$$

$$i = 3 일 \ 때, \ 4^3 - 3^3 = 3 \cdot 3^2 + 3 \cdot 3 + 1$$

$$\vdots$$

$$i = n 일 \ 때, \ (n+1)^3 - n^3 = 3 \cdot n^2 + 3 \cdot n + 1$$

위의 n개의 등식을 변끼리 더하여 정리하면

$$(n+1)^3 - 1^3 = 3(1^2 + 2^2 + \cdots + n^2) + 3(1 + 2 + 3 + \cdots + n) + n$$

$$= 3 \sum_{i=1}^{n} i^2 + 3 \cdot \frac{n(n+1)}{2} + n$$

이다. 따라서

$$\sum_{i=1}^{n} i^2 = \frac{n(n+1)(2n+1)}{6}$$

이다. 마찬가지로 항등식 $(i+1)^4 - i^4 = 4i^3 + 6i^2 + 4i + 1$을 이용하면

$$1^3 + 2^3 + 3^3 + \cdots + n^3 = \sum_{i=1}^{n} i^3 = \left\{ \frac{n(n+1)}{2} \right\}^2$$

임을 알 수 있다.

다음 합을 구하여라.

(1) $\displaystyle\sum_{i=1}^{5} (i+1)(i^2+1)$

(2) $\displaystyle\sum_{i=1}^{10} \dfrac{1}{i(i+1)}$

풀이

(1) $\displaystyle\sum_{i=1}^{5} (i+1)(i^2+1) = \sum_{i=1}^{5} (i^3+i^2+i+1) = \sum_{i+1}^{5} i^3 + \sum_{i=1}^{5} i^2 + \sum_{i=1}^{5} i + \sum_{i=1}^{5} 1$

$$= (\dfrac{5\times 6}{2})^2 + \dfrac{6\times 6\times 11}{6} + \dfrac{5\times 6}{2} + 5 = 300$$

(2) 자연수 i에 대하여 등식 $\dfrac{1}{i(i+1)} = \dfrac{1}{i} - \dfrac{1}{i+1}$ 이므로

$$\sum_{i=1}^{10} \dfrac{1}{i(i+1)} = \sum_{i=1}^{10} (\dfrac{1}{i} - \dfrac{1}{i+1}) = (1-\dfrac{1}{2}) + (\dfrac{1}{2}-\dfrac{1}{3}) + (\dfrac{1}{3}-\dfrac{1}{4})$$

$$+ \cdots + (\dfrac{1}{9}-\dfrac{1}{10}) + (\dfrac{1}{10}-\dfrac{1}{11})$$

$$= 1 - \dfrac{1}{11} = \dfrac{10}{11}$$

다음과 같은 두 수열

$$\{a_n\} \quad : \quad 2, \ \dfrac{3}{2}, \ \dfrac{4}{3}, \ \dfrac{5}{4}, \ \cdots, \dfrac{n+1}{n}, \ \cdots$$

$$\{b_n\} \quad : \quad -\dfrac{1}{2}, \ \dfrac{1}{4}, \ -\dfrac{1}{8}, \ \cdots, (-\dfrac{1}{2})^n, \ \cdots$$

에서 n이 한없이 커질 때, 일반항의 값의 변화를 그래프로 나타내면 다음과 같다.

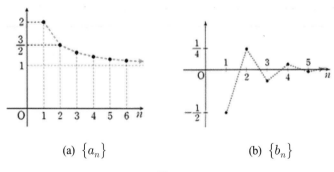

(a) $\{a_n\}$ (b) $\{b_n\}$

그림 4.2

그림 4.2에서 n이 한없이 커지면 수열 $\{a_n\}$의 일반항 $\dfrac{n+1}{n}$의 값은 1에 한없이 가까워지고 수열 $\{b_n\}$의 일반항 $(-\dfrac{1}{2})^n$의 값은 0보다 큰 양수 값과 0보다 작은 음수 값이 교대로 나타나면서 0에 한없이 가까워짐을 알 수 있다. 여기서 n이 한없이 커지는 것을 기호 ∞을 사용하여 $n \to \infty$로 나타내고, ∞는 **무한대**(infinity)라고 읽는다.

일반적으로 수열 $\{a_n\}$에서 n이 한없이 커질 때, 일반항 a_n의 값이 어떤 실수값 α에 한없이 가까워지면 수열 $\{a_n\}$은 α에 **수렴**(convergence)한다고 한다. 이때 α을 수열 $\{a_n\}$의 **극한(값)**(limit)이라고 하고

$$\lim_{n \to \infty} a_n = \alpha$$

로 나타낸다.

또 다른 두 수열

$$\{a_n\} \ : \ 1, \ 3, \ 3^2, \ \cdots, 3^{n-1}, \ \cdots$$

$$\{b_n\} \ : \ 1, \ -1, \ -3, \ \cdots, 3-2n, \ \cdots$$

에서 n이 한없이 커질 때, 일반항의 값의 변화를 그래프로 나타내면 다음과 같다.

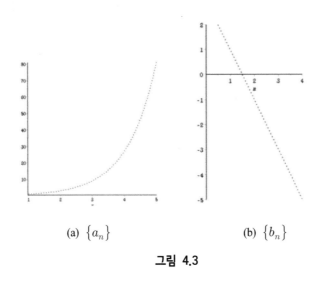

(a) $\{a_n\}$ (b) $\{b_n\}$

그림 4.3

그림 4.3에서 n이 한없이 커지면 수열 $\{a_n\}$의 일반항 3^{n-1}의 값은 한없이 커지고, 수열 $\{b_n\}$의 일반항 $3-2n$의 값은 음수이면서 그 절댓값이 한없이 커진다. 즉, 두 수열 모두 수렴하지 않는다. 이처럼 어떤 수열에서 n이 한없이 커질 때, 일반항의 값이 수렴

하지 않을 때, 그 수열은 **발산**(divergence)한다고 한다.

일반적으로 수열 $\{a_n\}$에서 n이 한없이 커질 때, 일반항 a_n의 값도 한없이 커지면 수열 $\{a_n\}$은 양의 무한대로 발산한다고 하고

$$\lim_{n\to\infty} a_n = \infty$$

으로 나타낸다. 마찬가지로 수열 $\{a_n\}$에서 n이 한없이 커질 때, 일반항 a_n의 값이 음수이면서 그 절댓값이 한없이 커지면 수열 $\{a_n\}$는 음의 무한대로 발산한다고 하고

$$\lim_{n\to\infty} a_n = -\infty$$

으로 나타낸다.

한편 발산하는 수열 중에서 양의 무한대로도 음의 무한대로도 발산하지 않는 수열이 있다. 예를 들어, 수열

$$\{a_n\} \quad : \quad -1, \ 2, \ -3, \ 4, \cdots, (-1)^n \cdot n, \ \cdots$$

은 n이 한없이 커지면 수열 $\{a_n\}$의 일반항 $(-1)^n n$ 의 값은 수렴하지 않고, 양의 무한대 또는 음의 무한대로 발산하지도 않는다. 즉, 진동하면서 발산하는 수열이 된다.

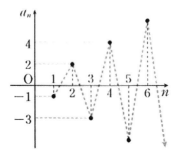

그림 4.4

예제 4.6

n이 한없이 커질 때, 수열 $\left\{\dfrac{n}{n+2}\right\}$의 일반항 $a_n = \dfrac{n}{n+2}$ 의 값은 1에 한없이 가까워지므로 $\lim_{n\to\infty} \dfrac{n}{n+2} = 1$ 이다.

다음과 같은 두 수열

$$\{a_n\} \quad : \quad 2.1\,, \ 2.01\,, \ 2.001\,, \ 2.0001\,, \ \cdots$$

$$\{b_n\} \quad : \quad 5.1\,, \ 5.01\,, \ 5.001\,, \ 5.0001\,, \ \cdots$$

의 극한값은 각각 $\displaystyle\lim_{n\to\infty} a_n = 2$, $\displaystyle\lim_{n\to\infty} b_n = 5$ 이다. 또 수열 $\{a_n + b_n\}$ 은

$$7.1\,, \ 7.01\,, \ 7.001\,, \ 7.0001\,, \ \cdots$$

이고, $\displaystyle\lim_{n\to\infty} a_n + \lim_{n\to\infty} b_n = 2 + 5 = 7$ 이다. 따라서

$$\lim_{n\to\infty}(a_n + b_n) = \lim_{n\to\infty} a_n + \lim_{n\to\infty} b_n$$

이 성립한다.

일반적으로 수렴하는 두 수열의 극한값에 대하여 다음과 같은 성질이 성립한다.

임의의 두 수열 $\{a_n\}$, $\{b_n\}$과 실수 α , β , k에 대하여 $\displaystyle\lim_{n\to\infty} a_n = \alpha$, $\displaystyle\lim_{n\to\infty} b_n = \beta$ 로 수렴한다고 하자.

(1) $\displaystyle\lim_{n\to\infty} k \cdot a_n = k \cdot \lim_{n\to\infty} a_n = k \cdot \alpha$

(2) $\displaystyle\lim_{n\to\infty}(a_n \pm b_n) = \lim_{n\to\infty} a_n \pm \lim_{n\to\infty} b_n = \alpha \pm \beta$ (복호동순)

(3) $\displaystyle\lim_{x\to\infty}(a_n \cdot b_n) = \lim_{x\to\infty} a_n \cdot \lim_{x\to\infty} b_n = \alpha\beta$

(4) $\displaystyle\lim_{x\to\infty} \frac{a_n}{b_n} = \frac{\displaystyle\lim_{x\to\infty} a_n}{\displaystyle\lim_{x\to\infty} b_n} = \frac{\alpha}{\beta}$ (단, $b_n \neq 0$, $\beta \neq 0$)

예제 4.7

다음 극한값을 구하여라.

(1) $\displaystyle\lim_{n\to\infty} \frac{5}{n}$ (2) $\displaystyle\lim_{n\to\infty}\left(\frac{1}{n} - 5\right)$ (3) $\displaystyle\lim_{n\to\infty}\left(\frac{1}{n}\right)^2$ (4) $\displaystyle\lim_{n\to\infty} \frac{5 + \dfrac{1}{n}}{3 - \dfrac{1}{n}}$

풀이

(1) $\displaystyle\lim_{n\to\infty} \frac{5}{n} = 5 \cdot \lim_{n\to\infty} \frac{1}{n} = 5 \cdot 0 = 0$

(2) $\lim\limits_{n\to\infty}\left(\dfrac{1}{n}-5\right)=\lim\limits_{n\to\infty}\dfrac{1}{n}-\lim\limits_{n\to\infty}5=0-5=-5$

(3) $\lim\limits_{n\to\infty}\left(\dfrac{1}{n}\right)^2=\lim\limits_{n\to\infty}\dfrac{1}{n}\cdot\lim\limits_{n\to\infty}\dfrac{1}{n}=0\cdot 0=0$

(4) $\lim\limits_{n\to\infty}\dfrac{5+\dfrac{1}{n}}{3-\dfrac{1}{n}}=\dfrac{\lim\limits_{n\to\infty}\left(5+\dfrac{1}{n}\right)}{\lim\limits_{n\to\infty}\left(3-\dfrac{1}{n}\right)}=\dfrac{\lim\limits_{n\to\infty}5+\lim\limits_{n\to\infty}\dfrac{1}{n}}{\lim\limits_{n\to\infty}3-\lim\limits_{n\to\infty}\dfrac{1}{n}}=\dfrac{5+0}{3-0}=\dfrac{5}{3}$

공비가 r인 등비수열 $\{r_n\}$의 수렴과 발산은 공비 r의 값에 따라 달라진다.

(5) 공비 $r>1$일 때,　　$\lim\limits_{n\to\infty}r^n=\infty$　　　　　　　　　　　… 발산

(6) 공비 $r=1$일 때,　　$\lim\limits_{n\to\infty}r^n=1$　　　　　　　　　　　　… 수렴

(7) 공비 $-1<x<1$일 때,　　$\lim\limits_{n\to\infty}r^n=0$　　　　　　　　　… 수렴

(8) 공비 $r\leqq-1$일 때,　　등비수열 $\{r_n\}$은 진동　　　　　… 발산

예제 4.8

수열 $\left\{\dfrac{3^{n+1}}{5^n+1}\right\}$의 수렴, 발산을 조사하고 수렴하면 극한값을 구하여라.

풀이

분모와 분자를 각각 5^n로 나누면

$$\lim\limits_{n\to\infty}\dfrac{3^{n+1}}{5^n+1}=\lim\limits_{n\to\infty}\dfrac{3\cdot\left(\dfrac{3}{5}\right)^n}{1+\left(\dfrac{1}{5}\right)^n}=\dfrac{2\cdot 0}{1+0}=0$$

따라서 주어진 수열은 수렴하고 극한값은 0이다.

4.2 | 함수의 극한과 연속성

임의의 함수 $f(x)$에서 x의 값이 실수 c와 다른 값을 가지면서 c에 무한히 다가갈 때, 함수 $f(x)$값의 변화에 대하여 알아보자. 예를 들어, 함수 $f(x) = x + 3$의 그래프인 그림 4.5에서 x의 값이 실수 3과 다른 값을 가지면서 3에 무한히 다가가면 함수 $f(x)$의 값은 6에 한없이 가까워짐을 알 수 있다.

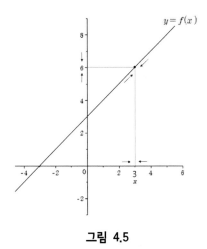

그림 4.5

한편, 또 다른 함수 $g(x) = \dfrac{x^2 - 9}{x - 3}$은 $x = 3$에서 함수가 정의되지는 않지만 $x = 3$을 제외한 모든 실수 x에 대하여 함수 $g(x) = \dfrac{x^2 - 9}{x - 3} = x + 3$과 같다.

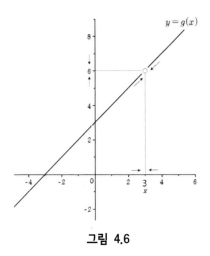

그림 4.6

함수 $g(x) = \dfrac{x^2 - 9}{x - 3}$의 그래프 그림 4.6에서 x의 값이 3과 다른 값을 가지면서 3에 무한히 다가가면 함수 $g(x)$의 값은 6에 한없이 가까워짐을 알 수 있다.

앞의 두 예에서 알 수 있듯이 우리는 다음과 같은 사실을 알 수 있다. 함수 $f(x)$에서 x의 값이 실수 c와 다른 값을 가지면서 c에 무한히 다가갈 때, 함수 $f(x)$의 값이 일정한 실수 α에 한없이 가까워지면 함수 $f(x)$는 α에 **수렴**(convergence)한다고 한다. 이때 α을 x의 값이 무한히 α에 다가갈 때의 함수 $f(x)$의 **극한(값)**(limit)이라고 하고

$$\lim_{x \to c} f(x) = \alpha$$

로 나타낸다.

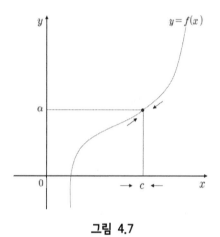

그림 4.7

만약 함수 $f(x)$가 $f(x) = k$ (k는 상수)인 상수함수이면

$$\lim_{x \to c} f(x) = \lim_{x \to c} k = k$$

이다.

예제 4.9

다음 극한값을 함수의 그래프를 이용하여 구하여라.

(1) $\displaystyle\lim_{x \to 2} (x^2 + 1)$
(2) $\displaystyle\lim_{x \to 2} \dfrac{x^2 + x - 6}{x - 2}$

(1) 그림 4.8의 함수 $f(x) = x^2 + 1$의 그래프에서 x의 값이 2가 아니면서 2에 무한히 다가가면 함수 $f(x)$의 값은 5에 한없이 가까워짐을 알 수 있다. 즉,

$$\lim_{x \to 2} (x^2 + 1) = 5$$

이다.

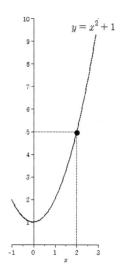

그림 4.8

(2) $x \neq 2$일 때,

$$f(x) = \frac{x^2 + x - 6}{x - 2} = \frac{(x-2)(x+3)}{(x-2)} = x + 3$$

이다. x의 값이 2가 아니면서 2에 무한히 다가가면 함수 $f(x)$의 값은 5에 한없이 가까워짐을 알 수 있다. 즉,

$$\lim_{x \to 2} \frac{x^2 + x - 6}{x - 2} = 5$$

이다.

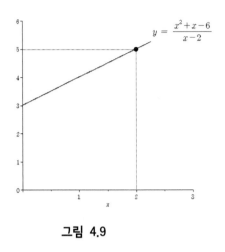

그림 4.9

x의 값이 무한히 커지거나 x의 값이 음수이면서 그 절댓값이 무한히 커질 때도 함수의 극한값이 수렴하는지 알아보자.

두 함수 $f(x) = \dfrac{1}{x^2}$ 와 $g(x) = -\dfrac{1}{x^2}$ 의 그래프를 생각하여 보자.

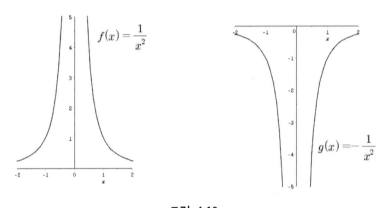

그림 4.10

그림 4.10에서 x의 값이 0에 무한히 다가갈 때, 함수 $f(x)$의 값은 무한히 커지고, 함수 $g(x)$의 값은 음수이면서 그 절댓값이 무한히 커짐을 알 수 있다.

앞의 예에서 알 수 있듯이 일반적으로 함수 $f(x)$에서 변수 x가 실수 c와 다른 값을 가지면서 c에 무한히 다가갈 때, 함수 $f(x)$의 값이 무한히 커지면 함수 $f(x)$는 양의 무한대로 **발산**(divergence)한다고 하고

$$\lim_{x \to c} f(x) = \infty$$

로 나타낸다.

마찬가지로 함수 $f(x)$에서 변수 x의 값이 실수 c와 다른 값을 가지면서 c에 무한히 다가갈 때, 함수 $f(x)$의 값이 음수이면서 그 절댓값이 무한히 커지면 $f(x)$는 음의 무한대로 **발산**(divergence)한다고 하고

$$\lim_{x \to c} f(x) = -\infty$$

로 나타낸다.

따라서 그림 4.10의 두 함수에서 x의 값이 0에 무한히 다가갈 때, 극한값은 각각

$$\lim_{x \to 0} \frac{1}{x^2} = \infty,$$

$$\lim_{x \to 0} \left(-\frac{1}{x^2} \right) = -\infty$$

이다.

이번에는 함수 $f(x)$에서 x의 값이 무한히 커지거나 x의 값이 음수이면서 그 절댓값이 무한히 커질 경우의 또 다른 형태의 함수 $f(x)$의 값의 변화에 대하여 알아보자.

함수 $f(x) = \dfrac{1}{x}$의 그래프를 생각하여 보자.

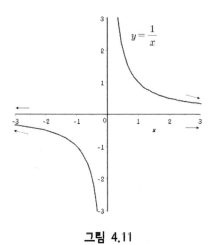

그림 4.11

그림 4.11과 같이 $f(x) = \dfrac{1}{x}$는 변수 x의 값이 무한히 커질 때 $f(x)$의 값은 0에 한없이 가까워지고, x의 값이 음수이면서 그 절댓값이 무한히 커질 때도 $f(x)$의 값이 0

에 한없이 가까워짐을 알 수 있다. 이같이 함수 $f(x)$에서 변수 x의 값이 한없이 커질 때, $f(x)$의 값이 일정한 값 α에 한없이 가까워지면

$$\lim_{x \to \infty} f(x) = \alpha$$

이다. 또, x의 값이 음수이면서 그 절댓값이 한없이 커질 때 $f(x)$의 값이 일정한 값 β에 한없이 가까워지면

$$\lim_{x \to -\infty} f(x) = \beta$$

이다.

예제 4.10

다음 함수의 극한값을 구하여라.

(1) $\displaystyle\lim_{x \to \infty} \frac{3x-5}{x}$ (2) $\displaystyle\lim_{x \to -\infty} \left(\frac{3}{x} + 1 \right)$

풀이

(1) $\displaystyle\lim_{x \to \infty} \frac{3x-5}{x} = \lim_{x \to \infty} \left(3 - \frac{5}{x} \right) = \lim_{x \to \infty} 3 - \lim_{x \to \infty} \frac{5}{x} = 3 - 0 = 3$

(2) $\displaystyle\lim_{x \to -\infty} \left(\frac{3}{x} + 1 \right) = \lim_{x \to -\infty} \frac{3}{x} + \lim_{x \to -\infty} 1 = \frac{3}{-\infty} + 1 = 1$

실수 전체의 집합에서 정의된 함수

$$f(x) = \begin{cases} x & (x \le 1) \\ x+1 & (x > 1) \end{cases} \qquad \cdots \ ①$$

에서 x의 값이 1에 한없이 가까워질 때, 함수 $f(x)$의 값의 변화를 알아보자. 그림 4.12 와 같이 함수 $y = f(x)$의 그래프에서 x의 값이 1보다 작은 값을 가지면서 1에 한없이 가까워지면 함숫값 $f(x)$가 1에 한없이 가까워지고, x의 값이 1보다 큰 값을 가지면서 1에 한없이 가까워지면 함숫값 $f(x)$가 2에 한없이 가까워진다.

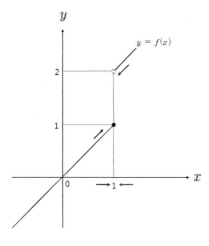

그림 4.12

일반적으로 x의 값이 임의의 한 점 a 보다 작은 값을 가지면서 a에 한없이 가까워지는 것을 $x \to a-$ 으로 나타낸다. 이때 함숫값 $f(x)$가 특정한 값 α에 한없이 가까워지면 α을 $x = a$ 에서의 함수 $f(x)$의 **좌극한**(left limit)이라고 하고

$$\lim_{x \to a-} f(x) = \alpha$$

로 나타낸다. 마찬가지로 x의 값이 임의의 한 점 a 보다 큰 값을 가지면서 a에 한없이 가까워지는 것을 $x \to a+$ 으로 나타낸다. 이때 함숫값 $f(x)$가 특정한 값 β에 한없이 가까워지면 β을 $x = a$에서의 함수 $f(x)$의 **우극한**(right limit)이라고 하고

$$\lim_{x \to a+} f(x) = \beta$$

로 나타낸다.

앞의 식 ①의 함수 $f(x)$ 의 좌극한과 우극한값을 각각 구하여 보면

$$\lim_{x \to 1-} f(x) = \lim_{n \to 1-} x = 1$$

$$\lim_{x \to 1+} f(x) = \lim_{x \to 1+} (x+1) = 2$$

이다. 우리가 구한 좌극한값은 1이고 우극한값은 2이다. 두 값 중에서 어느 값을 함수 $f(x)$의 극한값으로 정할지가 고민이 된다. 따라서 일반적으로 다음과 같은 성질을 알 수 있다.

함수의 극한의 정의로부터 함수 $f(x)$에 대하여 $\lim\limits_{x \to a} f(x)$가 존재하면 좌극한값 $\lim\limits_{x \to a-} f(x)$ 와 우극한값 $\lim\limits_{x \to a+} f(x)$이 모두 존재하고, 그 값들이 일치한다. 역으로 좌극한과 우극한이 모두 존재하고 그 값이 같으면 극한값이 존재한다. 즉,

$$\lim_{x \to a} f(x) = \alpha \;\Leftrightarrow\; \lim_{x \to a-} f(x) = \alpha = \lim_{x \to a+} f(x)$$

이다.

예제 4.11

다음 극한값을 구하여라.

(1) $\lim\limits_{x \to 0} \dfrac{|x|}{x}$

(2) $\lim\limits_{x \to 1} \dfrac{x^2 - 1}{|x-1|}$

풀이

(1) $\lim\limits_{x \to 0-} \dfrac{|x|}{x} = \lim\limits_{x \to 0-} \dfrac{-x}{x} = -1$,

$$\lim_{x \to 0+} \frac{|x|}{x} = \lim_{x \to 0+} \frac{x}{x} = 1$$

좌극한과 우극한이 각각 존재하고 일치하지 않으므로 극한값이 존재하지 않는다.

(2) $\lim\limits_{x \to 1-} \dfrac{x^2 - 1}{|x-1|} = \lim\limits_{x \to 1-} \dfrac{x^2 - 1}{-(x+1)} = -2$,

$$\lim_{x \to 1+} \frac{x^2 - 1}{|x-1|} = \lim_{x \to 1+} \frac{x^2 - 1}{(x-1)} = 2$$

좌극한과 우극한이 각각 존재하여 일치하지 않으므로 극한값이 존재하지 않는다.

수열의 극한과 마찬가지로 함수의 극한도 다음과 같은 성질이 성립한다.

수렴하는 두 함수 $f(x)$, $g(x)$와 임의의 실수 α, β, a, k에 대하여

$$\lim_{x \to a} f(x) = \alpha \;,\; \lim_{x \to a} g(x) = \beta$$

라고 하면

(1) $\displaystyle\lim_{x\to a}\{k\cdot f(x)\}=k\cdot\lim_{x\to a}f(x)=k\cdot\alpha$　　　(단, k 는 상수)

(2) $\displaystyle\lim_{x\to a}\{f(x)\pm g(x)\}=\lim_{x\to a}f(x)\pm\lim_{x\to a}g(x)=\alpha\pm\beta$　　(복호동순)

(3) $\displaystyle\lim_{x\to a}\{f(x)\cdot g(x)\}=\lim_{x\to a}f(x)\cdot\lim_{x\to a}g(x)=\alpha\cdot\beta$

(4) $\displaystyle\lim_{x\to a}\frac{f(x)}{g(x)}=\frac{\displaystyle\lim_{x\to a}f(x)}{\displaystyle\lim_{x\to a}g(x)}=\frac{\alpha}{\beta}$　　(단, $g(x)\neq0$, $\beta\neq0$)

참고로 함수의 극한에 대한 성질은 $x\to a+$, $x\to a-$, $x\to\infty$, $x\to-\infty$ 일 때도 성립한다.

함수 $f(x)$가 다항함수이거나 분모가 0이 아닌 분수함수이면

$$\lim_{x\to a}f(x)=f(a)$$

을 이용하면 된다.

한편, $x\to a$ 거나 $x\to\infty$ 또는 $x\to-\infty$ 일 때, $f(x)$ 의 극한이

$$\frac{0}{0}\ ,\ \frac{\infty}{\infty}\ ,\ \infty-\infty\ ,\ 0\times\infty$$

의 모양인 부정형인 경우는 다음과 같은 방법을 이용하여 부정형이 아닌 모양으로 변형하여 극한값을 구한다.

(5) $\dfrac{0}{0}$: ① 분수식이면 분모와 분자를 인수분해를 통하여 약분한다.

　　　　　 ⑪ 무리식이면 근호($\sqrt{\ }$)를 유리화한다.

(6) $\dfrac{\infty}{\infty}$: 분모의 최고차항으로 분모와 분자를 나눈다.

(7) $\infty-\infty$: ① 다항식이면 최고차항으로 묶는다.

　　⑪ 무리식이면 근호($\sqrt{\ }$)를 유리화한다.

(8) $0\times\infty$: $k\times\infty$, $\dfrac{\infty}{k}$, $\dfrac{k}{\infty}$, $\dfrac{k}{0}$, $\dfrac{0}{0}$, $\dfrac{\infty}{\infty}$ 의 모양으로 변형한다.

예제 4.12

다음 극한값을 구하여라.

(1) $\displaystyle\lim_{x \to 1}(5x^2+1)$

(2) $\displaystyle\lim_{x \to 2}\frac{x^2-1}{x+1}$

(3) $\displaystyle\lim_{x \to -2}\frac{3x^2+5x-2}{x+2}$

(4) $\displaystyle\lim_{x \to 0}\frac{\sqrt{5+x}-\sqrt{5-x}}{x}$

(5) $\displaystyle\lim_{x \to \infty}\frac{x^2+3x}{2x^2+x-1}$

풀이

(1) $\displaystyle\lim_{x \to 1}(5x^2+1)=\lim_{x \to 1}5x^2+\lim_{x \to 1}1=5\lim_{x \to 1}x^2+\lim_{x \to 1}1$

$\qquad\qquad\qquad = 5\left(\lim_{x \to 1}x \cdot \lim_{x \to 1}x\right)+1=5\cdot1\cdot1+1=6$

(2) $\displaystyle\lim_{x \to 2}\frac{x^2-1}{x+1}=\frac{\displaystyle\lim_{x \to 2}(x^2-1)}{\displaystyle\lim_{x \to 2}(x+1)}=\frac{3}{3}=1$

(3) 분모, 분자 모두 x 대신에 -2을 대입하면 0이므로 $\dfrac{0}{0}$꼴이다.

분자 $3x^2+5x-2=(x+2)(3x-1)$이므로 분모와 분자의 공통인수 $(x+2)$로 약분하면

$$\lim_{x \to -2}\frac{3x^2+5x-2}{x+2}=\lim_{x \to -2}\frac{(x+2)(3x-1)}{x+2}=\lim_{x \to -2}(3x-1)=-7$$

(4) 분모, 분자 모두 x 대신에 0을 대입하면 0이므로 $\dfrac{0}{0}$꼴이다. 분자의 유리화를 위하여 분자, 분모에 $\sqrt{5+x}+\sqrt{5-x}$ 을 곱하면

$$\lim_{x \to 0}\frac{\sqrt{5+x}-\sqrt{5-x}}{x}=\lim_{x \to 0}\frac{(\sqrt{5+x}-\sqrt{5-x})(\sqrt{5+x}+\sqrt{5-x})}{x(\sqrt{5+x}+\sqrt{5-x})}$$

$$=\lim_{x \to 0}\frac{5+x-(5-x)}{x(\sqrt{5+x}+\sqrt{5-x})}$$

$$=\lim_{x \to 0}\frac{5x}{x(\sqrt{5+x}+\sqrt{5-x})}$$

$$=\lim_{x \to 0}\frac{5}{\sqrt{5+x}+\sqrt{5-x}}$$

$$=\frac{5}{2\sqrt{5}}$$

(5) 마찬가지로, x 에 ∞ 을 대입하면 $\dfrac{\infty}{\infty}$ 꼴이므로, 분모의 최고차항 x^2 으로 분모, 분자를 나누면

$$\frac{x^2+3x}{2x^2+x-1}=\frac{1+\dfrac{3}{x}}{2+\dfrac{1}{x}-\dfrac{1}{x^2}}$$

이므로

$$\lim_{x\to\infty}\frac{x^2+3x}{2x^2+x-1}=\lim_{x\to\infty}\frac{1+\dfrac{3}{x}}{2+\dfrac{1}{x}-\dfrac{1}{x^2}}=\frac{1}{2}$$

두 함수 $f(x)=x+1$ 와 $g(x)=\dfrac{x^2-1}{x-1}$ 의 $x=1$ 에서의 함숫값과 $x\to 1$ 일 때의 극한값을 각각 구하여 보자. $x=1$ 에서의 함숫값 $f(1)=2$ 이고 극한값 $\lim\limits_{x\to 1}f(x)=\lim\limits_{x\to 1}(x+1)=2$ 이다. 또, $x=1$ 에서의 함숫값 $g(1)$ 은 분모가 0이므로 함숫값이 정의되지 않고 극한값

$$\lim_{x\to 1}g(x)=\lim_{x\to 1}\frac{x^2-1}{x-1}=\lim_{x\to 1}(x+1)=2$$

이다. 함수 $y=f(x)$ 와 $y=g(x)$ 의 그래프를 비교하여 보면 그림 4.13과 같다. 그림 4.13 (b)에서 함수 $g(x)$ 는 $x=1$ 에서 그래프가 이어지지 않고 끊어져 있음을 알 수 있다.

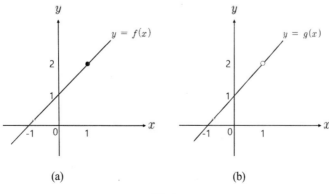

그림 4.13

일반적으로 함수 $f(x)$가 정의역에 속하는 실수 a에 대하여 다음의 세 가지 성질을 모두 만족시킬 때, 함수 $f(x)$는 $x = a$에서 **연속**(continuous)이라고 한다.

ⓘ 함수 $f(x)$는 $x = a$에서 정의되어 있다.

ⓘⓘ 극한값 $\lim\limits_{x \to a} f(x)$가 존재한다.

ⓘⓘⓘ $\lim\limits_{x \to a} f(x) = f(a)$

참고로 함수 $f(x)$가 $x = a$에서 연속이 아닐 때, 함수 $f(x)$는 $x = a$에서 **불연속** (discontinuous)이라고 한다. 즉, 앞의 연속조건 중에서 어느 하나라도 만족시키지 않으면 함수 $f(x)$는 $x = a$에서 불연속이다.

예제 4.13

다음 함수의 $x = 0$에서의 연속성을 조사하여라.

(1) $f(x) = \dfrac{|x-1|}{x-1}$

(2) $g(x) = \begin{cases} \dfrac{x^2}{x} & (x \neq 0) \\ 0 & (x = 0) \end{cases}$

풀이

(1) 함수 $f(x)$는 $x = 0$에서 함숫값이 정의되지 않는다. 따라서, $x = 0$에서 불연속이다.

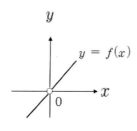

그림 4.14

(2) $g(0) = 0$, $\lim\limits_{x \to 0} g(x) = \lim\limits_{x \to 0} \dfrac{x^2}{x} = \lim\limits_{x \to 0} x = 0$ 이므로

$$\lim\limits_{x \to 0} g(x) = g(0)$$

따라서, $g(x)$ 는 $x = 0$에서 연속이다.

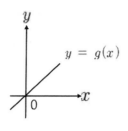

그림 4.15

임의의 두 실수 a와 $b\,(a<b)$에 대하여

$$\{x\mid a\leqq x\leqq b\}$$
$$\{x\mid a\leqq x<b\}$$
$$\{x\mid a<x\leqq b\}$$
$$\{x\mid a<x<b\}$$

을 각각 **구간**(interval)이라고 하고, 차례대로 기호로

$$[a,\ b]$$
$$[a,\ b)$$
$$(a,\ b]$$
$$(a,\ b)$$

와 같이 나타낸다.

이때 $[a,b]$을 **닫힌 구간**(closed interval), (a,b)을 **열린 구간**(open interval)이라고 하고 $[a,b)$ 와 $(a,b]$을 **반닫힌 구간**(half closod interval) 또는 **반열린 구간**(half open interval)이라고 한다.

또, 임의의 실수 a에 대하여 다음과 같이 구간을 정의할 수 있다.

$$(-\infty,a]=\{x\mid x\leqq a\}$$
$$(-\infty,a)=\{x\mid x<a\}$$
$$[a,\infty)=\{x\mid x\geqq a\}$$
$$(a,\infty)=\{x\mid x>a\}$$

함수 $f(x)$가 어떤 열린 구간 $I=(a,b)$에 속하는 모든 점에서 연속이면 함수 $f(x)$

는 열린 구간 I 에서 **연속**(continuous) 또는 **연속함수**(continuous function)라고 한다. 어떤 구간에서 연속인 함수의 그래프는 그 구간에서 끊어지지 않고 이어진다는 것을 의미한다.

특히, 함수 $f(x)$가 다음 두 가지 조건을 모두 만족하면 함수 $f(x)$는 닫힌 구간 $[a, b]$에서 연속이라고 한다.

ⓘ 함수 $f(x)$ 는 열린 구간 (a, b)에서 연속이다.

ⓥ $\lim\limits_{x \to a+} f(x) = f(a), \quad \lim\limits_{x \to b-} f(x) = f(b)$

반닫힌 구간 $[a, \infty)$에서 정의된 함수 $f(x)$가 구간 $[a, \infty)$에서 연속이라는 것은 함수 $f(x)$가 구간 $(a, \infty]$에서 연속이고 $\lim\limits_{x \to a+} f(x) = f(a)$을 만족할 때이다.

예제 4.14

다음 함수는 어떤 구간에서 연속인가?

(1) $f(x) = \dfrac{1}{x-1}$
(2) $g(x) = \sqrt{x}$

풀이

(1) 함수 $f(x)$의 그래프는 그림 4.16과 같다. 함수 $f(x)$는 $x = 1$을 제외한 모든 x의 범위에서 연속이다. 따라서 함수 $f(x)$는 $x < 1$, $x > 1$ 에서 연속이다.

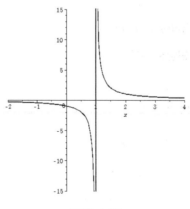

그림 4.16

(2) 함수 $g(x)$의 그래프는 그림 4.17과 같다. 함수 $g(x)$의 정의역은 $[0, \infty)$이고 $x > 0$

인 모든 x의 범위에서 연속이다. 또, $x = 0$에서

$$\lim_{x \to 0+} g(x) = \lim_{x \to 0+} \sqrt{x} = 0 = g(0)$$

이 성립한다. 따라서 함수 $g(x)$는 반닫힌 구간 $[\,0 \, , \, \infty\,)$에서 연속이다.

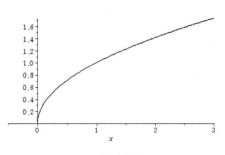

그림 4.17

두 함수 $f(x)$와 $g(x)$가 $x = a$에서 모두 연속이라고 하면

$$\lim_{x \to a} f(x) = f(a), \; \lim_{x \to a} g(x) = g(a)$$

이고 함수의 극한에 대한 성질에 의해서 다음이 성립한다.

(9) $\displaystyle \lim_{x \to a} \{k \cdot f(x)\} = k \cdot \lim_{x \to a} f(x) = k \cdot f(a)$ (k 는 상수)

(10) $\displaystyle \lim_{x \to a} \{f(x) \pm g(x)\} = \lim_{x \to a} f(x) \pm \lim_{x \to a} g(x) = f(a) \pm g(a)$ (복호동순)

(11) $\displaystyle \lim_{x \to a} \{f(x) \cdot g(x)\} = \lim_{x \to a} f(x) \cdot \lim_{x \to a} g(x) = f(a) \cdot g(a)$

(12) $\displaystyle \lim_{x \to a} \frac{f(x)}{g(x)} = \frac{\lim_{x \to a} f(x)}{\lim_{x \to a} g(x)} = \frac{f(a)}{g(a)} \, (g(x) \neq 0, \, g(a) \neq 0)$

따라서, 두 함수 $f(x)$와 $g(x)$가 $x = a$에서 모두 연속이라고 하면 다음 네 가지 종류의 함수

$$k \cdot f(x) \quad , \quad f(x) \pm g(x) \quad , \quad f(x) \cdot g(x) \quad , \quad \frac{f(x)}{g(x)}$$

도 $x = a$에서 연속이다.

일차함수 $y = x$는 모든 실수에서 연속이므로 연속함수의 성질에 의하여

$$y = x^2, \; y = x^3, \; \cdots, \; y = x^n$$

도 모든 실수 x에 대하여 연속이다. 따라서, 이들 함수에 상수를 곱하여 더한 함수인 다항함수

$$f(x) = a_n x^n + a_{n-1} x^{n-1} + a_{n-2} x^{n-2} + \cdots + a_1 x + a_0 \quad (a_n \neq 0)$$

도 연속임을 알아보자.

임의의 실수 a에 대하여 $\lim_{x \to a} x^n = a^n \, (n = 1, 2, 3, \cdots)$ 이므로

$$\lim_{x \to a} f(x) = \lim_{x \to a} (a_n x^n + a_{n-1} x^{n-1} + \cdots + a_1 x + a_0)$$

$$= \lim_{x \to a} a_n x^n + \lim_{x \to a} a_{n-1} x^{n-1} + \cdots + \lim_{x \to a} a_1 x + \lim_{x \to a} a_0$$

$$= a_n \cdot \lim_{x \to a} x^n + a_{n-1} \cdot \lim_{x \to a} x^{n-1} + \cdots + a_1 \cdot \lim_{x \to a} x + a_0$$

$$= a_n a^n + a_{n-1} a^{n-1} + \cdots + a_1 a + a_0$$

$$= f(a)$$

이다. 따라서 다항함수 $f(x)$는 모든 실수 x에 대하여 연속이다.

그림 4.18 (a)에서 닫힌 구간 $[\,0\,,\,3\,]$에서 연속인 함수 $f(x) = x^2 - 2x + 3$은 $x = 3$에서 최댓값 6, $x = 1$에서 최솟값 2를 갖는다. (b)에서는 열린 구간 $(\,0\,,\,3\,)$에서는 함수 $f(x)$는 $x = 1$에서 최솟값 2만을 갖는다. 그러나 (c)에서는 열린 구간 $(\,1\,,\,3\,)$에서는 최댓값과 최솟값을 모두 갖지 않는다.

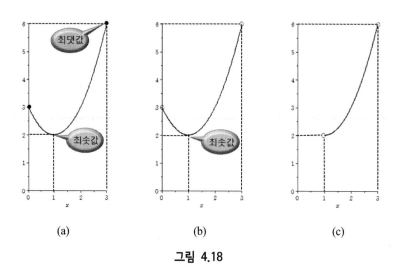

| (a) | (b) | (c) |

그림 4.18

일반적으로 닫힌 구간에서 연속인 함수에 대하여 다음과 같은 정리를 얻을 수 있다. 이 정리를 **최대·최소 정리**(maximum minimum theorem)라고 한다.

함수 $f(x)$가 닫힌 구간 $[a, b]$에서 연속이면 함수 $f(x)$는 주어진 닫힌 구간에서 반드시 최댓값과 최솟값을 갖는다.

참고로 그림 4.18과 같이 닫힌 구간이 아닌 구간에서 정의된 연속함수는 최대·최소 정리가 성립하지 않는다.

예제 4.15

다음 함수의 주어진 구간에서 최댓값과 최솟값을 구하여라.

$$f(x) = -2x^2 + 4x + 3 \, (-1 \leq x \leq 4)$$

풀이

닫힌 구간 $[-1, 4]$에서 함수 $f(x)$는 연속함수이므로 함수 $f(x)$는 주어진 구간에서 최댓값과 최솟값을 갖는다.

그림 4.19

$f(x) = -2x^2 + 4x + 3$에서

$$f(-1) = -3 \, , \, f(1) = 5 \, , \, f(4) = -13$$

이므로 그림 4.19에서 최댓값은 5, 최솟값은 -13 이다.

함수 $f(x)$가 닫힌 구간 $[a, b]$에서 연속이면 함수 $y = f(x)$의 그래프는 주어진 구간에서 끊어지지 않고 이어져 있다. 만약 $f(a) \neq f(b)$이라면 $f(a)$와 $f(b)$ 사이에 임의의 실수 k에 대하여 직선 $y = k$ 와 함수 $y = f(x)$의 그래프는 그림 4.20과 같이 적어도 한 점에서 만난다.

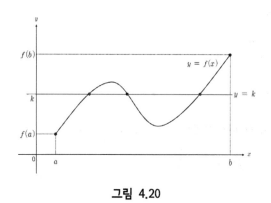

그림 4.20

앞에서 설명하였던 연속함수의 성질을 **중간값 정리**(intermediate value theorem)라고 한다. 중간값 정리를 정리하여 다시 나타내면 다음과 같다.

함수 $f(x)$가 닫힌 구간 $[a, b]$에서 연속이고 $f(a) \neq f(b)$이면 $f(a)$와 $f(b)$ 사이에 임의의 실수 k에 대하여

$$f(c) = k \quad (a < c < b)$$

을 만족하는 c가 적어도 하나 존재한다.

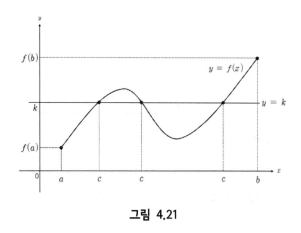

그림 4.21

한편, 중간값 정리에 의해서 함수 $f(x)$가 닫힌 구간 $[a, b]$에서 연속이고 $f(a)$와

$f(b)$의 부호가 서로 다르면, 0은 $f(a)$ 와 $f(b)$ 사이에 존재하므로 a 와 b 사이에 $f(c) = 0$을 만족하는 실수 c 가 적어도 하나 존재한다. 따라서 방정식 $f(x) = 0$은 열린 구간 (a, b)에서 적어도 하나의 실근을 갖는다.

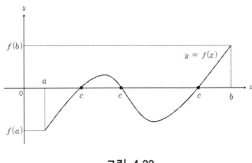

그림 4.22

예제 4.16

삼차방정식 $x^3 - 2x^2 - x + 1 = 0$은 열린 구간 $(0, 2)$에서 적어도 하나의 실근을 가짐을 보여라.

풀이

$f(x) = x^3 - 2x^2 - x + 1$ 이라 하면 그림 4.23과 같이 닫힌 구간 $[0, 2]$에서 연속이고

$$f(0) = 1 > 0, \; f(2) = -1 < 0$$

이므로 중간값 정리에 의해서 $f(c) = 0$을 만족하는 c가 0과 2 사이에 적어도 하나 존재한다.

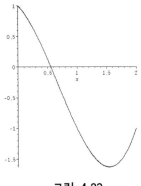

그림 4.23

따라서, 방정식 $f(x) = 0$은 0 과 2 사이에 적어도 하나의 실근을 가진다.

01. 다음을 구하여라.

    (1) $\lim\limits_{n\to\infty}\dfrac{(3n+2)(2n+3)}{(n+1)(7n-1)}$
                    (2) $\lim\limits_{n\to\infty}\sqrt{n}\left(\sqrt{n+2}-\sqrt{n-2}\right)$

02. 첫째항이 3이고 공차가 2인 등차수열 $\{a_n\}$의 첫째항부터 제n항까지의 합을 S_n이라 할 때, $\lim\limits_{n\to\infty}\left(\sqrt{S_{n+1}}-\sqrt{S_n}\right)$의 값을 구하여라.

03. 등비수열 $\{a_n\}$에 대하여 $a_2=1$, $\sum\limits_{n=1}^{\infty}a_n=4$일 때, $a_1+\dfrac{a_{10}}{a_9}$의 값을 구하여라.

04. 다음을 구하여라.

    (1) $\lim\limits_{x\to2}\dfrac{x-2}{x^2+3x-10}$
                    (2) $\lim\limits_{x\to3}\dfrac{\sqrt{x+6}-3}{x^2-4x+3}$

05. $\lim\limits_{x\to1}\dfrac{x-1}{x^2+ax+b}=\dfrac{1}{3}$이 성립하도록 하는 상수 a, b의 곱 ab의 값을 구하여라.

06. 함수 $f(x)$가 $\lim\limits_{x\to2}\dfrac{2f(x)}{x-2}=4$를 만족시킬 때, $\lim\limits_{x\to2}\dfrac{4f(x)}{x^2-4}$의 값을 구하여라.

07. 함수 $f(x)=\begin{cases}x(x-1)+a & (|x|>1)\\ x(b-x) & (|x|\le1)\end{cases}$ 가 모두 실수에서 연속이 되도록 상수 a, b를 정할 때, a^2+b^2의 값을 구하여라.

미분법

그림 5.1의 함수 $y = x^2 + 2$에서 독립변수 x의 값이 1에서 3까지 변할 때, x에 대한 종속변수 y의 값은 3에서 11까지 변한다.

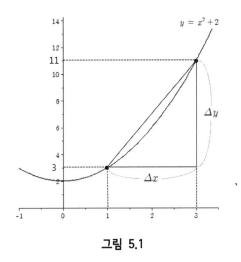

그림 5.1

독립변수 x의 변화량을 나타내는 x의 **증분**(increment)을 Δx라고 하면 $\Delta x = 3 - 1 = 2$ 이고 종속변수 y의 변화량을 나타내는 y의 **증분**을 Δy라고 하면 $\Delta y = f(3) - f(1) = 11 - 3 = 8$ 이다. 참고로 y의 증분 Δy 대신에 $\Delta f(x)$, Δf로 나타내기도 한다.

독립변수 x의 증분 Δx에 대한 종속변수 y의 증분 Δy의 비율

$$\frac{\Delta y}{\Delta x} = \frac{11 - 3}{3 - 1} = 4$$

을 변수 x가 1에서 3까지 변할 때의 함수 $y = x^2 + 2$의 **평균변화율**(average rate of change)이라고 한다. 평균변화율은 두 점 $(1, 3)$과 $(3, 11)$을 지나는 직선의 기울기와 같다.

일반적으로 함수 $y = f(x)$에서 변수 x가 a에서 b까지 변할 때

$$\frac{\Delta y}{\Delta x} = \frac{f(b) - f(a)}{b - a} \qquad \cdots ①$$

을 닫힌 구간 $[a,b]$에서 y의 평균변화율이라고 한다.

식 ①에서 $\Delta x = b - a$ 라고 하면 $b = a + \Delta x$이므로 식 ①을 다음 식 ②와 같이 나타낼 수 있다.

$$\frac{\Delta y}{\Delta x} = \frac{f(a+\Delta x) - f(a)}{\Delta x} \qquad \cdots ②$$

예제 5.1

함수 $f(x) = x^2 + 2x + 1$에서 변수 x의 값이 다음과 같이 변할 때의 평균변화율을 구하여라.

(1) 0에서 2까지 변할 때   (2) a에서 $a + \Delta x$ 까지 변할 때

풀이

(1) $\dfrac{\Delta y}{\Delta x} = \dfrac{f(2) - f(0)}{2 - 0} = \dfrac{9 - 1}{2} = 4$

(2) $\dfrac{\Delta y}{\Delta x} = \dfrac{f(a+\Delta x) - f(a)}{\Delta x} = \dfrac{\{(a+\Delta x)^2 + 2(a+\Delta x) + 1\} - (a^2 + 2a + 1)}{\Delta x}$

$\qquad = 2(a+1) + \Delta x$

함수 $y = x^2 + 2$에서 변수 x의 값이 2에서 $2 + \Delta x$까지 변할 때의 평균변화율은

$$\frac{\Delta y}{\Delta x} = \frac{\{(2+\Delta x)^2 + 2\} - (2^2 + 2)}{(2+\Delta x) - 2} = 4 + \Delta x$$

이다.

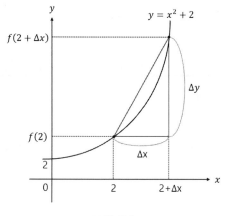

그림 5.2

여기서 변수 x의 증분 Δx값이 0보다 큰 값(또는 작은 값)을 가지면서 0에 한없이 가까워질 때 평균변화율 $\dfrac{\Delta y}{\Delta x}$의 값은 표 5.1과 같이 4에 한없이 가까워짐을 알 수 있다.

Δx	$\cdots$	-0.1	-0.01	-0.001	-0.0001	0	0.0001	0.001	0.01	0.1	$\cdots$
$\dfrac{\Delta y}{\Delta x}$	$\cdots$	3.9	3.99	3.9999	3.9999		4.0001	4.001	4.01	4.1	$\cdots$

표 5.1

표 5.1의 결과를 극한의 개념을 사용하여 나타내면

$$\lim_{\Delta x \to 0} \frac{\Delta y}{\Delta x} = \lim_{\Delta x \to 0} (4 + \Delta x) = 4$$

이다.

일반적으로, 함수 $y = f(x)$에서 변수 x의 값이 a에서 $a + \Delta x$까지 변할 때의 평균변화율은

$$\frac{\Delta y}{\Delta x} = \frac{f(a + \Delta x) - f(a)}{(a + \Delta x) - a} = \frac{f(a + \Delta x) - f(a)}{\Delta x} \qquad \cdots \text{③}$$

이다. 이때, Δx가 0에 한없이 가까워질 때의 평균변화율 ③의 극한(값)

$$\lim_{\Delta x \to 0} \frac{\Delta y}{\Delta x} = \lim_{\Delta x \to 0} \frac{f(a + \Delta x) - f(a)}{\Delta x}$$

이 존재하면 주어진 함수 $y = f(x)$는 $x = a$에서 **미분가능**(differentiable)하다고 한다. 이때, 이 극한값을 함수 $y = f(x)$의 $x = a$에서의 **순간변화율**(instantaneous rate of change) 또는 **미분계수**(differential coefficient)라고 하고 $f'(a)$로 나타낸다. 특히, 함수 $y = f(x)$가 정의역 안의 모든 변수값 x에서 미분가능 하면 함수 $y = f(x)$는 **미분가능한 함수**라고 한다.

예제 5.2

다음 함수의 주어진 x값에서의 미분계수를 구하여라.

(1) $f(x) = x^2 + 2x + 3 \ (x = 2)$ (2) $g(x) = \dfrac{1}{x} \ (x = 1)$

(1) $f'(2) = \lim_{\Delta x \to 0} \dfrac{f(2 + \Delta x) - f(2)}{\Delta x}$

$= \lim_{\Delta x \to 0} \dfrac{\{(2 + \Delta x)^2 + 2(2 + \Delta x) + 3\} - (2^2 + 2 \cdot 2 + 3)}{\Delta x}$

$= \lim_{\Delta x \to 0} \dfrac{4 + 4\Delta x + (\Delta x)^2 + 4 + 2\Delta x + 3 - 11}{\Delta x}$

$= \lim_{\Delta x \to 0} (6 + \Delta x)$

$= 6$

(2) $g'(1) = \lim_{\Delta x \to 0} \dfrac{g(1 + \Delta x) - g(1)}{\Delta x}$

$= \lim_{\Delta x \to 0} \dfrac{\dfrac{1}{1 + \Delta x} - \dfrac{1}{1}}{\Delta x}$

$= \lim_{\Delta x \to 0} \dfrac{-\Delta x}{\Delta x(1 + \Delta x)}$

$= \lim_{\Delta x \to 0} \dfrac{-1}{1 + \Delta x}$

$= -1$

기하학적으로 미분계수가 어떠한 의미를 갖는지 알아보자. 그림 5.3과 같이 임의의 함수 $y = f(x)$의 그래프에서 변수 x의 값이 a 에서 $a + \Delta x$ 까지 변할 때의 평균변화율

$$\frac{\Delta y}{\Delta x} = \frac{f(a + \Delta x) - f(x)}{\Delta x}$$

는 곡선 $y = f(x)$ 위의 두 점 $A(a, f(a))$, $B(a + \Delta x, f(a + \Delta x))$을 지나는 직선 $\overline{AB}$ 의 **기울기**(slope)을 나타낸다.

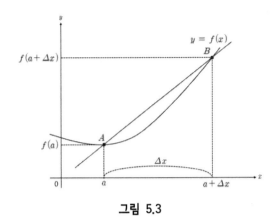

그림 5.3

점 $A(a, f(a))$을 고정하고 Δx값이 0에 한없이 가까워지게 하면 점 $B(a+\Delta x, f(a+\Delta x))$는 그림 5.4와 같이 곡선 $y = f(x)$을 따라 움직이면서 점 A에 가까워지고 직선 $\overline{AB}$ 는 점 A을 지나면서 곡선 $y = f(x)$에 접하는 직선 $\overline{AT}$ 에 한없이 가까워진다. 이 직선 $\overline{AT}$을 점 A에서의 함수 $y = f(x)$의 **접선(tangent line)**이라고 하고 점 A을 **접점(tangent point)**이라고 한다. 따라서 함수 $y = f(x)$의 $x=a$에서의 미분계수

$$f'(a) = \lim_{\Delta x \to 0} \frac{f(a+\Delta x) - f(a)}{\Delta x}$$

는 곡선 $y = f(x)$ 위의 한 점 $A(a, f(a))$에서의 접선 $\overline{AT}$ 의 기울기와 같다.

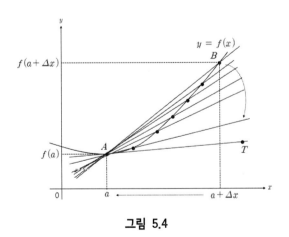

그림 5.4

다음 곡선 위의 주어진 점에서의 접선의 기울기를 구하여라.

(1) $f(x) = 3x^2 - 4x\,(1\,,\,-1)$ (2) $g(x) = x^2 + 2\,(-1\,,\,3)$

풀이

(1) 구하는 접선의 기울기는 $x = 1$에서의 미분계수 $f'(1)$과 같다.

$$
\begin{aligned}
f'(1) &= \lim_{\Delta x \to 0} \frac{f(1 + \Delta x) - f(1)}{\Delta x} \\[2mm]
&= \lim_{\Delta x \to 0} \frac{\{3(1 + \Delta x)^2 - 4(1 + \Delta x)\} - (3 \cdot 1^2 - 4 \cdot 1)}{\Delta x} \\[2mm]
&= \lim_{\Delta x \to 0} (2 + \Delta x) \\[2mm]
&= 2
\end{aligned}
$$

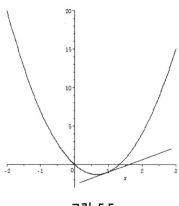

그림 5.5

(2) 구하는 접선의 기울기는 $x = -1$에서의 미분계수 $g'(-1)$과 같다.

$$
\begin{aligned}
g'(1) &= \lim_{\Delta x \to 0} \frac{g(-1 + \Delta x) - g(-1)}{\Delta x} \\[2mm]
&= \lim_{\Delta x \to 0} \frac{\{(-1 + \Delta x)^2 + 2)\} - ((-1)^2 + 2)}{\Delta x} \\[2mm]
&= \lim_{\Delta x \to 0} (-2 + \Delta x) \\[2mm]
&= -2
\end{aligned}
$$

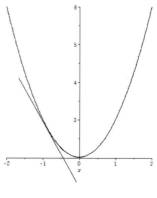

그림 5.6

함수 $y = f(x)$가 $x = a$에서 미분가능 하면 $x = a$에서의 미분계수

$$f'(a) = \lim_{\Delta x \to 0} \frac{f(a + \Delta x) - f(a)}{\Delta x} = \lim_{x \to a} \frac{f(x) - f(a)}{x - a}$$

가 존재하므로 다음의 연산이 성립한다.

$$\lim_{x \to a} \{f(x) - f(a)\} = \lim_{x \to a} \frac{f(x) - f(a)}{x - a} \cdot (x - a)$$

$$= \lim_{x \to a} \frac{f(x) - f(a)}{x - a} \cdot \lim_{x \to a} (x - a)$$

$$= f'(a) \cdot 0$$

$$= 0$$

즉, $\lim_{x \to a} f(x) = f(a)$ 이다. 따라서 함수 $y = f(x)$는 연속의 정의에 의해서 $x = a$에서 연속이다.

앞의 내용을 정리하면 함수 $y = f(x)$가 $x = a$에서 미분가능 하면 함수 $y = f(x)$는 $x - a$에서 연속이다. 하지만 그 역은 성립하지 않는다.

그림 5.7의 그래프 중에서 $x = a$ 에서 미분가능한 그래프를 찾아보자. 함수 $f(x)$의 그래프가 $x = a$에서 불연속이면 함수 $f(x)$는 $x = a$에서 미분가능 하지 않다. 또, 함수 $f(x)$의 그래프가 $x = a$에서 연속이더라도 $x = a$에서 **뽀족점**(cusp point) 또는 **첨점**이면 함수 $f(x)$는 $x = a$ 에서 미분가능 하지 않다.

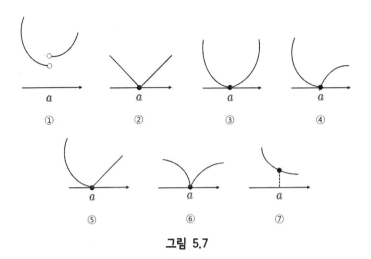

그림 5.7

그림 5.7의 그래프 중에서 ①, ②, ④, ⑤, ⑥은 $x = a$에서 미분가능 하지 않고 ③은 $x = a$에서 미분가능 하며 ⑦은 미분가능 할 수도 있다. 그러므로 함수 $f(x)$가 $x = a$에서 미분가능 하려면 함수 $f(x)$의 그래프는 $x = a$에서 뾰족하지 않고 매끄러운 곡선이 되어야 한다.

예제 5.4

함수 $f(x) = |x|$는 $x = 0$에서 연속이지만 미분가능 하지 않음을 보여라.

풀이

(i) 함수 $f(x) = |x|$ 가 $x = 0$ 에서의 연속성을 조사하여 보자.

$$\lim_{x \to 0} f(x) = \lim_{x \to 0} |x| = 0 = f(0)$$

이므로 $x = 0$ 에서 연속이다.

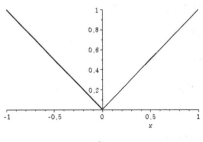

그림 5.8

(ii) 함수 $f(x) = |x|$ 의 $x = 0$ 에서의 미분 가능성을 조사하여 보자.

함수 $f(x)$의 $x = 0$ 에서의 평균변화율의 좌극한은

$$\lim_{\Delta x \to 0-} \frac{f(0 + \Delta x) - f(0)}{\Delta x} = \lim_{\Delta x \to 0-} \frac{|\Delta x|}{\Delta x} = \lim_{\Delta x \to 0-} \frac{-\Delta x}{\Delta x} = -1$$

이고, 함수 $f(x)$의 $x = 0$ 에서의 평균변화율의 우극한은

$$\lim_{\Delta x \to 0+} \frac{f(0 + \Delta x) - f(0)}{\Delta x} = \lim_{\Delta x \to 0+} \frac{|\Delta x|}{\Delta x} = \lim_{\Delta x \to 0+} \frac{\Delta x}{\Delta x} = 1$$

이므로

$$\lim_{\Delta x \to 0-} \frac{f(0 + \Delta x) - f(0)}{\Delta x} \neq \lim_{\Delta x \to 0+} \frac{f(0 + \Delta x) - f(0)}{\Delta x}$$

따라서 $\displaystyle\lim_{\Delta x \to 0} \frac{f(0 + \Delta x) - f(0)}{\Delta x}$ 은 존재하지 않으므로 함수 $f(x) = |x|$ 는 $x = 0$ 에서 미분가능 하지 않다.

5.2 | 도함수

주어진 함수 $y = f(x)$의 정의역 내의 한 실수 a에 대하여 함수 $f(x) = x^2$의 $x = a$ 에서의 미분계수 $f'(a)$는

$$
\begin{aligned}
f'(a) &= \lim_{\Delta x \to 0} \frac{f(a + \Delta x) - f(a)}{\Delta x} \\
&= \lim_{\Delta x \to 0} \frac{(a + \Delta x)^2 - a^2}{\Delta x} \\
&= \lim_{\Delta x \to 0} (2a + \Delta x) \\
&= 2a
\end{aligned}
$$

이다. 즉, 정의역 내의 한 실수 a의 값에 따라 미분계수 $f'(a)$의 값은 각각 한 개씩 정해진다.

일반적으로 함수 $y = f(x)$가 정의역에 속하는 모든 x의 값에 대하여 미분가능 하면 정의역에 속하는 모든 x에 대하여 그들의 미분계수 $f'(x)$을 대응시키는 새로운 함수

$f'(x)$을 구할 수 있다.

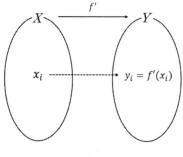

그림 5.9

$$f'(x) = \lim_{\Delta x \to 0} \frac{f(x + \Delta x) - f(x)}{\Delta x}$$

이 함수 $f'(x)$을 함수 $y = f(x)$의 **도함수**(derived function)라고 하고, 기호

$$f'(x) \ , \ y' \ , \ \frac{dy}{dx} \ , \ \frac{d}{dx}f(x) \ , \ D \ , \ D_x$$

등으로 나타낸다.

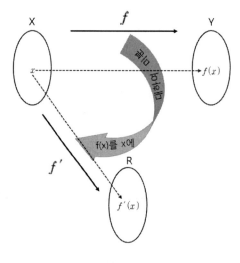

그림 5.10

다음 함수의 도함수를 구하고, 이 도함수를 이용하여 각 함수의 $x = 2$에서의 미분계수를 구하여라.

(1) $f(x) = x$ (2) $g(x) = x - 3$

(3) $h(x) = x^2$ (4) $k(x) = -3x^2 - 2$

풀이

(1) 도함수의 정의에 의하여

$$
\begin{aligned}
f'(x) &= \lim_{\Delta x \to 0} \frac{f(x + \Delta x) - f(x)}{\Delta x} \\
&= \lim_{\Delta x \to 0} \frac{(x + \Delta x) - x}{\Delta x} \\
&= \lim_{\Delta x \to 0} \frac{\Delta x}{\Delta x} \\
&= \lim_{\Delta x \to 0} 1 \\
&= 1
\end{aligned}
$$

이고 $f'(2) = 1$이다.

(2) 도함수의 정의에 의하여

$$
\begin{aligned}
g'(x) &= \lim_{\Delta x \to 0} \frac{g(x + \Delta x) - g(x)}{\Delta x} \\
&= \lim_{\Delta x \to 0} \frac{\{(x + \Delta x) - 3\} - (x - 3)}{\Delta x} \\
&= \lim_{\Delta x \to 0} 1 \\
&= 1
\end{aligned}
$$

이고 $g'(2) = 1$이다.

(3) 도함수의 정의에 의하여

$$
\begin{aligned}
h'(x) &= \lim_{\Delta x \to 0} \frac{h(x + \Delta x) - h(x)}{\Delta x} \\
&= \lim_{\Delta x \to 0} \frac{(x + \Delta x)^2 - x^2}{\Delta x}
\end{aligned}
$$

$$= \lim_{\Delta x \to 0} (2x + \Delta x)$$

$$= 2x$$

이고 $h'(2) = 2 \cdot 2 = 4$ 이다.

(4) 도함수의 정의에 의하여

$$k'(x) = \lim_{\Delta x \to 0} \frac{k(x + \Delta x) - k(x)}{\Delta x}$$

$$= \lim_{\Delta x \to 0} \frac{\{-3(x + \Delta x)^2 - 2\} - (-3x^2 - 2)}{\Delta x}$$

$$= \lim_{\Delta x \to 0} (6x - 3\Delta x)$$

$$= \lim_{\Delta x \to 0} -6x$$

$$= -6x$$

이고 $k'(2) = -6 \cdot 2 = -12$ 이다.

도함수의 정의를 이용하여 임의의 양의 정수 n 에 대하여 함수 $f(x) = x^n$ 의 도함수를 구하여 보자.

$f(x + \Delta x) - f(x)$

$$= (x + \Delta x)^n - x^n$$

$$= \{(x + \Delta x) - x\}\{(x + \Delta x)^{n-1} + (x + \Delta x)^{n-2}x + (x + \Delta x)^{n-3}x^2 + \cdots + x^{n-1}\}$$

$$= \Delta x\{(x + \Delta x)^{n-1} + (x + \Delta x)^{n-2}x + (x + \Delta x)^{n-3}x^2 + \cdots + x^{n-1}\}$$

이므로

$$f'(x) = \lim_{\Delta x \to 0} \frac{f(x + \Delta x) - f(x)}{\Delta x}$$

$$= \lim_{\Delta x \to 0} \{(x + \Delta x)^{n-1} + (x + \Delta x)^{n-2}x + (x + \Delta x)^{n-3}x^2 + \cdots + x^{n-1}\}$$

$$= \overbrace{x^{n-1} + x^{n-1} + \cdots + x^{n-1}}^{n개}$$

이다. 따라서 함수 $f(x) = x^n$ 은 미분가능하고 도함수

$$f'(x) = n x^{n-1}$$

이다.

한편, 상수함수 $f(x) = k$의 도함수를 구하여 보자.

$$f'(x) = \lim_{\Delta x \to 0} \frac{f(x + \Delta x) - f(x)}{\Delta x}$$

$$= \lim_{\Delta x \to 0} \frac{k - k}{\Delta x}$$

$$= \lim_{\Delta x \to 0} \frac{0}{\Delta x}$$

$$= 0$$

이다. 따라서 상수함수 $f(x) = k$ 는 미분가능하고 도함수

$$f'(x) = 0$$

이다.

미분가능한 두 함수 $f(x)$, $g(x)$와 임의의 상수 k에 대한 실수 배와 사칙연산으로 이루어진 함수의 미분법 공식을 유도하여보자.

(1) $$\{k \cdot f(x)\}' = \lim_{\Delta x \to 0} \frac{k \cdot f(x + \Delta x) - k \cdot f(x)}{\Delta x}$$

$$= \lim_{\Delta x \to 0} k \cdot \frac{f(x + \Delta x) - f(x)}{\Delta x}$$

$$= k \cdot \lim_{\Delta x \to 0} \frac{f(x + \Delta x) - f(x)}{\Delta x}$$

$$= k \cdot f'(x)$$

(2) $$\{f(x) \pm g(x)\}' = \lim_{\Delta x \to 0} \frac{\{f(x + \Delta x) \pm g(x + \Delta x)\} - \{f(x) \pm g(x)\}}{\Delta x}$$

$$= \lim_{\Delta x \to 0} \frac{\{f(x + \Delta x) - f(x)\} \pm \{g(x + \Delta x) - g(x)\}}{\Delta x}$$

$$= \lim_{\Delta x \to 0} \frac{f(x + \Delta x) - f(x)}{\Delta x} \pm \lim_{\Delta x \to 0} \frac{g(x + \Delta x) - g(x)}{\Delta x}$$

$$= f'(x) \pm g'(x) \quad (\text{복호동순})$$

(3) $\{f(x) \cdot g(x)\}'$

$$= \lim_{\Delta x \to 0} \frac{f(x+\Delta x)\,g(x+\Delta x) - f(x)\,g(x)}{\Delta x}$$

$$= \lim_{\Delta x \to 0} \frac{\{f(x+\Delta x)\,g(x+\Delta x) - f(x)\,g(x+\Delta x)\} + \{f(x)\,g(x+\Delta x) - f(x)\,g(x)\}}{\Delta x}$$

$$= \lim_{\Delta x \to 0} \frac{f(x+\Delta x)\,g(x+\Delta x) - f(x)\,g(x+\Delta x)}{\Delta x} + \lim_{\Delta x \to 0} \frac{f(x)\,g(x+\Delta x) - f(x)\,g(x)}{\Delta x}$$

$$= \lim_{\Delta x \to 0} \frac{f(x+\Delta x) - f(x)}{\Delta x} \cdot g(x+\Delta x) + \lim_{\Delta x \to 0} f(x) \cdot \frac{g(x+\Delta x) - g(x)}{\Delta x}$$

$$= \lim_{\Delta x \to 0} \frac{f(x+\Delta x) - f(x)}{\Delta x} \cdot \lim_{\Delta x \to 0} g(x+\Delta x) + \lim_{\Delta x \to 0} f(x) \cdot \lim_{\Delta x \to 0} \frac{g(x+\Delta x) - g(x)}{\Delta x}$$

미분 가능한 함수 $f(x)(\neq 0)$ 와 $g(x)$에 대하여 먼저 함수 $\dfrac{1}{f(x)}$ 의 도함수를 구하여 보자.

$$\left\{\frac{1}{f(x)}\right\}' = \lim_{\Delta x \to 0} \frac{\dfrac{1}{f(x+\Delta x)} - \dfrac{1}{f(x)}}{\Delta x}$$

$$= \lim_{\Delta x \to 0} \frac{\dfrac{f(x) - f(x+\Delta x)}{f(x+\Delta x)\Delta x}}{\Delta x}$$

$$= \lim_{\Delta x \to 0} \frac{-\{f(x+\Delta x) - f(x)\}}{\Delta x\{f(x+\Delta x)f(x)\}}$$

$$= \lim_{\Delta x \to 0} \left\{\frac{-1}{f(\Delta x)f(x)} \cdot \frac{f(x+\Delta x) - f(x)}{\Delta x}\right\}$$

$$= \lim_{\Delta x \to 0} \frac{-1}{f(x+\Delta x)f(x)} \cdot \lim_{\Delta x \to 0} \frac{f(x+\Delta x) - f(x)}{\Delta x}$$

$$= -\frac{f'(x)}{\{f(x)\}^2}$$

분수함수 $\dfrac{g(x)}{f(x)}\,(f(x) \neq 0)$의 도함수를 곱의 미분법 (3)을 이용하여 구해보자.

(4) $\left\{\dfrac{g(x)}{f(x)}\right\}' = \left\{g(x) \cdot \dfrac{1}{f(x)}\right\}'$

$$= g'(x) \cdot \frac{1}{f(x)} + g(x) \cdot \left\{\frac{1}{f(x)}\right\}'$$

$$= \frac{g'(x)}{f(x)} - \frac{g(x)f'(x)}{\{f(x)\}^2}$$

$$= \frac{g'(x) \cdot f(x) - g(x) \cdot f'(x)}{\{f(x)\}^2}$$

예제 5.6

다음 함수를 미분하여라.

(1) $y = x^3 - 2x^2 + 3x - 4$ (2) $y = (x^2-1)(x^3-2x+3)$ (3) $y = \dfrac{5x}{x^2-1}$

풀이

(1) 함수의 실수 배, 합, 차의 미분법을 이용하면

$$y' = (x^3 - 2x^2 + 3x - 4)'$$

$$= (x^3)' - 2(x^2)' + 3(x)' - (4)'$$

$$= 3x^2 - 2 \cdot 2x + 3 \cdot 1 - 0$$

$$= 3x^2 - 4x + 3$$

(2) 함수의 곱의 미분법을 이용하면

$$y' = \{(x^2-1)(x^3-2x+3)\}$$

$$= (x^2-1)'(x^3-2x+3) + (x^2-1)(x^3-2x+3)'$$

$$= 2x(x^3-2x+3) + (x^2-1)(3x^2-2)$$

$$= 5x^4 - 9x^2 + 6x + 2$$

(3) 분수함수의 미분법을 이용하면

$$y' = \frac{(5x)' \cdot (x^2-1) - (5x) \cdot (x^2-1)'}{(x^2-1)^2}$$

$$= \frac{5(x^2-1) - 5x \cdot 2x}{(x^2-1)^2}$$

$$= \frac{-5(x^2+1)}{(x^2-1)^2}$$

5.3 | 합성함수와 역함수의 도함수

미분가능한 두 함수 $y = f(t)$와 $t = g(x)$에 대하여 이들 두 함수의 합성함수 $y = f\{g(x)\}$의 도함수를 구하여 보자.

함수 $t = g(x)$에서 변수 x의 증분 Δx에 대한 t의 증분을 Δt, 함수 $y = f(t)$에서 변수 t의 증분 Δt에 대한 y의 증분을 Δy라 하자. x의 증분 Δx에 대한 y의 증분 Δy의 비율

$$\frac{\Delta y}{\Delta x} = \frac{\Delta y}{\Delta t} \cdot \frac{\Delta t}{\Delta x} \quad (\Delta t \neq 0 , \ \Delta x \neq 0)$$

이다.

한편, 두 함수 $y = f(t)$와 $t = g(x)$는 미분가능 하므로

$$\lim_{\Delta t \to 0} \frac{\Delta y}{\Delta t} = \frac{dy}{dt}, \ \lim_{\Delta x \to 0} \frac{\Delta t}{\Delta x} = \frac{dt}{dx}$$

이고 함수 $t = g(x)$는 연속이다. 그러므로 $\Delta x \to 0$이면 $\Delta t \to 0$이다. 따라서,

$$\begin{aligned}
\frac{dy}{dx} &= \lim_{\Delta x \to 0} \frac{\Delta y}{\Delta x} \\
&= \lim_{\Delta x \to 0} \left\{ \frac{\Delta y}{\Delta t} \cdot \frac{\Delta t}{\Delta x} \right\} \\
&= \lim_{\Delta x \to 0} \frac{\Delta y}{\Delta t} \cdot \lim_{\Delta x \to 0} \frac{\Delta t}{\Delta x} \\
&= \lim_{\Delta t \to 0} \frac{\Delta y}{\Delta t} \cdot \lim_{\Delta x \to 0} \frac{\Delta t}{\Delta x} \\
&= \frac{dy}{dt} \cdot \frac{dt}{dx}
\end{aligned}$$

이다. 이와 같은 합성함수의 미분법을 **연쇄법칙**(chain rule)이라고 한다.

독일의 수학자 **라이프니츠**(Leibniz, G. W., 1646~1716)가 $\sqrt{ax^2 + bx + c}$ 모양을 갖는 함수의 도함수를 구할 때, 처음으로 합성함수의 미분법인 연쇄법칙을 사용하였다고 한다.

다음 함수를 미분하여라.

(1) $y = (x^2 + 3x)^3$ (2) $y = \sqrt{x}$ (3) $y = \dfrac{1}{\sqrt{x^2 - 2}}$

풀이

주어진 함수를 합성함수 형태로 변환하여 연쇄법칙을 이용하여 미분한다.

(1) 주어진 함수에서 $t = x^2 + 3x$ 라고 하면 함수 $y = t^3$ 이므로

$$\frac{dt}{dx} = 2x + 3 \, , \ \frac{dy}{dt} = 3t^2$$

$$\begin{aligned}
\frac{dy}{dx} &= \frac{dy}{dt} \cdot \frac{dt}{dx} \\
&= 3t^2 \cdot (2x + 3) \\
&= 3(x^2 + 3x)^2 (2x + 3)
\end{aligned}$$

(2) $\sqrt{x} = x^{\frac{1}{2}}$ 이므로

$$\begin{aligned}
\frac{dy}{dx} &= \frac{1}{2} x^{\frac{1}{2} - 1} \\
&= \frac{1}{2} x^{-\frac{1}{2}} \\
&= \frac{1}{2} \cdot \frac{1}{\sqrt{x}} \\
&= \frac{1}{2\sqrt{x}}
\end{aligned}$$

(3) $\dfrac{1}{\sqrt{x^2 - 2}} = (x^2 - 2)^{-\frac{1}{2}}$ 이므로

$$\begin{aligned}
\frac{dy}{dx} &= -\frac{1}{2} (x^2 - 2)^{-\frac{1}{2} - 1} (x^2 - 2)' \\
&= -\frac{1}{2} (x^2 - 2)^{-\frac{3}{2}} \cdot 2x \\
&= -\frac{1}{2} (x^2 - 2)^{-\frac{3}{2}} \cdot 2x
\end{aligned}$$

변수 x , y가

$$-x + y^2 = 0 \; (y \geqq 0) \qquad \cdots \text{①}$$

을 만족한다고 하자. 이 식 ①을 y에 관하여 풀면

$$y = \sqrt{x} \qquad \cdots \text{②}$$

이다. 역으로 식 ②의 양변을 제곱하여 정리하면 식 ①을 얻을 수 있다. 즉, 식 ①은 식 ②의 다른 표현 방법이다. 이같이 함수 $y = f(x)$에서 x와 y사이의 관계를

$$F(x \, , \, y) = 0$$

과 같이 나타낸 것을 y을 **음함수**(implicit function)의 형태로 나타낸 것이라고 한다.

음함수의 형태로 나타낸 식 ①로부터 함수 ②의 도함수를 구하여 보자. 식 ①의 양변을 x에 대하여 미분하면

$$\frac{d(-x)}{dx} + \frac{d(y^2)}{dx} = 0$$

$$\Rightarrow \frac{d(-x)}{dx} + \frac{d(y^2)}{dy} \cdot \frac{dy}{dx} = 0$$

$$\Rightarrow -1 + 2y\frac{dy}{dx} = 0$$

$$\Rightarrow \frac{dy}{dx} = \frac{1}{2y}$$

이다. 따라서 일반적으로 음함수의 형태로 나타낸 함수의 도함수는 x의 함수 y가 음함수 $F(x \, , \, y) = 0$의 형태로 주어지면, 이 식의 각 항을 x에 대하여 미분한 다음에 $\frac{dy}{dx}$에 대하여 풀이한다.

예제 5.8 _____

다음 식에서 음함수의 미분법을 사용하여 $\frac{dy}{dx}$을 구하여라.

(1) $2x - 3y - 1 = 0$ \qquad\qquad (2) $y = \sqrt{4 - x^2}$

풀이

(1) 주어진 식의 양변을 x에 대하여 미분하면

$$\frac{d(2x)}{dx} - \frac{d(3y)}{dx} - \frac{d(1)}{dx} = 0$$

$$\Rightarrow 2 - 3\frac{dy}{dx} - 0 = 0$$

$$\Rightarrow \frac{dy}{dx} = \frac{2}{3}$$

(2) 주어진 식의 양변을 제곱하여 음함수 형태로 나타내면

$$x^2 + y^2 - 4 = 0$$

이다. 이 식의 양변을 x에 대하여 미분하면

$$\frac{dx^2}{dx} + \frac{dy^2}{dx} = 0$$

$$\Rightarrow 2x + 2y\frac{dy}{dx} = 0$$

$$\Rightarrow \frac{dy}{dx} = -\frac{x}{y}$$

미분 가능한 함수 $f(x)$가 존재하여 그 함수의 역함수 $f^{-1}(x)$가 존재하고 미분가능하다고 하자. 함수 $y = f^{-1}(x)$의 도함수를 구하여 보자. $y = f^{-1}(x)$라 하면 $x = f(y)$이고 $\frac{dx}{dy} = f'(y)$ 이다. $x = f(y)$의 양변을 x에 대하여 미분하면

$$1 = \frac{d}{dx}f(y) = \frac{d}{dy}f(y) \cdot \frac{dy}{dx} = f'(y) \cdot \frac{dy}{dx}$$

이므로

$$\frac{dy}{dx} = \frac{1}{f'(y)} = \frac{1}{\frac{dx}{dy}} \quad \left(\frac{dx}{dy} \neq 0\right)$$

이다.

예제 5.9

함수 $x = y^3 + 2y^2 - 3y + 5$ 에서 $\frac{dy}{dx}$ 을 구하여라.

풀이

주어진 식의 등호 양변을 y에 대하여 미분하면 $\dfrac{dx}{dy} = 3y^2 + 4y - 3$ 이므로

$$\frac{dy}{dx} = \frac{1}{\dfrac{dx}{dx}}$$
$$= \frac{1}{3y^2 + 4y - 3}$$

주어진 임의의 구간에서 미분 가능한 함수 $f(x)$가 주어졌을 때, 도함수 $f'(x)$가 주어진 구간에서 미분가능 하면 함수 $f'(x)$의 도함수를 함수 $f(x)$의 **이계도함수**(second derivative)라고 하고

$$f''(x) \quad , \quad \frac{d}{dx}f(x) \quad , \quad \frac{d^2y}{dx^2} \quad , \quad \cdots$$

로 나타낸다.

다시 $f''(x)$가 주어진 구간에서 미분 가능한 함수이면, 함수 $f''(x)$의 도함수를 함수 $f(x)$의 **삼계도함수**라고 하고 $f^{(3)}(x)$로 나타낸다.

일반적으로 함수 $f(x)$의 **n계도함수**를

$$f^{(n)}(x) \quad , \quad \frac{d^n}{dx^n}f(x) \quad , \quad \frac{d^ny}{dx^n} \quad , \quad \cdots$$

로 나타낸다. 흔히 이계도함수 이상의 함수 $f(x)$의 도함수를 통틀어 **고계도함수**(derived function of higher order)라고 한다.

예제 5.11

함수 $f(x) = 3x^2 + 5x + 5$의 고계도함수를 구하여라.

풀이

$$f'(x) = 6x + 5$$
$$f''(x) = 6$$
$$f^{(3)}(x) = f^{(4)}(x) = \cdots = 0$$

01. 함수 $f(x) = x^2 + x + 1$에 대하여 x값이 1에서 3까지 변할 때 평균변화율과 $x = c$일 때 순간변화율이 서로 같다. 상수 c값을 구하여라.(단, $1 < c < 3$)

02. 곡선 $f(x) = 2x^2 - 3$ 위의 점 $(3, 15)$에서의 접선의 기울기를 구하여라.

03. $f(-1) = -1$, $f'(-1) = 6$일 때, $\displaystyle\lim_{\Delta x \to 0} \dfrac{f(-1 + 2\Delta x) + 1}{3\Delta x}$값을 구하여라.

04. 다음 함수의 도함수를 도함수의 정의를 사용하여 구하여라.

(1) $f(x) = x^3 - x^2 + 6x$ (2) $g(x) = |x| \; (x \neq 0)$

05. 미분 가능한 두 함수 $f(x)$와 $g(x)$에 대하여 $f'(2) = -1$, $g'(2) = 3$이다. 다음 함수에서 $x = 2$일 때 미분계수를 구하여라.

(1) $f(x) + g(x)$ (2) $3f(x) - 2g(x)$

06. 함수 $f(x) = \begin{cases} x^3 & (x \geq 1) \\ ax + b & (x < 1) \end{cases}$ 가 모든 실수에서 미분 가능할 때, $f(-1)$값을 구하여라.

07. 함수 $y = \dfrac{1}{\sqrt[3]{x^2 + x + 1}}$ 일 때, $\dfrac{dy}{dx}$ 을 구하여라.

08. 다음 식에서 음함수의 미분법을 사용하여 $\dfrac{dy}{dx}$ 을 구하여라.

(1) $x^3 + x - y = 0$ (2) $xy - 3 = 0$

09. 함수 $y = (x^2 + 1)^5$의 이계도함수를 구하여라.

적분법

6.1 | 부정적분

주어진 도함수 $f'(x)$에 대하여 미분하기 전, 그 원래의 함수 $f(x)$을 구하는 방법을 알아보자. 구하려는 함수 $f(x)$을 $f'(x)$의 **부정적분**(indefinite integral) 또는 **원시함수**(primitive function)라고 한다.

함수 $f(x)$의 부정적분 중의 하나를 $F(x)$라고 하면, 다음과 같이 나타낼 수 있다.

$$\int f(x)\,dx = F(x) + C$$

여기서 C을 **적분상수**(integration constant), x을 **적분변수**(integral variable), 함수 $f(x)$을 **피적분함수**(integrand)라고 한다. 기호 $\int$은 영어 Sum의 첫 글자 S을 변형한 것이며, 인티그럴이라고 읽는다. 참고로, **라이프니츠**(Leibniz, G. W., 1646~1716)가 적분 계산을 위해서 1675년에 처음으로 적분기호 $\int$을 처음으로 사용하였다고 전해진다.

어떤 함수의 부정적분은 무수히 많으나 이들은 모두 상수항만 다르다. $f(x)$의 많은 부정적분 중 두 부정적분을 $F(x)$와 $G(x)$라 하면, $F'(x) = f(x), G'(x) = f(x)$이므로

$$\frac{d}{dx}\{G(x) - F(x)\} = \frac{d}{dx}G(x) - \frac{d}{dx}F(x) = f(x) - f(x) = 0$$

이다. 한편, 도함수가 0인 함수는 상수이므로 이 상수를 C라 하면, $G(x) = F(x) + C$이다. 그러므로 어떤 함수 $f(x)$의 한 부정적분을 $F(x)$라고 하면 임의의 부정적분은 $F(x) + C$의 형태임을 알 수 있다. 따라서

$$\frac{d}{dx}\Big(\int f(x)\,dx\Big) = \frac{d}{dx}(F(x) + C) = F'(x) = f(x)$$

이므로,

$$\frac{d}{dx}\Big(\int f(x)\,dx\Big) = f(x)$$

이다.

또, $\int\Big(\dfrac{d}{dx}f(x)\Big)dx = g(x)$라 하면

$$\frac{d}{dx}g(x) = \frac{d}{dx}f(x) \ , \ \frac{d}{dx}\{g(x)-f(x)\} = 0$$

이므로

$$g(x)-f(x) = C$$

이다. 따라서

$$\int\left(\frac{d}{dx}f(x)\right)dx = f(x) + C$$

을 만족한다.

예제 6.1 ────────────────────────────────────

$F'(x) = f(x)$이고 $F(x) = xf(x) - 2x^3 + x^2$, $f(1) = -1$인 관계가 있을 때, $f(x)$을 구하여라.

풀이

$f(x) = F'(x) = f(x) + xf'(x) - 6x^2 + 2x, x(f'(x) - 6x + 2) = 0$에서

$$f'(x) - 6x + 2 = 0$$

즉, $f'(x) = 6x - 2$ 이므로

$$f(x) = \int f'(x)\,dx = 3x^2 - 2x + C$$

그런데 $f(1) = -1$이므로 $C = -2$ 이므로 $f(x) = 3x^2 - 2x - 2$이다.

부정적분은 미분의 역작용으로 구할 수 있으므로 $y = x^n$의 도함수로부터 함수 $y = x^n$의 부정적분을 구할 수 있다.

임의의 수 n을 0 또는 양의 정수라고 하면

$$\frac{d}{dx}\left(\frac{1}{n+1}x^{n+1}\right) = x^n$$

이다. 따라서, C을 적분상수라고 하면

$$\int x^n\,dx = \frac{1}{n+1}x^{n+1} + C$$

이다.

이탈리아의 수학자 **카발리에리**(Cavalieri, F. B., 1598~1647)가 n이 자연수이면,

$$\int x^n \, dx = \frac{1}{n+1} x^{n+1} + C$$

임을 밝혀냈다.

두 함수 $f(x)$와 $g(x)$의 부정적분을 각각 $F(x)$와 $G(x)$라고 하면 함수의 실수 배, 합 및 차의 미분법으로부터 다음이 성립함을 알 수 있다.

(1) k을 임의의 상수라 하면, $\{k \cdot F(x)\}' = k \cdot F'(x) = k \cdot f(x)$ 이므로

$$\int k \cdot f(x) \, dx = k \int f(x) \, dx$$

(2) $\{F(x) \pm G(x)\}' = F'(x) \pm G'(x) = f(x) \pm g(x)$ (복호동순) 이므로

$$\int \{f(x) \pm g(x)\} \, dx = \int f(x) \, dx \pm intg(x) \, dx \quad \text{(복호동순)}$$

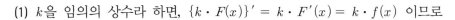

예제 6.2

부정적분 $\int (3x^2 - 4x + 1) \, dx$을 구하여라.

풀이

$$\int (3x^2 - 4x + 1) \, dx = \int 3x^2 \, dx - \int 4x \, dx + \int 1 \, dx$$

$$= 3 \int x^2 \, dx - 4 intx \, dx + \int 1 \, dx$$

$$= 3 \left(\frac{1}{3} x^3 + C_1 \right) - 4 \left(\frac{1}{2} x^2 + C_2 \right) + (x + C_3)$$

$$= x^3 - 2x^2 + x + 3C_1 - 4C_2 + C_3$$

여기서 $C = 3C_1 - 4C_2 + C3$ 라고 하면

$$\int (3x^2 - 4x + 1) \, dx = x^3 - 2x^2 + x + C$$

예제 6.3

다음 두 조건을 만족하는 함수 $f(x)$을 구하여라.

$$f'(x) = 8x^3 - 4x + 2, \ f(0) = 0$$

풀이

$f'(x) = 8x^3 - 6x + 2$ 이므로

$$f(x) = \int (8x^3 - 6x + 2)$$

$$= 2(x^4 - x^2 + x) + C$$

이때, $f(0) = 0$ 이므로 $C = 0$이다. 따라서 구하는 함수 $f(x)$는

$$f(x) = 2(x^4 - x^2 + x)$$

6.2 | 정적분

비행기가 착륙하다가 사고가 발생하여 그림 6.1의 표시부분과 같이 파손되었다. 파손 부위의 수리를 위하여 파손 부위의 넓이를 구하려고 한다.

그림 6.1

파손 부위의 넓이를 구하기 위하여 다음과 같은 방법을 사용하려고 한다. 파손된 다각형의 넓이를 작은 사각형으로 분할 하여 그 작은 사각형들의 넓이의 합으로 구할 수 있다. 곡선과 직선 또는 곡선만으로 둘러싸인 임의의 도형의 넓이를 구하기 위하여 그림 6.2와 같이 곡선으로 둘러싸인 임의의 평면도형의 넓이 S을 구하기 위하여 곡선의 내부에 있는 정사각형들의 넓이 m과 곡선의 내부와 경계선을 포함하는 정사각형의 넓이의 합을 M이라고 하면

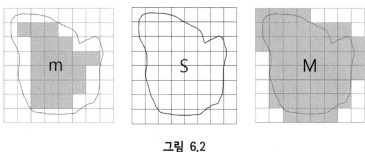

그림 6.2

$$m \leq S \leq M$$

이다.

이때 정사각형의 크기를 작게(세분) 하면 할수록 m과 M은 도형의 넓이 S에 한없이 가까워질 것이다. 그러므로 m과 M의 극한을 구하면 도형 S의 넓이를 구할 수 있다.

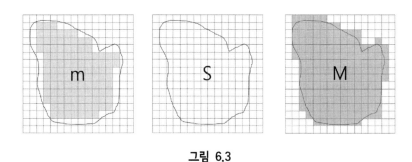

그림 6.3

이같이 도형의 넓이를 구할 때, 주어진 도형을 잘게 나누어 간단한 도형의 넓이나 부피의 합의 극한값으로 구하는 방법을 **구분구적법**(measuration by parts)이라고 한다.

예를 들어 구분구적법을 설명해 보려고 한다. 곡선 $y = x^2$과 x축 및 직선 $x = 1$로 둘러싸인 도형의 넓이를 구하여 보자.

그림 6.4와 같이 닫힌 구간 $[\,0\,,1\,]$을 n등분하여 각 구간의 양 끝점과 각 분점의 x 좌표를 차례로

$$0 \,,\, \frac{1}{n} \,,\, \frac{2}{n} \,,\, \cdots \,,\, \frac{n-1}{n} \,,\, 1$$

이다. 곡선 $y = x^2$ 위에 직사각형을 만들어 각각의 직사각형 세로의 길이는 각 구간의 오른쪽 x좌표의 함숫값이므로

$$\left(\frac{1}{n}\right)^2,\ \left(\frac{2}{n}\right)^2,\ \left(\frac{3}{n}\right)^2,\ \cdots,\ \left(\frac{n-1}{n}\right)^2,\ \left(\frac{n}{n}\right)^2=1$$

이다.

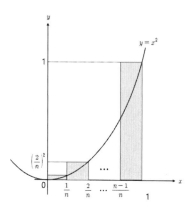

그림 6.4

직사각형의 넓이의 합을 S_n 이라 하면

$$
\begin{aligned}
S_n &= \frac{1}{n}\left(\frac{1}{n}\right)^2+\frac{1}{n}\left(\frac{2}{n}\right)^2+\frac{1}{n}\left(\frac{3}{n}\right)^2+\cdots+\frac{1}{n}\left(\frac{n}{n}\right)^2 \\
&= \frac{1}{n^3}\left(1^1+2^2+3^2+\cdots+n^2\right) \\
&= \frac{1}{n^3}\cdot\frac{n(n+1)(2n+1)}{6} \\
&= \frac{1}{6}\left(1+\frac{1}{n}\right)\!\left(2+\frac{1}{n}\right)
\end{aligned}
$$

이다. n의 값이 한없이 커지면 S_n은 곡선 $y=x^2$과 x축 그리고 직선 $x=1$로 둘러싸인 도형의 넓이 S가 된다. 즉,

$$
\begin{aligned}
S &= \lim_{n\to\infty} S_n \\
&= \lim_{n\to\infty}\frac{1}{6}\left(1+\frac{1}{n}\right)\!\left(2+\frac{1}{n}\right) \\
&= \frac{1}{3}
\end{aligned}
$$

이다.

함수 $y = f(x)$가 닫힌 구간 $[a, b]$에서 연속일 때, 닫힌 구간 $[a, b]$을 n등분하여 양 끝점과 각 분점의 x좌표를 차례로

$$a = x_0, \ x_1, \ x_2, \ \cdots, x_{n-1}, \ x_n = b$$

라고 하자. 등분된 각 작은 구간의 길이를 Δx라고 하면

$$\Delta x = \frac{b-a}{n}$$

이다. 또, $x_i = a + k\Delta x \ (i = 1, 2, 3, \cdots, n)$이다.

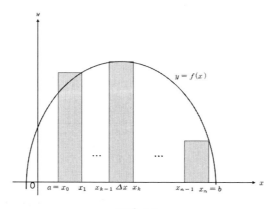

그림 6.5

$$S_n = f(x_1)\Delta x + f(x_2)\Delta x + \cdots + f(x_{n-1})\Delta x + f(x_n)\Delta x$$

$$= \sum_{i=1}^{n} f(x_i)\Delta x$$

라고 하면, n이 한없이 커지면 S_n의 극한값은 곡선 $y = f(x)$와 x축 그리고 두 직선 $x = a$와 $x = b$로 둘러싸인 도형의 넓이와 같다. 즉,

$$\lim_{n \to \infty} S_n = \lim_{n \to \infty} \sum_{i=1}^{n} f(x_i)\Delta x$$

이 극한값을 함수 $y = f(x)$의 a에서 b까지의 **정적분**(definite integral)이라고 하고, 기호

$$\int_a^b f(x)\,dx$$

로 나타낸다. 즉

$$\int_a^b f(x)\, dx = \lim_{n \to \infty} S_n = \lim_{n \to \infty} \sum_{i=1}^{n} f(x_i) \Delta x$$

$$(여기서, \ \Delta x = \frac{b-a}{n} \ , \ x_i = a + k \Delta x)$$

이다. 이때 닫힌 구간 $[\,a\,,\,b\,]$을 **적분구간**(integration section), x을 **적분변수**(integral variable)라고 한다.

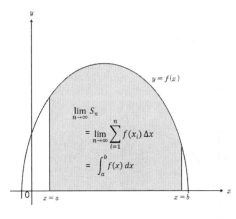

그림 6.6

정적분의 정의로부터 함수 $y=f(x)$가 닫힌 구간 $[\,a\,,\,b\,]$에서 연속이면 극한값

$$\lim_{n \to \infty} \sum_{i=1}^{n} f(x_i) \Delta x$$

이 항상 존재한다.

① 함수 $f(x) \geqq 0$이면 정적분 $\displaystyle\int_a^b f(x)\, dx$ 는 곡선 $y=f(x)$와 x축 그리고 두 직선 $x=a$, $x=b$로 둘러싸인 부분의 넓이이다.

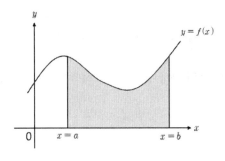

그림 6.7

ⅱ 함수 $f(x) \leq 0$이면 $f(x_i) \leq 0$이고 $\Delta x > 0$이므로 곡선 $y = f(x)$와 x축 그리고 두 직선 $x = a$, $x = b$로 둘러싸인 부분의 넓이를 S라고 하면 정적분

$$\int_a^b f(x) = \lim_{n \to \infty} \sum_{i=1}^{n} f(x_i) \Delta x = -S(< 0)$$

이다.

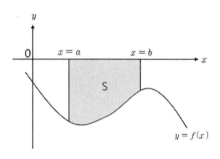

그림 6.8

ⅲ 함수 $f(x)$ 가 닫힌 구간 $[a , b]$에서 양수와 음수의 값을 모두 갖는다고 하자. $f(x) \geq 0$ 부분의 넓이를 S_1, $f(x) \leq 0$ 부분의 넓이를 S_2라고 하면 정적분

$$\int_a^b f(x) \, dx = S_1 - S_2$$

이다.

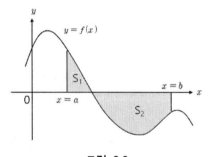

그림 6.9

예제 6.4

정적분의 정의에 의하여 $\displaystyle\int_0^2 (-x^2) \, dx$의 값을 구하여라.

풀이

$f(x) = -x^2$ 이라고 하면 함수 $f(x)$ 는 구간 $[0, 2]$ 에서 연속이다.

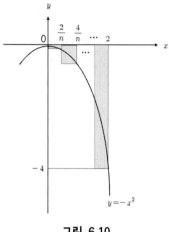

그림 6.10

정적분의 정의에서 $a = 0$, $b = 2$ 이므로

$$\Delta x = \frac{b-a}{n} = \frac{2}{n}, \; x_i = a + i\,\Delta x = \frac{2\,i}{n}, \; f(x_i) = -(x_i)^2 = -\frac{4\,i^2}{n^2}$$

정적분

$$\int_a^b f(x)\,dx = \lim_{n\to\infty} \sum^{n_{i=0}} f(x_i)\Delta x$$

이므로

$$\int_0^2 (-x^2)\,dx = \lim_{n\to\infty} \sum_{i=1}^n \left(-\frac{4\,i^2}{n^2}\right)\frac{2}{n}$$

$$= \lim_{n\to\infty}\left(-\frac{8}{n^2}\sum_{i=1}^n i^2\right)$$

$$= \lim_{n\to\infty}\left\{-\frac{8}{n^3}\cdot\frac{n(n+1)(2n+1)}{6}\right\}$$

$$= -\frac{8}{3}$$

이다.

지금까지는 적분 구간 $[a, b]$ 에서 $a < b$ 일 때, 정적분을 정의하였다. 만약 $a = b$ 이거나 $a > b$ 일 때의 정적분은

(1) $a=b$이면, $\displaystyle\int_a^b f(x)\,dx = 0$

(2) $a>b$이면, $\displaystyle\int_a^b f(x)\,dx = -\int_b^a f(x)\,dx$

이다.

6.3 | 부정적분과 정적분의 관계

함수 $y=f(t)$가 닫힌 구간 $[a,b]$에서 연속이고 $f(t)\geqq 0$이라고 하자. 곡선 $y=f(t)$와 t축 그리고 두 직선 $t=a$와 $t=x$ $(a\leqq x\leqq b)$로 둘러싸인 도형의 넓이를 $S(x)$라 하면

$$S(x) = \int_a^x f(t)\,dt$$

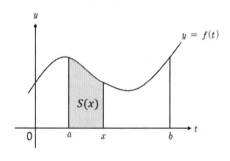

그림 6.11

이다. x의 증분 Δx에 대한 $S(x)$의 증분

$$\Delta S = S(x+\Delta x) - S(x)$$

이다.

① $\Delta x > 0$;

닫힌 구간 $[x, x+\Delta x]$에서 함수 $f(t)$의 최댓값을 M, 최솟값을 m이라 하면

$$m\,\Delta x \leqq \Delta S \leqq M\,\Delta x \qquad \cdots ①$$

가 성립한다. 위 식 ①의 각 변을 Δx로 나누어 주면

$$m \leqq \frac{\Delta S}{\Delta x} \leqq M \qquad \cdots ②$$

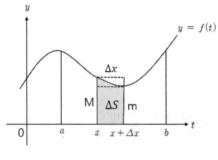

그림 6.12

ⓘ $\Delta x < 0$;

닫힌 구간 $[\,x - \Delta x\,,\, x\,]$ 에서 함수 $f(t)$의 최댓값을 M, 최솟값을 m이라 하면

$$m\,(-\Delta x) \leqq -\Delta S \leqq M(-\Delta x) \qquad \cdots ③$$

가 성립한다. 위 식 ③의 각 변을 $-\Delta x$로 나누어 주면

$$m \leqq \frac{\Delta S}{\Delta x} \leqq M \qquad \cdots ④$$

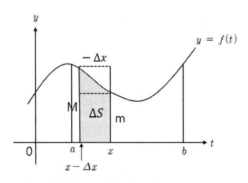

그림 6.13

식 ②와 ④는 같은 모양의 부등식이므로 두 식 중에서 하나만을 계산한다.
$\Delta x \to 0$이면 식 ②에서

$$\lim_{\Delta x \to 0} m \leqq \lim_{\Delta x \to 0} \frac{\Delta S}{\Delta x} \leqq \lim_{\Delta x \to 0} M \qquad \cdots ⑤$$

함수 $f(t)$는 닫힌 구간 $[a, b]$에서 연속이므로

$$\Delta x \to 0 \ \text{이면} \quad m \to f(x), \ M \to f(x)$$

이다. 따라서 식 ⑤에서

$$\frac{d}{dx} S(x) = \lim_{\Delta x \to 0} \frac{\Delta S}{\Delta x} = f(x)$$

을 만족한다. $S(x) = \int_a^x f(t)\, dt$이므로

$$\frac{d}{dx} \int_a^x f(t)\, dt = f(x)$$

이다.

함수 $y = f(x)$가 닫힌 구간 $[a, b]$에서 연속일 때, 함수 $f(x)$의 한 부정적분을 $F(x)$라 하자. 만약 $S(x) = \int_a^x f(t)\, dt$라고 하면, $S'(x) = f(x)$을 만족하므로 $S(x)$도 역시 $f(x)$의 또 다른 부정적분이다. 그러므로

$$S(x) = \int_a^x f(t)\, dt = F(x) + C \quad (C \ \text{는 적분상수}) \qquad \cdots ⑥$$

임을 앞에서 알아보았었다.

그런데, $x = a$이라면, $S(a) = F(a) + C$ 이고 정적분의 정의에 의하여 $S(a) = 0$이다. 식 ⑥에 의하여

$$S(a) = F(a) + C = 0$$

이므로

$$C = -F(a) \qquad \cdots ⑦$$

이다. 식 ⑥에서 $x = b$를 대입하고, 적분변수 x을 t로 바꾼 후 식 ⑦을 대입하면

$$\int_a^b f(x)\, dx = F(b) - F(a)$$

가 성립한다. 이것을 **미적분의 기본정리**라고 한다. $F(b) - F(a)$을 기호로

$$\left[F(x) \right]_a^b$$

로 나타낸다. 즉,

$$\int_a^b f(x)\, dx = \left[\ F(x)\ \right]_a^b$$

$$= F(b) - F(a)$$

이다. 미적분의 기본정리를 처음으로 밝힌 사람은 스코틀랜드의 수학자 **그레고리**(Gregory, J., 1638~1675)이다.

만약 $a = b$이거나 $a > b$인 경우에도 미적분의 기본정리가 성립하는지 알아보자.

$F(x)$을 함수 $f(x)$의 부정적분 중의 하나라고 하면

① $a = b$ 인 경우,

$$\int_a^a f(x)\, dx = F(a) - F(a) = 0$$

ⅱ $a > b$ 인 경우,

$$\int_a^b f(x)\, dx = -\int_b^a f(x)\, dx = -\left[\ F(x)\ \right]_a^b = F(b) - F(a)$$

이다. 그러므로 $a = b$ 이거나 $a > b$ 인 경우에도 미적분의 기본정리가 성립한다.

예제 6.5

정적분 $\displaystyle\int_{-1}^2 (3x^2 + 2x - 1)\, dx$의 값을 구하여라.

풀이

$$\int (3x^2 + 2x - 1)\, dx = x^3 + x^2 - x + C$$

이므로

$$\int_{-1}^2 (3x^2 + 2x - 1)\, dx = \left[\ x^3 + x^2 - x\ \right]_{-1}^2$$

$$= (2^3 + 2^2 - 2) - \{(-1)^3 + (-1)^2 - (-1)\}$$

$$= 10 - 1$$

$$= 9$$

두 함수 $f(x)$와 $g(x)$가 닫힌 구간 $[a\,,\,b]$에서 연속이고 $F(x)$와 $G(x)$를 각각 $f(x)$와 $g(x)$의 부정적분이라고 하면

(1) 임의의 상수 k에 대하여 $\{k \cdot F(x)\}' = k \cdot F'(x) = k \cdot f(x)$이므로

$$\int_a^b k \cdot f(x)\,dx = \left[\ k \cdot F(x)\ \right]_a^b$$

$$= k \cdot F(b) - k \cdot F(a)$$

$$= k\{F(b) - F(a)\}$$

$$= k \cdot \int_a^b f(x)\,dx$$

(2) $\{F(x) \pm G(x)\}' = F'(x) \pm G'(x) = f(x) \pm g(x)$ 이므로,

$$\int_a^b \{f(x) \pm g(x)\}\,dx = \left[\ F(x) \pm G(x)\ \right]_a^b$$

$$= \{F(b) \pm G(b)\} - \{F(a) \pm G(a)\}$$

$$= \{F(b) - F(a)\} \pm \{G(b) - G(a)\}$$

$$= \int_a^b f(x)\,dx \pm \int_a^b g(x)\,dx \ (복호동순)$$

이다.

예제 6.6

다음 정적분의 값을 구하여라.

(1) $\displaystyle\int_{-1}^1 (x^3 + 3x^2 - 1)\,dx$ (2) $\displaystyle\int_0^2 (x^2 + 2x)\,dx + \int_0^2 x^2\,dx$

풀이

(1) $\displaystyle\int_{-1}^1 (x^3 + 3x^2 - 1)\,dx = \int_{-1}^1 x^3\,dx + \int_{-1}^1 3x^2\,dx - \int_{-1}^1 dx$

$$= \left[\ \frac{1}{4}x^4\ \right]_{-1}^1 + \left[\ x^3\ \right]_{-1}^1 - \left[\ x\ \right]_{-1}^1$$

$$= 0$$

(2) $\displaystyle\int_0^2 (x^2 + 2x)\,dx + \int_0^2 x^2\,dx = \int_0^2 \{(x^2 + 2x) + x^2\}\,dx$

$$= \int_0^2 (2x^2 + 2x)\, dx$$

$$= \left[\frac{2}{3}x^3 + x^2 \right]_0^2$$

$$= 8\frac{1}{3}$$

함수 $f(x)$가 임의의 닫힌 구간 I에서 연속이고 $F(x)$을 함수 $f(x)$의 부정적분 중의 하나라고 하자. 닫힌 구간 I에 속하는 임의의 세 실수 a, b, c에 대하여

$$\int_a^c f(x)\, dx + \int_c^b f(x)\, dx = \{F(c) - F(a)\} + \{F(b) - F(c)\}$$

$$= F(b) - F(a)$$

$$= \left[\ F(x) \ \right]_a^b$$

$$= \int_a^b f(x)\, dx$$

을 만족한다.

예제 6.7

정적분 $\displaystyle\int_{-1}^1 |x|\, dx$을 구하여라.

풀이

$f(x) = |x|$라 하면

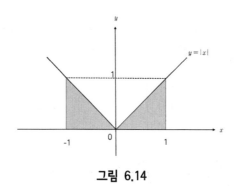

그림 6.14

$$f(x) = \begin{cases} -x & (x < 0) \\ x & (x \geq 0) \end{cases}$$

이다. 따라서 구간을 나누어 정적분을 구하면

$$\int_{-1}^{1} |x| \, dx = \int_{-1}^{0} (-x) \, dx + \int_{0}^{1} x \, dx$$

$$= \left[-\frac{1}{2} x^2 \right]_{-1}^{0} + \left[\frac{1}{2} x^2 \right]_{0}^{1}$$

$$= 1$$

01. 다음 등식이 성립하도록 하는 함수 $f(x)$를 구하여라.(단, C는 상수)

(1) $\displaystyle\int f(x)\,dx = x^3 + C$

(2) $\displaystyle\int f(x)\,dx = \frac{1}{3}x^3 + \frac{1}{2}x^2 + x + C$

(3) $\displaystyle\int x f(x)\,dx = \frac{1}{6}x^3 - \frac{3}{4}x^2 + C$

02. $\displaystyle\int_0^4 (x^3 + 2)\,dx = \lim_{n\to\infty}\sum_{i=1}^{n}\left\{\left(\frac{ai}{n}\right)^3 + b\right\}\frac{a}{n}$ 일 때, 상수 a, b의 값을 구하여라.

03. 정적분의 정의에 따라 $\displaystyle\int_0^3 2x^2\,dx$ 값을 구하여라.

04. 다음 정적분을 구하여라.

① $\displaystyle\int_1^2 (3x^2 + 2x - 1)\,dx$

② $\displaystyle\int_2^{-1} (x^2 + 8x + 3)\,dx$

05. 함수 $f(x) = \begin{cases} 3x & (x < 1) \\ 4 - x^2 & (x \geq 1) \end{cases}$ 에 대하여 $\displaystyle\int_0^2 f(x)\,dx$ 값을 구하여라.

06. 다음 정적분을 구하여라.

① $\displaystyle\int_{-2}^4 |x - 3|\,dx$

② $\displaystyle\int_{-1}^2 |x - x^2|\,dx$

초월함수의 미분법

7.1 | 지수함수와 로그함수

더운 여름 마을 앞 물웅덩이에 짚신벌레 한 마리가 살고 있다고 가정하자. 이 건강한 짚신벌레는 1회 분열할 때마다 그 수가 2배씩 증가한다. 1회, 2회, 3회 분열한 뒤의 개체 수는 각각 2마리, 4마리, 8마리이다. 즉, x번 분열한 뒤의 개체 수는 2^x마리에 대응된다.

임의의 실수 x에 2^x을 대응시키는 관계를 생각해보자. 실수 x에 2^x을 대응시키면 x의 값에 따라 2^x의 값은 유일하게 하나의 값이 대응되므로 이 대응은 함수가 된다. 이 함수는 실수 전체의 집합을 정의역으로 갖고, 함수 $y = 2^x$로 나타낼 수 있다.

일반적으로 실수 a가 $a > 0$이면서 $a \neq 1$일 때, 임의의 실수 x에 대하여 a^x을 대응시키면 실수 x의 값에 따라 a^x의 값은 단 하나로 정해지므로 이 대응은 함수가 된다. 이러한 함수를

$$y = a^x \ (a > 0 , \ a \neq 1)$$

로 나타내고 a을 **밑**(basis)으로 하는 **지수함수**(exponential function)라고 한다.

지수함수 $y = a^x (a > 0 , \ a \neq 1)$의 성질과 그래프는 밑 a의 값의 범위 $a > 1$과 $0 < a < 1$에 따라 다음과 같이 나누어진다.

ⓘ 정의역은 실수 전체의 집합이고, 치역은 양의 실수 전체의 집합이다.

ⓘⓘ 모든 실수 x에 대하여 연속이다.

ⓘⓘⓘ 함수의 그래프는 점 $(0 , 1)$을 지나고, x-축을 점근선으로 가진다.

❶ $a > 1$ 인 경우, 변수 x의 값이 증가하면 y의 값도 증가한다.

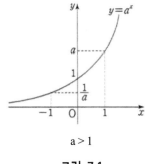

$a > 1$

그림 7.1

❷ $0 < a < 1$ 인 경우, 변수 x의 값이 증가하면 y의 값은 감소한다.

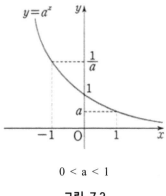

$0 < a < 1$

그림 7.2

지수함수 $y = a^x \, (a > 0 , \, a \neq 1)$는 실수 전체의 집합을 정의역으로 하고 양의 실수 전체의 집합을 공역으로 갖는다고 하면 일대일 대응이 된다. 따라서 지수함수 $y = a^x$ 의 역함수가 존재함을 알 수 있다.

지수함수 $y = a^x \, (a > 0 , \, a \neq 1)$에서 지수와 로그의 정의에 의해서

$$x = \log_a y \qquad\qquad\qquad \cdots \ ①$$

이 됨을 알 수 있다. 식 ①에서 x와 y을 서로 바꾸면 지수함수 $y = a^x \, (a > 0 , \, a \neq 1)$ 의 역함수

$$y = \log_a x \, (x > 0 , \, a \neq 0)$$

을 얻을 수 있다. 이 함수를 a밑으로 하는 **로그함수**(logarithmic function)라고 한다.

로그함수와 지수함수는 서로 역함수 관계가 되므로 로그함수 $y = \log_a x$ $(a > 0 , \, a \neq 1)$의 성질과 그래프는 지수함수와 마찬가지로 밑 a의 값의 범위 $a > 1$과 $0 < a < 1$에 따라 다음과 같다.

ⓘⓥ 정의역은 양의 실수 전체의 집합이고, 치역은 실수 전체의 집합이다.

ⓥ 모든 양의 실수 x에서 연속이다.

ⓥⓘ 함수의 그래프는 점 $(0 , 1)$을 지나고, y축을 점근선으로 가진다.

❶ $a > 1$인 경우, 변수 x의 값이 증가하면 y의 값도 증가한다.

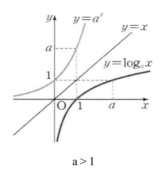

a > 1

그림 7.3

❷ $0 < a < 1$ 인 경우, x 의 값이 증가하면 y의 값은 감소한다.

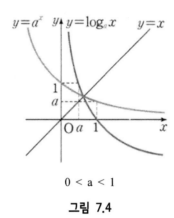

0 < a < 1

그림 7.4

로그함수 $y = \log_a x\,(a > 0\,,\, a \neq 1)$의 그래프는 그 역함수인 지수함수 $y = a^x$의 그래프와 직선 $y = x$에 대하여 대칭이 된다.

예제 7.1

다음 함수의 그래프를 그려라,

(1) $y = \left(\dfrac{1}{2}\right)^x$ (2) $y = \log_2 (x - 1)$

풀이

(1) 주어진 함수 $y = \left(\dfrac{1}{2}\right)^x = 2^{-x}$이므로 지수함수 $y = 2^x$의 그래프를 y축에 대하여 대칭 이동한 것이다.

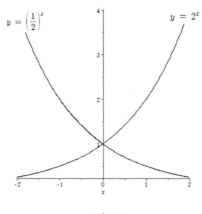

그림 7.5

(2) 로그함수 $y = \log_2(x-1)$의 그래프는 로그함수 $y = \log_2 x$의 그래프를 x축의 양의
방향으로 1 만큼 평행 이동한 것이다.

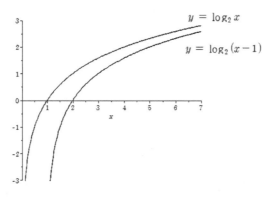

그림 7.6

　　지수함수가 포함된 방정식이나 부등식의 해를 구하려면 다음과 같은 지수함수
$y = a^x \ (a > 0, a \neq 1)$의 성질을 이용한다.

　⑦ $a^{x_1} = a^{x_2} \iff x_1 = x_2$

　⑧ $a > 1$ 인 경우, 　$a^{x_1} < a^{x_2} \iff x_1 < x_2$

　　　$0 < a < 1$ 인 경우, 　$a^{x_1} < a^{x_2} \iff x_1 > x_2$

예제 7.2

가격이 30만 원인 어떤 초음파 거리측정기의 x개월 후의 가격이 y만 원이라 하면

$$y = 30\left(2\sqrt{2}\right)^{-\frac{1}{6}x}$$

인 관계식이 성립한다고 한다. 이 측정기의 가격이 15만 원 이하로 떨어지는 시기는 제품을 구입 후, 최소 얼마 뒤인지 구하여라.

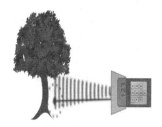

풀이

n개월 뒤의 측정기의 가격은 $30\left(2\sqrt{2}\right)^{-\frac{1}{6}n}$만 원이다. $30\left(2\sqrt{2}\right)^{-\frac{1}{6}n} \leq 15$을 만족하는 n의 최솟값을 구하면 된다.

$$30\left(2\sqrt{2}\right)^{-\frac{1}{6}n} \leq 15 \;\Rightarrow\; \left(2\sqrt{2}\right)^{-\frac{1}{6}n} \leq \frac{1}{2}$$
$$\Rightarrow\; 2^{-\frac{1}{4}n} \leq 2^{-1}$$
$$\Rightarrow\; -\frac{1}{4}n \leq -1$$
$$\Rightarrow\; n \geq 4$$

따라서 최소 4개월 뒤이다.

로그의 진수나 밑에 미지수 x가 포함된 방정식과 부등식의 해를 구하려면 다음과 같은 로그함수 $y = \log_a x\,(a > 0\,,\, a \neq 1)$의 성질을 이용한다.

ⓧ $\log_a x_1 = \log_a x_2 \Leftrightarrow x_1 = x_2$

ⓧ $a > 1$ 인 경우, $\quad \log_a x_1 < \log_a x_2 \;\Leftrightarrow\; x_1 < x_2$

$\quad 0 < a < 1$ 인 경우, $\quad \log_a x_1 < \log_a x_2 \;\Leftrightarrow\; x_1 > x_2$

예제 7.3

항공기 전자부품을 생산하는 A사는 부품생산 단가가 매년 일정한 비율로 감소한다고 한다. 초기 생산 단가를 P, α을 매년 감소 비율 그리고 n년 뒤의 생산 단가를 P_n이라고 하면

$$P_n = \left(1 - \frac{\alpha}{100}\right)^n \cdot P$$

인 관계식이 성립한다고 한다. 생산 단가가 매년 일정한 비율로 감소하여 6년 뒤에는 초기 생산 단가의 절반으로 줄어든다고 한다. 이 부품의 생산 단가는 매년 얼마의 비율로 감소하였는지 구하여라.

풀이

생산 단가 매년 $\alpha\,\%$씩 감소한다고 하면 6년 뒤의 생산 단가는

$$\left(1 - \frac{\alpha}{100}\right)^6 \cdot P = \frac{P}{2} \Rightarrow \left(1 - \frac{\alpha}{100}\right)^6 = \frac{1}{2}$$

양변에 밑이 10인 로그를 취하면

$$\log_{10}\left(1 - \frac{\alpha}{100}\right)^6 = \log_{10}\frac{1}{2} \Rightarrow 6\log_{10}\left(1 - \frac{\alpha}{100}\right) = \log_{10}1 - \log_{10}2$$

$$\Rightarrow 6\log_{10}\left(\frac{100-\alpha}{100}\right) = -\log_{10}2$$

$$\Rightarrow 6\left\{\log_{10}(100-\alpha) - 2\right\} = -\log_{10}2$$

$$\Rightarrow \log_{10}(100-\alpha) = 1.95$$

한편, $1.95 = 1 + 0.95 = \log_{10}10 + \log_{10}8.91 = \log_{10}89.1$ 이므로

$$\log_{10}(100-\alpha) = \log_{10}89.1 \Leftrightarrow (100-\alpha) = 89.1$$

$$\Leftrightarrow \alpha = 10.9$$

따라서 생산 단가는 매년 약 10.9 (%)씩 감소한다.

7.2 | 지수함수와 로그함수의 도함수

지수함수 $y = a^x\,(a > 0,\, a \neq 1)$의 그래프는 $a > 1$과 $0 < a < 1$로 나누어진다. $a > 1$인 경우 $x \to \infty$와 $0 < a < 1$인 경우 $x \to -\infty$일 때, $y = a^x$의 극한값을 각각 구하여 보자.

ⓘ $a > 1$인 경우, 그림 7.7에서 알 수 있듯이

$$\lim_{x \to \infty} a^x = \infty$$

$$\lim_{x \to -\infty} a^x = 0$$

이다.

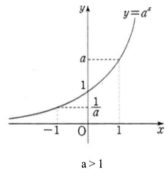

a > 1

그림 7.7

ⓘⓘ $0 < a < 1$인 경우, 그림 7.8에서 알 수 있듯이

$$\lim_{x \to \infty} a^x = 0$$

$$\lim_{x \to -\infty} a^x = \infty$$

이다.

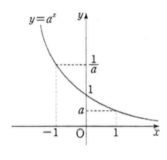

0 < a < 1

그림 7.8

지수함수 $y = a^x \, (a > 0 \,, a \neq 1)$의 역함수인 로그함수 $y = \log_a x \, (x > 0 \,, a > 0 \,,$

$a \neq 1$)의 그래프는 $a > 1$와 $0 < a < 1$로 나누어진다. $a > 1$인 경우 $x \to \infty$와 $0 < a < 1$ 인 경우 $x \to -\infty$일 때, $y = \log_a x$의 극한값을 구하여 보자.

ⓘⓘ $a > 1$인 경우, 그림 7.9에서 알 수 있듯이

$$\lim_{x \to 0+} \log_a x = -\infty$$

$$\lim_{x \to \infty} \log_a x = \infty$$

이다.

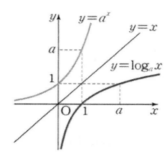

a > 1

그림 7.9

ⓘⓥ $0 < a < 1$인 경우, 그림 7.10에서 알 수 있듯이

$$\lim_{x \to 0+} \log_a x = \infty$$

$$\lim_{x \to \infty} \log_a x = -\infty$$

이다.

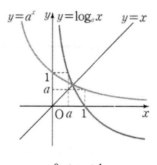

0 < a < 1

그림 7.10

예제 7.4

다음에서 수렴 또는 발산을 조사하고, 수렴하면 그 극한값을 구하여라.

(1) $\displaystyle\lim_{x\to\infty} \frac{5^x}{5^x+1}$ (2) $\displaystyle\lim_{x\to 1+} \frac{x+1}{\log_{10} x}$

풀이

(1) 주어진 함수식의 분모와 분자를 5^x 으로 나누면

$$\lim_{x\to\infty} \frac{5^x}{5^x+1} = \lim_{x\to\infty} \frac{1}{1+\dfrac{1}{5^x}} = \frac{1}{1+0} = 1$$

따라서 $\displaystyle\lim_{x\to\infty} \frac{5^x}{5^x+1}$ 는 수렴하고, 그 극한값은 1이다.

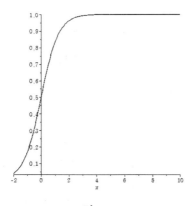

그림 7.11

(2) $\displaystyle\lim_{x\to 1+} \log_{10} x = 0$ 이고 $\displaystyle\lim_{x\to 1+} x+1 = 2$ 이므로

$$\lim_{x\to 1+} \frac{x+1}{\log_{10} x} = \infty$$

따라서 $\displaystyle\lim_{x\to 1+} \frac{x+1}{\log_{10} x}$ 는 발산한다.

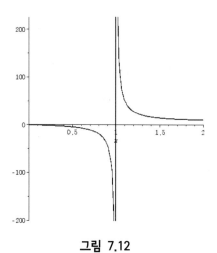

그림 7.12

양의 실수 전체의 집합을 정의역으로 하는 함수 $y = \left(1 + \dfrac{1}{x}\right)^x$ 의 함숫값들은 표 7.1 에서 보듯이 2보다는 크고 2.8보다는 작은 값이다.

x	$\left(1 + \dfrac{1}{x}\right)^x$
1	2.000000000000000
2	2.250000000000000
3	2.370370370370370
4	2.441406250000000
5	2.488320000000000
10	2.593742460100000
100	2.704813829421530
1000	2.716923932235520
10000	2.718145926824360
100000	2.718268237197530
1000000	2.718280469156430
10000000	2.718281693980370
100000000	2.718281786395800
1000000000	2.718282030814510
10000000000	2.718282053234790

표 7.1

표 7.1에서 임의의 두 양의 실수 a, b에 대하여, $a < b$이면 $f(a) < f(b)$임을 알 수 있다. 그러므로 함수 $y = \left(1 + \dfrac{1}{x}\right)^x$는 정의역 상의 모든 점에 대하여 증가하는 함수이다. 그림 7.13에 의하면 함수 $y = \left(1 + \dfrac{1}{x}\right)^x$는 x의 값이 한없이 커지면 함숫값은 무한히 커지는 것이 아니라 특정한 값에 수렴함을 알 수 있다. 무리수인 이 극한값을 e로 나타낸다. 즉, 무리수 e는

$$e = \lim_{x \to \infty} \left(1 + \frac{1}{x}\right)^x \qquad \cdots \text{①}$$

$$= 2.7182818284590452353 \cdots$$

이다.

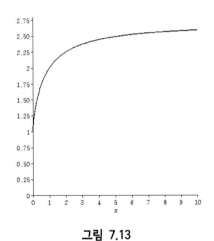

그림 7.13

한편, 식 ①에서 $t = \dfrac{1}{x}$이라 하면, $x \to \infty$일 때 $t \to 0+$이므로

$$e = \lim_{x \to \infty} (1 + \frac{1}{x})^x = \lim_{t \to 0+} (1 + t)^{\frac{1}{t}}$$

이다. 또 $t = 0$근처에서 함숫값 $f(t) = (1 + t)^{\frac{1}{t}}$ 을 구하면

$$\lim_{t \to 0-} (1 + t)^{\frac{1}{t}} = e$$

이다.

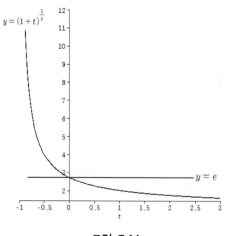

그림 7.14

따라서

$$\lim_{t \to 0} (1+t)^{\frac{1}{t}} = e$$

이다.

예제 7.5

다음 극한값을 구하여라.

(1) $\displaystyle\lim_{x \to \infty} \left(1 + \frac{2}{x}\right)^x$

(2) $\displaystyle\lim_{x \to 0} (1+5x)^{\frac{1}{x}}$

풀이

(1) $t = \dfrac{2}{x}$ 이라고 하면 $x \to \infty$ 일 때 $t \to 0$ 이다.

$$\begin{aligned}
\lim_{x \to \infty} \left(1 + \frac{2}{x}\right)^x &= \lim_{t \to 0} (1+t)^{\frac{2}{t}} \\
&= \lim_{t \to 0} (1+t)^{\frac{1}{t}\,2} \\
&= e^2
\end{aligned}$$

(2) $t = 5x$ 이라고 하면 $x \to 0$ 일 때 $t \to 0$ 이다.

$$\lim_{x \to 0} (1+5x)^{\frac{1}{x}} = \lim_{t \to 0} (1+t)^{\frac{1}{t} \times 5}$$

$$= \lim_{t \to 0} (1+t)^{\frac{1}{t}5}$$

$$= e^5$$

무리수 e는 양수이므로 임의의 실수 x에 대하여 e을 밑으로 하는 지수

$$e^x$$

을 정의할 수 있다. 또 무리수 e을 밑으로 하는 로그 $\log_e x \ (x > 0)$을 x의 **자연로그** (natural logarithm)라고 하고 e을 **자연로그의 밑**(base of the natural logarithm)이라고 한다. 자연로그는 간단히

$$\ln x$$

으로 나타낸다.

예제 7.6

다음 극한값을 구하여라.

(1) $\displaystyle\lim_{x \to 0} \frac{\ln(1+x)}{x}$ (2) $\displaystyle\lim_{x \to 0} \frac{e^x - 1}{x}$

풀이

(1) $\displaystyle\lim_{x \to 0} \frac{\ln(1+x)}{x} = \lim_{x \to .0} \frac{1}{x} \ln(1+x)$

$$= \lim_{x \to .0} \ln(1+x)^{\frac{1}{x}}$$

$$= \ln \left\{ \lim_{x \to .0} (1+x)^{\frac{1}{x}} \right\}$$

$$= \ln e$$

$$= 1$$

(2) $t = e^x - 1$이라고 하면 $x = \ln(1+t)$이고 $x \to 0$일 때 $t \to 0$이다.

$$\lim_{x \to 0} \frac{e^x - 1}{x} = \lim_{t \to 0} \frac{t}{\ln(1+t)}$$

$$= \lim_{t \to 0} \frac{\dfrac{1}{\ln(1+t)}}{\dfrac{1}{t}}$$

$$= \lim_{t \to 0} \frac{1}{\ln(1+t)^{\frac{1}{t}}}$$

$$= \frac{1}{\ln e}$$

$$= 1$$

$\lim\limits_{x \to 0} \dfrac{a^x - 1}{x}$의 값을 구하여 보자. $t = a^x - 1$이라고 하면 $a^x = 1 + t$이고 $x \to 0$이면 $t \to 0$이다.

$$\lim_{x \to 0} \frac{a^x - 1}{x} = \lim_{t \to 0} \frac{t}{\log_a(1+t)}$$

$$= \lim_{t \to 0} \frac{\dfrac{1}{\log_a(1+t)}}{\dfrac{1}{t}}$$

$$= \lim_{t \to 0} \frac{1}{\log_a(1+t)^{\frac{1}{t}}}$$

$$= \frac{1}{\log_a e}$$

$$= \frac{1}{\dfrac{\ln e}{\ln a}}$$

$$= \frac{\ln a}{\ln e}$$

$$= \ln a$$

이다.

지수함수 $y = a^x (a > 0, a \neq 1)$의 도함수를 도함수의 정의를 사용하여 구하여 보자. 지수함수 $y = a^x$에서 x의 증분 Δx에 대한 y의 증분을 Δy라고 하면

$$\frac{dy}{dx} = \lim_{\Delta x \to 0} \frac{\Delta y}{\Delta x}$$

$$= \lim_{\Delta x \to 0} \frac{a^{x + \Delta x} - a^x}{\Delta x}$$

$$= \lim_{\Delta x \to 0} \frac{a^x (a^{\Delta x} - 1)}{\Delta x}$$

$$= a^x \cdot \lim_{\Delta x \to 0} \frac{a^{\Delta x} - 1}{\Delta x}$$

$$= a^x \cdot \ln a$$

이다. 즉, 지수함수 $y = a^x$의 도함수는 $\dfrac{dy}{dx} = a^x \ln x$이다. 만약 지수함수의 밑 $a = e$ 라고 하면 지수함수 $y = e^x$의 도함수는

$$\frac{dy}{dx} = e^x \ln e = e^x$$

이다.

지수함수 $y = e^x$의 역함수인 로그함수 $y = \log_e x = \ln x$의 도함수를 도함수의 정의 역을 사용하여 구하여 보자.

로그함수 $y = \ln x$에서 x의 증분 Δx에 대한 y의 증분을 Δy라고 하면

$$\frac{dy}{dx} = \lim_{\Delta x \to 0} \frac{\Delta y}{\Delta x}$$

$$= \lim_{\Delta x \to 0} \frac{\ln(x + \Delta x) - \ln x}{\Delta x}$$

$$= \lim_{\Delta x \to 0} \frac{\ln \dfrac{x + \Delta x}{x}}{\Delta x}$$

$$= \lim_{\Delta x \to 0} \frac{1}{\Delta x} \ln\left(1 + \frac{\Delta x}{x}\right)$$

$$= \lim_{\Delta x \to 0} \frac{1}{x} \frac{x}{\Delta x} \ln\left(1 + \frac{\Delta x}{x}\right)$$

$$= \frac{1}{x} \lim_{\Delta x \to 0} \ln \left(1 + \frac{\Delta x}{x} \right)^{\frac{x}{\Delta x}}$$

$$= \frac{1}{x} \ln \lim_{\Delta x \to 0} \left(1 + \frac{\Delta x}{x} \right)^{\frac{x}{\Delta x}}$$

$$= \frac{1}{x} \ln e$$

이다. 즉, 자연로그 함수 $y = \ln x$의 도함수는 $\dfrac{dy}{dx} = \dfrac{1}{x}$이다.

한편, 로그함수의 밑이 a $(a > 0,\ a \neq 1)$라고 하면 로그함수 $y = \log_a x$의 도함수를 구하기 위해서는 로그함수 $y = \log_a x$의 밑을 무리수 e로 바꾸는 밑의 변환 공식을 이용하여 자연로그 함수로 바꾸어 자연로그 함수의 미분법을 사용하여 구한다. 즉, $\log_a x = \dfrac{\ln x}{\ln a}$이므로

$$(\log_a x)' = \frac{(\ln x)'}{\ln a} = \frac{1}{x \ln a}$$

이다.

예제 7.7

함수 $y = \ln (x + 5)$의 도함수를 도함수의 정의를 사용하여 구하여라.

풀이

$$\frac{dy}{dx} = \lim_{\Delta x \to 0} \frac{\ln (x + 5 + \Delta x) - \ln (x + 5)}{\Delta x}$$

$$= \lim_{\Delta x \to 0} \frac{1}{\Delta x} \ln \left(1 + \frac{\Delta x}{(x + 5)} \right)$$

$$= \lim_{\Delta x \to 0} \ln \left(1 + \frac{\Delta x}{(x + 5)} \right)^{\frac{1}{\Delta x}}$$

$$= \lim_{\Delta x \to 0} \left\{ \ln \left(1 + \frac{\Delta x}{(x + 5)} \right)^{\frac{(x + 5)}{\Delta x}} \right\}^{\frac{1}{x + 5}}$$

$$= \frac{1}{x + 5} \lim_{\Delta x \to 0} \ln \left(1 + \frac{\Delta x}{x + 5} \right)^{\frac{x + 5}{\Delta x}}$$

$$= \frac{1}{x+5} \cdot \ln \left\{ \lim_{\Delta x \to 0} \left(1 + \frac{\Delta x}{x+5} \right)^{\frac{x+5}{\Delta x}} \right\}$$

$$= \frac{1}{x+5} \cdot \ln e$$

$$= \frac{1}{x+5}$$

7.3 | 삼각함수

유람선을 타고 다도해 여행을 하면 함교에서 선장이 배의 키를 돌리며 좌우로 유람선을 선회하면서 다도해의 작은 섬들을 비켜서 운행하는 모습을 흔히 볼 수 있다. 오른쪽으로 배를 선회하고 싶으면 키를 원하는 각도만큼 시계  방향으로 돌리고 반대로 왼쪽으로 선회하고 싶으면 키를 원하는 각도만큼 시계 반대 방향으로 돌리며 운행을 한다.

우리는 일반적으로 각의 크기를 표현할 때 $0°$에서 $360°$까지의 범위로 나타내었다. 하지만 앞에서 설명하였던 여객선의 키와 같이 회전하는 방향을 구분하거나 $0°$에서 $360°$까지의 범위보다 조금 더 넓은 범위의 각의 크기가 필요하다.

그림 7.15와 같이 두 반직선 $\overrightarrow{OX}$와 $\overrightarrow{OP}$로 이루어진 도형을 $\angle XOP$라고 하면 $\angle XOP$의 크기는 반직선 $\overrightarrow{OX}$가 점 O을 중심으로 반직선 $\overrightarrow{OP}$의 위치까지 회전한 양으로 정한다.

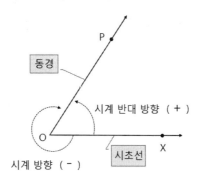

그림 7.15

그림 7.15와 같이 반직선 $\overrightarrow{OX}$ 을 **시초선**(initial line), 반직선 $\overrightarrow{OP}$ 을 **동경**(east longitude) 이라고 한다. 동경 $\overrightarrow{OP}$ 가 점 O을 중심으로 회전할 때, 시계 반대 방향을 양의 방향 (+), 시계방향을 음의 방향(−)이라고 정한다.

각의 크기가 정해지면 시초선 $\overrightarrow{OX}$ 는 고정되어 있으므로 동경의 위치는 단 하나로 정해진다. 하지만 동경의 위치가 정해지더라도 시초선 $\overrightarrow{OX}$ 으로 부터 동경 $\overrightarrow{OP}$ 가 어느 방향으로 회전하였는가 또는 몇 바퀴를 회전하였는가에 따라 $\angle XOP$의 크기는 여러 가지 방법으로 나타낼 수 있다. 따라서 $\angle XOP$의 크기는 하나로 정해지는 것은 아니다.

일반적으로 시초선 $\overrightarrow{OX}$ 와 동경 $\overrightarrow{OP}$ 가 나타내는 한 각의 크기를 θ 라고 하면 $\angle XOP$의 크기는

$$360° \times n \pm \theta \;=\; 2n\pi \pm \theta \quad (\,n \text{ 은 정수}\,)$$

로 나타낼 수 있다. 이것을 동경 $\overrightarrow{OP}$ 가 나타내는 **일반각**(general angle)이라고 한다.

고대 바빌로니아 사람들은 1년을 360일이라고 생각했다. 바빌로니아 사람들은 원주를 360등분해서 그중 하나가 1일에 해당한다고 생각했다. 바빌로니아 사람들은 임의의 거리를 반지름을 하는 원을 그리고 그 반지름으로 원주를 등분하면 6등분이 된다는 것을 알았다. 즉, $\dfrac{360}{6} = 60$이므로 바빌로니아 사람들은 60이라고 하는 수를 매우 중요한 수로 여겼다. 바빌로니아 사람들은 1회전을 360등분한 하나인 1°을 다시 60으로 나눈 1′을 제1의 작은 부분(partes minutes prime)이라고 했다. 현재 1′을 1 minute라고 부르는 것의 유래이다. 사람들은 1'을 다시 60으로 나눈 1″을 제2의 작은 부분(partes minutes second)이라고 했다. 현재 1″를 1 second라고 부르는 것의 유래이다.

각의 크기를 표현하는 방법은 크게 **60분법**(60 minutes of law)과 **호도법**(circular measure) 두 가지로 나누어진다. 60분법은 각의 크기를 도(°)를 사용하여 나타내고 호도 법은 [그림 7.16]과 같이 반지름의 길이와 같은 크기의 원호에 대한 중심각의 크기를 1 **라디안**(radian)이라고 하고, 이것을 단위로 하여 각의 크기를 나타내는 방법을 호도법이라고 한다.

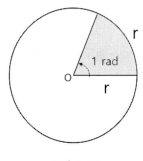

그림 7.16

따라서, 반지름의 길이가 1인 단위원의 둘레는 2π이므로

$$180° = \pi\,(rad)$$

이다. 그러므로

$$1\,(rad) = \left(\frac{180}{\pi}\right)° = 57.\times\times\times°$$

$$1° = \frac{\pi}{180}\,(rad)$$

을 얻을 수 있다.

호도법을 이용하면 부채꼴의 호의 길이와 넓이에 대한 공식을 얻을 수 있다. 반지름의 길이가 r, 중심각의 크기가 $\theta\,(rad)$인 부채꼴에서 호의 길이를 l, 넓이를 S라고 하면

$$\frac{l}{2\pi r} = \frac{\theta}{2\pi} \Rightarrow l = r\theta$$

$$\frac{S}{\pi r^2} = \frac{\theta}{2\pi r} \Rightarrow S = \frac{1}{2}r^2\theta = \frac{1}{2}r\,l \Rightarrow l = r\theta$$

임을 알 수 있다.

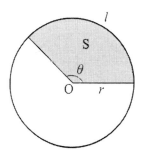

그림 7.17

다음에서 60분법으로 나타낸 각은 호도법으로 나타내고, 호도법으로 나타낸 각은 60분법으로 나타내어라.

(1) $30°$ (2) $45°$ (3) $60°$ (4) $\dfrac{\pi}{2}\,(rad)$ (5) $\dfrac{2\pi}{3}\,(rad)$

풀이

(1) $30° = \dfrac{\pi}{180} \times 30 = \dfrac{\pi}{6}\,(rad)$

(2) $45° = \dfrac{\pi}{180} \times 45 = \dfrac{\pi}{4}\,(rad)$

(3) $60° = \dfrac{\pi}{180} \times 60 = \dfrac{\pi}{3}\,(rad)$

(4) $\dfrac{\pi}{2}\,(rad) = \dfrac{180}{\pi} \times \dfrac{\pi}{2} = 90°$

(5) $\dfrac{2\pi}{3}\,(rad) = \dfrac{180}{\pi} \times \dfrac{2\pi}{3} = 120°$

그림 7.18과 같이 중심이 원점 0이고 반지름의 길이가 r 인 임의의 한 원과 동경 $\overrightarrow{OP}$ 로 나타낼 수 있는 일반각의 크기를 θ라고 하면 다음과 같은 비율의 값

$$\frac{y}{r},\ \frac{x}{r},\ \frac{y}{x}\ (x \neq 0)$$

는 주어진 원의 반지름 길이 r과는 무관하게 $\angle\theta$의 값에 따라 각각 단 하나의 값이 정해진다. 따라서 다음과 같은 대응 관계를 얻을 수 있다.

$$\theta \mapsto \frac{y}{r}\ ,\ \ \theta \mapsto \frac{x}{r}\ ,\ \ \theta \mapsto \frac{y}{x}\ (x \neq 0)$$

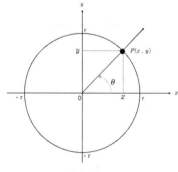

그림 7.18

또, 이들 대응 관계는 함수가 되기 위한 조건을 만족하므로, 이들 함수를 다음과 같이 정의할 수 있다.

ⓘ 사인함수 $\quad y = \sin\theta = \dfrac{y}{r}$

ⓘ 코사인함수 $\quad y = \cos\theta = \dfrac{x}{r}$

ⓘ 탄젠트함수 $\quad y = \tan\theta = \dfrac{y}{x}$

한편 θ에 대하여 $\sin\theta$, $\cos\theta$, $\tan\theta$의 역수의 값을 대응시킨 관계

$$\theta \mapsto \frac{r}{y}\,(y \neq 0) \quad , \quad \theta \mapsto \frac{r}{x}\,(x \neq 0) \quad , \quad \theta \mapsto \frac{x}{y}\,(y \neq 0)$$

도 각각 함수가 된다. 이 함수를 다음과 같이 정의한다.

ⓘ 코시컨트함수 $y = \csc\theta = \dfrac{1}{\sin x} = \dfrac{r}{y}\,(y \neq 0)$

ⓥ 시컨트함수 $y = \sec\theta = \dfrac{1}{\cos x} = \dfrac{r}{x}\,(x \neq 0)$

ⓥ 코탄젠트함수 $y = \cot\theta = \dfrac{1}{\tan x} = \dfrac{x}{y}\,(y \neq 0)$

예제 7.9

다음을 구하여라.

(1) 원점 0와 점 $P(-3,-4)$를 지나는 동경 $\overrightarrow{OP}$가 나타내는 각의 크기를 θ라고 할 때, $\sin\theta$, $\cos\theta$, $\tan\theta$를 구하여라.

(2) 원점 0와 점 P을 지나는 동경 $\overrightarrow{OP}$가 나타내는 $\angle\theta = \dfrac{3\pi}{4}$일 때, $\csc\theta$, $\sec\theta$, $\cot\theta$의 값을 구하여라.

풀이

(1) $\angle\theta$을 나타내는 동경과 원점 0 를 중심으로 하는 원의 교점이 점 $P(-3,-4)$ 이므로

$$\overrightarrow{OP} = r = \sqrt{(-3)^2 + 4^2} = 5$$

이므로

$$\sin\theta = \frac{y}{r} = \frac{4}{5}$$

$$\cos\theta = \frac{x}{r} = -\frac{3}{5}$$

$$\tan\theta = \frac{y}{x} = \frac{4}{3}$$

이다.

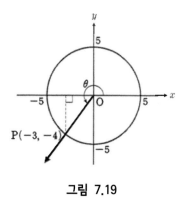

그림 7.19

(2) 각의 크기가 $\frac{3\pi}{4}$ 인 동경과 원점 0를 중심으로 하고 반지름이 1인 원의 교점을 P라고 하고 y축에 내린 수선의 발을 Q, x축에 내린 수선의 발을 R이라 하자.

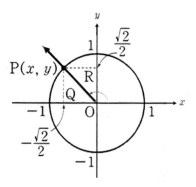

그림 7.20

$\angle POQ = \frac{\pi}{4}$, $\angle POR = \frac{\pi}{4}$ 이므로 점 P의 좌표는 $P\left(-\frac{\sqrt{2}}{2}, \frac{\sqrt{2}}{2}\right)$이다.
선분 $\overrightarrow{OP}$의 길이는 1 이므로 삼각함수의 정의에 의하여

$$\csc \theta = \frac{r}{y} = \sqrt{2}$$

$$\sec \theta = \frac{r}{x} = -\sqrt{2}$$

$$\cot \theta = \frac{x}{y} = -1$$

이다.

왼쪽 그림은 벽에 기대어 세워 둔 $1\,m$ 길이의 사다리가 미끄러지는 모습을 나타낸 것이다. 처음 사다리가 바닥과 이루는 각의 크기를 θ라고 할 때 $\sin^2 \theta + \cos^2 \theta$ 의 값을 구하여 보자. 이 문제의 해결을 위하여 그림 7.21과 같이 좌표평면 위에서 크기가 θ인 각이 나타내는 동경과 단위원 0의 교점을 $P(x, y)$라고 하자.

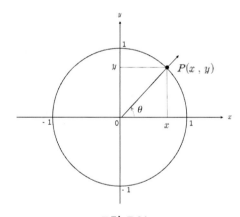

그림 7.21

$$\sin \theta = \frac{y}{1} = y,$$

$$\cos \theta = \frac{x}{1} = x$$

$$\tan \theta = \frac{y}{x} = \frac{\dfrac{y}{1}}{\dfrac{x}{1}} = \frac{\sin \theta}{\cos \theta}$$

이다.

$P(x\,,\,y)$는 단위원 0 위의 점이므로 $x^2 + y^2 = 1$이므로

$$\cos^2\theta + \sin^2\theta = 1 \qquad\qquad \cdots \text{①}$$

임을 알 수 있다.

식 ①의 양변을 $\cos^2\theta$로 나누어 주면

$$1 + \frac{\sin^2\theta}{\cos^2\theta} = \frac{1}{\cos^2\theta}$$

$$\Rightarrow \ 1 + \tan^2\theta = \sec^2\theta$$

을 만족한다.

그림 7.21과 같이 $\angle\theta$ 를 나타내는 동경과 단위원의 교점 $P(x\,,\,y)$에 대하여

$$y = \sin\theta$$

이므로 $\angle\theta$의 변화에 의하여 원주를 따라 움직이는 점 $P(x\,,\,y)$에서 y의 좌표는 $\sin\theta$ 의 값과 같으므로 $y = \sin\theta$ 의 그래프는 θ의 값을 가로축에, $\sin\theta$의 값을 세로축에 나타내어 다음과 같이 나타낼 수 있다.

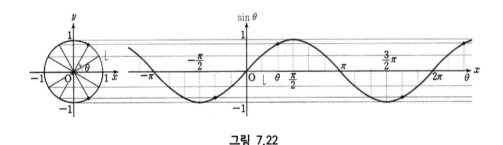

그림 7.22

그림 7.22에서 부채꼴의 호의 길이 l은 선분 $\overline{O\theta}$의 길이와 같고 함수 $y = \sin\theta$의 정의역은 실수 전체의 집합이고 치역은 $\{\,y\,|-1 \le y \le 1\,\}$인 연속함수이다. 또 함수 $y = \sin\theta$의 그래프는 원점에 대하여 대칭이 되므로

$$\sin(-\theta) = -\sin\theta$$

을 만족한다. 일반적으로 함수를 나타낼 때 변수는 x로 나타내므로 사인함수 $y = \sin\theta$ 에서 변수 θ 대신에 x 를 사용하여 $y = \sin x$로 나타낸다.

함수 $f(x)$의 정의역의 모든 원소 x에 대하여

$$f(x) = f(x+p) \ (p \neq 0)$$

를 만족하는 상수 p가 존재할 때, 함수 $f(x)$를 **주기함수**(periodic function)라고 한다. 상수 p 중에서 가장 작은 약수를 그 함수 $f(x)$의 **주기**(period)라고 한다.

사인함수 $y = \sin x$의 그래프는 구간 2π마다 같은 모양의 곡선이 반복되므로 주기가 2π인 주기함수이다. 즉,

$$\sin x = \sin(x + 2n\pi) \, (n\text{은 정수})$$

을 만족한다.

그림 7.23과 같이 $\angle \theta$을 나타내는 동경과 단위원의 교점 $P(x, y)$에 대하여

$$x = \cos \theta$$

이므로 $\angle \theta$의 변화에 의하여 원주를 따라 움직이는 점 $P(x, y)$에서 x의 좌표는 $\cos \theta$의 값과 같으므로 $y = \cos \theta$의 그래프는 θ의 값을 가로축에, $\cos \theta$의 값을 세로축에 나타내어 다음과 같이 나타낼 수 있다.

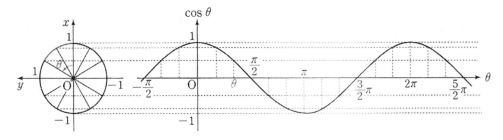

그림 7.23

그림 7.23에서 함수 $y = \cos \theta$의 정의역은 실수 전체의 집합이고 치역은 $\{y \,|\, -1 \leq y \leq 1\}$인 연속함수이다. 또 함수 $y = \cos \theta$의 그래프는 y축에 대하여 대칭이 되므로

$$\cos(-\theta) = \cos \theta$$

을 만족한다. 사인함수와 마찬가지로 변수를 x로 나타내면 코사인함수 $y = \cos \theta$에서 변수 θ대신에 x를 사용하여 $y = \cos x$로 나타내고

$$\cos x = \cos(x + 2n\pi) \ (n\text{은 정수})$$

이므로 코사인함수도 주기가 2π인 주기함수이다.

그림 7.24와 같이 $\angle\theta$를 나타내는 동경과 단위원의 교점 P를 지나는 반직선과 $x=1$과의 교점을 $T(1\,,\,t)$라고 하면

$$\tan\theta = \frac{y}{x} = \frac{t}{1} = t$$

이므로 $y = \tan\theta$ 이다.

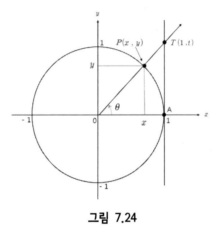

그림 7.24

$\angle\theta$의 변화에 대한 점 T의 y좌표의 변화인 $y = \tan\theta$의 그래프는 다음과 같다.

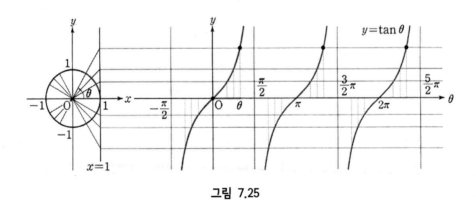

그림 7.25

그림 7.25에서 함수 $y = \tan\theta$의 정의역은 $\theta = n\pi + \dfrac{\pi}{2}$ (n은 정수)를 제외한 실수 전체의 집합이고 치역은 실수 전체의 집합이다. 또 함수 $y = \tan\theta$의 그래프는 원점에 대하여 대칭이 되므로

$$\tan(-\theta) = -\tan\theta$$

을 만족한다. 사인함수와 코사인함수와 마찬가지로 변수를 x로 나타내면 탄젠트함수 $y = \tan\theta$에서 변수 θ 대신에 x를 사용하여 $y = \tan x$로 나타내고

$$\cos x = \cos(x + n\pi) \ (n\text{은 정수})$$

이므로 탄젠트함수도 주기가 π인 주기함수이다.

예제 7.10

다음 함수의 치역과 주기를 구하고, 그 그래프를 구하여라.

(1) $y = 5\sin x$ (2) $y = \sin 2x$

풀이

(1) $-1 \leq \sin x \leq 1$ 에서 $-5 \leq 5\sin x \leq 5$이므로 치역은 $\{y \mid -5 \leq y \leq 5\}$이다. 또, $5\sin x = 5\sin(x + 2\pi)$ 이므로 주기는 2π이다. 따라서 함수 $y = 5\sin x$의 그래프는 $y = \sin x$의 그래프를 y축 방향의 아래와 위로 5배 만큼 늘인 그래프이다.

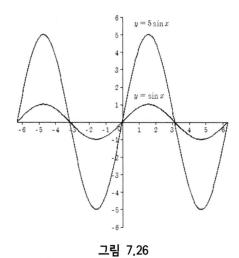

그림 7.26

(2) $-1 \leq \sin 2x \leq 1$ 이므로 치역은 $\{y \mid -1 \leq y \leq 1\}$이다. 또,

$$\sin 2x = \sin(2x + 2\pi) = \sin 2(x + \pi)$$

이므로 주기는 π이다. 따라서 함수 $y = \sin 2x$의 그래프는 함수 $y = \sin x$의 그래프를 x축 방향으로 $\dfrac{1}{2}$배 한 그래프이다.

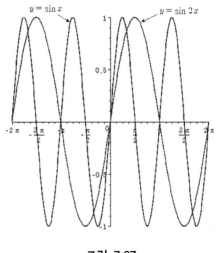

그림 7.27

함수 $y = \sin x$와 $y = \cos x$의 그래프를 x축의 방향으로 $-\pi$만큼 평행 이동한 함수 $y = \sin(x + \pi)$와 $y = \cos(x + \pi)$의 그래프를 그려보면 그림 7.28과 같다. $y = \sin x$와 $y = \cos x$의 그래프와 $y = \sin(x + \pi)$와 $y = \cos(x + \pi)$의 그래프는 각각 x축에 대하여 대칭이 되므로 임의의 x에 대하여

$$\sin(x + \pi) = -\sin x$$

$$\cos(x + \pi) = -\cos x$$

가 성립한다.

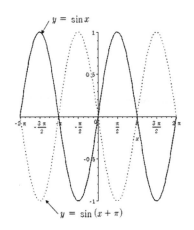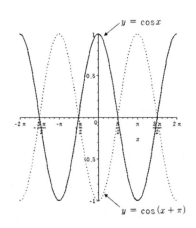

그림 7.28

두 각 α와 β의 삼각함수를 이용하여 $\alpha + \beta$와 $\alpha - \beta$의 삼각함수를 나타내는 방법을 알아보자.

그림 7.29와 같이 반지름이 1인 단위원에 $\angle \alpha$, $\angle \beta$, $\angle (\alpha - \beta)$을 나타내는 동경과 만나는 점을 각각 A, B, C, D라고 하자.

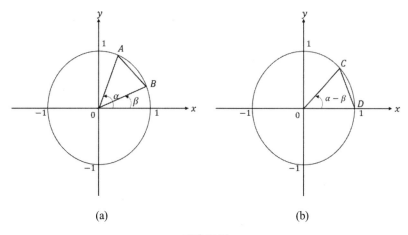

(a)   (b)

그림 7.29

그림 7.29 (a)에서 점 A와 B의 좌표는

$$A(\cos \alpha, \sin \alpha), \quad B(\cos \beta, \sin \beta)$$

임을 알 수 있다. 또, 두 점 사이의 거리공식에 의하여

$$
\begin{aligned}
(\overline{AB})^2 &= (\cos \beta - \cos \alpha)^2 + (\sin \beta - \sin \alpha)^2 \\
&= \cos^2 \beta - 2\cos \alpha \cdot \cos \beta + \sin^2 \beta - 2\sin \alpha \cdot \sin \beta + \sin^2 \alpha \\
&= \cos^2 \beta + \sin^2 \beta + \cos^2 \alpha + \sin^2 \alpha - 2(\cos \alpha \cdot \cos \beta + \sin^2 \beta + \sin \alpha \cdot \sin \beta) \\
&= 2 - 2(\cos \alpha \cdot \cos \beta + \sin^2 \beta + \sin \alpha \cdot \sin \beta)
\end{aligned}
$$

이다. 한편 원점 O을 중심으로 $\triangle OAB$을 $-\beta$만큼 회전하면 그림 7.29 (b)와 같이 점 B는 점 $D(1, 0)$로 점 A은 점 $C(\cos(\alpha - \beta), \sin(\alpha - \beta))$로 각각 이동한다. 마찬가지로 두 점 C와 D 사이의 거리공식에 의하여

$$(\overline{CD})^2 = \{\cos(\alpha-\beta) - 1\}^2 + \sin^2(\alpha-\beta)$$
$$= 2 - 2\cos(\alpha-\beta)$$

이다.

$(\overline{AB})^2 = (\overline{CD})^2$이므로 다음과 같은 식을 얻을 수 있다.

$$2 - 2\cos(\alpha-\beta) = 2 - 2(\cos\alpha \cdot \cos\beta + \sin\alpha \cdot \sin\beta) \qquad \cdots ①$$
$$\Rightarrow \cos(\alpha-\beta) = \cos\alpha \cdot \cos\beta + \sin\alpha \cdot \sin\beta$$

식 ①은 모든 α와 β에 대하여 성립하므로 β대신에 $-\beta$을 대입하면

$$\cos(\alpha+\beta) = \cos(\alpha-(-\beta))$$
$$= \cos\alpha \cdot \cos(-\beta) + \sin\alpha \cdot \sin(-\beta)$$
$$= \cos\alpha \cdot \cos\beta - \sin\alpha \cdot \sin\beta$$

가 성립한다.

한편, $\sin\theta = \cos\left(\dfrac{\pi}{2} - \theta\right)$이므로

$$\sin(\alpha+\beta) = \cos\left\{\dfrac{\pi}{2} - (\alpha+\beta)\right\}$$
$$= \cos\left\{\left(\dfrac{\pi}{2} - \alpha\right) + \beta\right\}$$
$$= \cos\left(\dfrac{\pi}{2} - \alpha\right) \cdot \cos\beta + \sin\left(\dfrac{\pi}{2} - \alpha\right) \cdot \sin\beta$$
$$= \sin\alpha \cdot \cos\beta + \cos\alpha \cdot \sin\beta$$

이다. 따라서

$$\sin(\alpha+\beta) = \sin\alpha \cdot \cos\beta + \cos\alpha \cdot \sin\beta \qquad \cdots ②$$

참고로 식 ②에서 β대신에 $-\beta$을 대입해서 식 ②을 정리하면

$$\sin(\alpha+\beta) = \sin(\alpha+(-\beta))$$
$$= \sin\alpha \cdot \cos(-\beta) + \cos\alpha \cdot \sin(-\beta)$$
$$= \sin\alpha \cdot \cos\beta - \cos\alpha \cdot \sin\beta$$

이다. 따라서

$$\sin(\alpha - \beta) = \sin\alpha \cdot \cos\beta - \cos\alpha \cdot \sin\beta$$

을 얻을 수 있다.

식 ①과 식 ②에 의하여 다음 식 ③을 만족한다.

$$\tan(\alpha + \beta) = \frac{\sin(\alpha+\beta)}{\cos(\alpha+\beta)} = \frac{\sin\alpha\cos\beta + \cos\alpha\sin\beta}{\cos\alpha\cos\beta - \sin\alpha\sin\beta} \qquad \cdots \ ③$$

식 ③의 분모와 분자를 각각 $\cos\alpha\cos\beta\ (\neq 0)$으로 나누면

$$\tan(\alpha + \beta) = \frac{\dfrac{\sin\alpha}{\cos\alpha} + \dfrac{\sin\beta}{\cos\beta}}{1 - \dfrac{\sin\alpha}{\cos\alpha} \cdot \dfrac{\sin\beta}{\cos\beta}} = \frac{\tan\alpha + \tan\beta}{1 - \tan\alpha\tan\beta}$$

이다. 즉

$$\tan(\alpha + \beta) = \frac{\tan\alpha + \tan\beta}{1 - \tan\alpha\tan\beta} \qquad \cdots \ ④$$

가 성립한다.

식 ④에서 β대신에 $(-\beta)$을 대입하면 다음과 같은 등식이 성립한다.

$$\tan(\alpha - \beta) = \frac{\tan\alpha - \tan\beta}{1 + \tan\alpha\tan\beta}$$

예제 7.10

다음 삼각함수의 값을 구하여라.

(1) $\sin 105°$ (2) $\cos\dfrac{7\pi}{12}$ (3) $\tan 105°$

풀이

(1) $\sin 105° = \sin(45° + 60°)$

$= \sin 45°\cos 60° + \cos 45°\sin 60°$

$= \dfrac{\sqrt{2}}{2} \times \dfrac{\sqrt{3}}{2} + \sqrt{2} - 2 \times 1 - 2$

$= \dfrac{\sqrt{6} + \sqrt{2}}{4}$

(2) $\cos \dfrac{7\pi}{12} = \cos\left(\dfrac{\pi}{3} + \dfrac{\pi}{4}\right)$

$\qquad\qquad = \cos \dfrac{\pi}{3} \cos \dfrac{\pi}{4} - \sin \dfrac{\pi}{3} \sin \dfrac{\pi}{4}$

$\qquad\qquad = \dfrac{1}{2} \times \dfrac{\sqrt{2}}{2} - \dfrac{\sqrt{3}}{2} \times \dfrac{\sqrt{2}}{2}$

$\qquad\qquad = \dfrac{\sqrt{2} - \sqrt{6}}{4}$

(3) $\tan 105^\circ = \tan(45^\circ + 60^\circ)$

$\qquad\qquad = \dfrac{\tan 45^\circ + \tan 60^\circ}{1 - \tan 45^\circ \tan 60^\circ}$

$\qquad\qquad = \dfrac{1 + \sqrt{3}}{1 - 1 \times \sqrt{3}}$

$\qquad\qquad = -2 - \sqrt{3}$

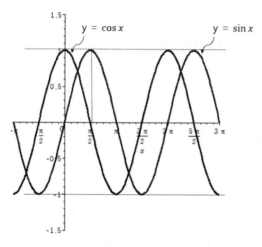

그림 7.30

앞의 그림 7.30에서 다음의 극한값을 구할 수 있다.

$$\lim_{x \to 0} \sin x = 0 \ , \ \lim_{x \to \frac{\pi}{2}} \sin x = 1$$

$$\lim_{x \to 0} \cos x = 1 \ , \ \lim_{x \to \frac{\pi}{2}} \cos x = 0$$

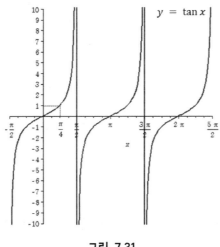

그림 7.31

마찬가지로, 앞의 그림 7.31에서 다음을 얻을 수 있다.

$$\lim_{x \to 0} \tan x = 0 \ , \ \lim_{x \to \frac{\pi}{4}} \tan x = 1$$

$$\lim_{x \to \frac{\pi}{2}^-} \tan x = \infty \ , \ \lim_{x \to \frac{\pi}{2}^+} \tan x = -\infty$$

예제 7.11

극한값 $\lim\limits_{x \to 0} \dfrac{1 - \sin x}{\cos^2 x}$ 을 구하여라.

풀이

$\cos^2 x = 1 - \sin^2 x$ 이므로

$$\begin{aligned}
\lim_{x \to 0} \frac{1 - \sin x}{\cos^2 x} &= \lim_{x \to 0} \frac{1 - \sin x}{1 - \sin^2 x} \\
&- \lim_{x \to 0} \frac{1 - \sin x}{(1 - \sin x)(1 + \sin x)} \\
&= \lim_{x \to 0} \frac{1}{1 + \sin x} \\
&= 1
\end{aligned}$$

또는, 주어진 식의 분모와 분자에 모두 $(1 + \sin x)$을 곱하면

$$\lim_{x \to 0} \frac{(1-\sin x)(1+\sin x)}{\cos^2 x \, (1+\sin x)} = \lim_{x \to 0} \frac{1-\sin^2 x}{\cos^2 x \, (1+\sin x)}$$

$$= \lim_{x \to 0} \frac{\cos^2 x}{\cos^2 x \, (1+\sin x)}$$

$$= \lim_{x \to 0} \frac{1}{1+\sin x}$$

$$= 1$$

함수 $y = \dfrac{\sin x}{x}$ 의 그래프는 그림 7.32와 같다. 이 함수의 변수 x의 구간을 닫힌 구간 $[0\,,\,1]$로 제한하여 그래프를 그리고 닫힌 구간 $[0\,,\,1]$에서의 함숫값의 변화를 표로 나타내어보면 표 7.2와 같이 나타나고 극한 $\displaystyle\lim_{x \to 0}\dfrac{\sin x}{x}$의 값은 1이 될 것이라고 예상할 수 있다.

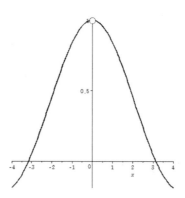

그림 7.32

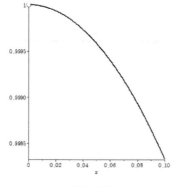

그림 7.33

x	0.02	0.04	0.06	0.08	0.10
$\dfrac{\sin x}{x}$	0.999933335	0.999733355	0.999400108	0.998933675	0.998334166

표 7.2

함수의 극한에 대한 성질을 이용하여 $\displaystyle\lim_{x \to 0} \dfrac{\sin x}{x}$ 의 값을 구하여 보자. 이 값을 구하기 위하여 다음과 같은 도형의 넓이를 구하는 공식을 생각해 보자.

❶ $\overline{bc} = a$, $\overline{AC} = b$ 인 $\triangle ABC$ 의 넓이는 $\dfrac{1}{2}ab\sin C$ 이다.

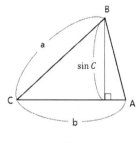

그림 7.34

❷ 반지름의 길이가 r 이고 중심각의 크기가 x 인 부채꼴의 넓이는 $\dfrac{1}{2}r^2 x$ 이다.

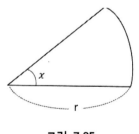

그림 7.35

극한값 $\displaystyle\lim_{x \to 0} \dfrac{\sin x}{x}$ 을 구하기 위해서는 주어진 함수의 우극한값과 좌극한값을 따로 구하여야 한다.

(i) 우극한값을 구하기 위하여 x 의 값의 범위가 $0 < x < 90\,°$ 라고 하자.

[그림 7.36]과 같이 중심이 0인 단위원 위에 $\angle AOB = x$인 점 A와 B를 각각 잡는다. 점 A에서 수직으로 그은 접선과 선분 $\overline{OB}$의 연장선과의 교점을 T라고 하면 삼각형 $\triangle OAB$ 와 부채꼴 $\overset{\frown}{OAB}$ 그리고 직각삼각형 $\triangle OAT$를 얻을 수 있다.

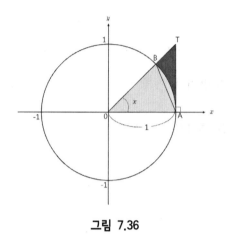

그림 7.36

이들 세 도형의 넓이를 비교하여 보면 앞의 그림 7.36에 의하여

$$\triangle OAB \;<\; \overset{\frown}{OAB} \;<\; \triangle OAT \qquad \cdots ⑤$$

인 관계가 성립함을 알 수 있다.

$\triangle OAB$ 의 넓이는 앞의 공식 ❶에 의하여

$$\frac{1}{2}\sin x$$

이고, $\overset{\frown}{OAB}$ 의 넓이는 앞의 공식 ❷에 의하여

$$\frac{1}{2}x$$

이다. $\triangle OAT$의 넓이는 직각삼각형이므로

$$\frac{1}{2}\tan x$$

이다. 앞의 식 ⑤에 이 값들을 대입하여 정리하면

$$\sin x \;<\; x \;<\; \tan x \qquad \cdots ⑥$$

이다. 앞의 조건에서 교각 x의 범위가 $0 < x < 90\degree$ 이므로 이 구간에서 $\sin x > 0$이므로 식 ⑥의 각 변을 $\sin x$로 나누고 역수를 취하면

$$1 \;>\; \frac{\sin x}{x} \;>\; \cos x \qquad\qquad \cdots ⑦$$

을 만족한다. $\displaystyle\lim_{x\to 0+} \cos x = 1$, $\displaystyle\lim_{x\to 0+} 1 = 1$ 이므로

$$\lim_{x\to 0+} \frac{\sin x}{x} = 1$$

이다.

(ii) 좌극한값을 구하기 위하여 x의 값의 범위가 $-90\degree < x < 0$ 이라고 하자.

$x = -t$라고 하면 t의 범위는 $0 < t < 90\degree$ 이고 $x \to 0-$ 이면 $t \to 0+$ 이므로

$$\lim_{x\to 0-} \frac{\sin x}{x} = \lim_{t\to 0+} \frac{\sin(-t)}{-t} = \lim_{t\to 0+} \frac{\sin t}{t} = 1$$

이다.

따라서 $\displaystyle\lim_{x\to 0+} \frac{\sin x}{x} = 1 = \lim_{x\to 0-} \frac{\sin x}{x}$ 이므로

$$\lim_{x\to 0} \frac{\sin x}{x} = 1 \qquad\qquad \cdots ⑧$$

이다.

예제 7.12

다음 극한값을 구하여라.

(1) $\displaystyle\lim_{x\to 0} \frac{\sin nx}{mx}$ (2) $\displaystyle\lim_{x\to 0} \frac{\tan nx}{mx}$ (3) $\displaystyle\lim_{x\to 0} \frac{1-\cos x}{x}$

풀이

(1) $\displaystyle\lim_{x\to 0} \frac{\sin nx}{mx} = \lim_{x\to 0} \left(\frac{\sin nx}{nx} \cdot \frac{nx}{mx} \right) = 1 \times \frac{n}{m} = \frac{n}{m}$

(2) $\displaystyle\lim_{x\to 0} \frac{\tan nx}{mx} = \lim_{x\to 0} \left(\frac{\tan nx}{nx} \cdot \frac{nx}{mx} \right)$ 이다.

한편, $\displaystyle\lim_{x\to 0} \frac{\tan x}{x} = \lim_{x\to 0} \frac{\sin x}{x \cos x} = \lim_{x\to 0} \frac{\sin x}{x} \cdot \lim_{x\to 0} \frac{1}{\cos x} = 1 \times 1 = 1$

따라서 $\displaystyle\lim_{x \to 0} \frac{\tan nx}{mx} = \lim_{x \to 0} \left(\frac{\tan nx}{nx} \cdot \frac{nx}{mx} \right) = 1 \times \frac{n}{m} = \frac{n}{m}$

(3) $\displaystyle\lim_{x \to 0} \frac{1 - \cos x}{x} = \lim_{x \to 0} \frac{(1 - \cos x)(1 + \cos x)}{x(1 + \cos x)}$

$$= \lim_{x \to 0} \frac{1 - \cos^2 x}{x(1 + \cos x)}$$

$$= \lim_{x \to 0} \frac{\sin^2 x}{x(1 + \cos x)}$$

$$= \lim_{x \to 0} \left(\frac{\sin x}{x} \cdot \frac{\sin x}{1 + \cos x} \right)$$

$$= \lim_{x \to 0} \frac{\sin x}{x} \cdot \lim_{x \to 0} \frac{\sin x}{1 + \cos x}$$

$$= 1 \times 0$$

$$= 0$$

삼각함수 $y = \sin x$의 도함수를 구하여 보자. 도함수의 정의를 이용하여 삼각함수 $y = \sin x$의 도함수를 구하면

$$\frac{dy}{dx} = \lim_{\Delta x \to 0} \frac{\sin(x + \Delta x) - \sin x}{\Delta x}$$

$$= \lim_{\Delta x \to 0} \frac{(\sin x \cos \Delta x + \cos x \sin \Delta x) - \sin x}{\Delta x}$$

$$= \lim_{\Delta x \to 0} \frac{\cos x \sin \Delta x - \sin x (1 - \cos \Delta x)}{\Delta x} \qquad \cdots \text{ ⑨}$$

이다.

한편, 극한의 성질에 의하여 식 ⑨은

$$\lim_{\Delta x \to 0} \frac{\cos x \sin \Delta x}{\Delta x} - \lim_{\Delta x \to 0} \frac{\sin x (1 - \cos \Delta x)}{\Delta x}$$

$$= \cos x \cdot \lim_{\Delta x \to 0} \frac{\sin \Delta x}{\Delta x} - \sin x \cdot \lim_{\Delta x \to 0} \frac{1 - \cos \Delta x}{\Delta x}$$

이 된다.

한편, 식 ⑧과 [예제 7.12] (3)에 의하여

$$\lim_{x \to 0} \frac{\sin x}{x} = 1 \quad , \quad \lim_{x \to 0} \frac{1 - \cos x}{x} = 0$$

이다. 따라서

$$\cos x \cdot \lim_{\Delta x \to 0} \frac{\sin \Delta x}{\Delta x} - \sin x \cdot \lim_{\Delta x \to 0} \frac{1 - \cos \Delta x}{\Delta x}$$

$$= \cos x \times 1 - \sin x \times 0$$

$$= \cos x$$

이 성립한다. 따라서

함수 $y = \sin x$는 미분가능하고 도함수는

$$\frac{dy}{dx} = \lim_{\Delta x \to 0} \frac{\sin(x + \Delta x) - \sin x}{\Delta x} = \cos x$$

이다.

삼각함수 $y = \cos x$의 도함수를 구하여 보자. 도함수의 정의를 이용하여 함수 $y = \cos x$의 도함수를 구하면

$$\frac{dy}{dx} = \lim_{\Delta x \to 0} \frac{\cos(x + \Delta x) - \cos x}{\Delta x}$$

$$= \lim_{\Delta x \to 0} \frac{(\cos x \cos \Delta x - \sin x \sin \Delta x) - \cos x}{\Delta x}$$

$$= \lim_{\Delta x \to 0} \frac{-\sin x \sin \Delta x - \cos x(1 - \cos \Delta x)}{\Delta x} \qquad \cdots \ ⑩$$

이 된다.

한편, 극한의 성질에 의하여 식 ⑩은

$$-\lim_{\Delta x \to 0} \frac{\sin x \sin \Delta x}{\Delta x} - \lim_{\Delta x \to 0} \frac{\cos x(1 - \cos \Delta x)}{\Delta x}$$

$$= -\sin x \cdot \lim_{\Delta x \to 0} \frac{\sin \Delta x}{\Delta x} - \cos x \cdot \lim_{\Delta x \to 0} \frac{1 - \cos \Delta x}{\Delta x}$$

이다.

한편, 식 ⑧과 [예제 7.12] (3)에 의하여

$$\lim_{x \to 0} \frac{\sin x}{x} = 1 \quad , \quad \lim_{x \to 0} \frac{1 - \cos x}{x} = 0$$

이다. 따라서

$$-\sin x \cdot \lim_{\Delta x \to 0} \frac{\sin \Delta x}{\Delta x} - \cos x \cdot \lim_{\Delta x \to 0} \frac{1 - \cos \Delta x}{\Delta x}$$

$$= -\sin x \times 1 - \cos x \times 0$$

$$= -\sin x$$

이 성립한다. 따라서 함수 $y = \cos x$ 는 미분가능하고 도함수는

$$\frac{dy}{dx} = \lim_{\Delta x \to 0} \frac{\cos(x + \Delta x) - \cos x}{\Delta x} = -\sin x$$

이다.

예제 7.13

다음 각 함수의 도함수를 구하여라.

(1) $y = \tan x$ (2) $y = x^2 \cdot \cos x$

풀이

(1) $y = \tan x = \dfrac{\sin x}{\cos x}$ 이므로

$$\begin{aligned}
\frac{dy}{dx} &= \left(\frac{\sin x}{\cos x} \right)' \\
&= \frac{(\sin x)' \cos x - \sin x (\cos x)'}{\cos^2 x} \\
&= \frac{\cos^2 x + \sin^2 x}{\cos^2 x} \\
&= \frac{1}{\cos^2 x} \\
&= \sec^2 x
\end{aligned}$$

(2) $\dfrac{dy}{dx} = (x^2)' \cdot \cos x + x^2 \cdot (\cos x)'$

$$= 2x \cdot \cos x - x^2 \cdot \sin x$$

앞의 [예제 7.13]에서 tangent함수의 미분을 위해서 $\tan x = \dfrac{\sin x}{\cos x}$ 로 변환하였다. 변환한 함수의 미분은 분수함수의 미분법을 사용하여 풀이하였다. 마찬가지로, 다음의 각 함수의 도함수를 구할 수 있다.

$$\left(\csc x\right)' = \left(\frac{1}{\sin x}\right)' = -\csc x \cdot \cot x \,,$$

$$\left(\sec x\right)' = \left(\frac{1}{\cos x}\right)' = \sec x \cdot \tan x \,,$$

$$\left(\cot x\right)' = \left(\frac{1}{\tan x}\right)' = -\csc^2 x$$

삼각함수의 역함수의 도함수를 구하여 보자. 먼저, 임의의 함수 $y = f(x)$가 역함수를 가지기 위해서는 주어진 함수가 일대일대응이어야 한다. 삼각함수는 일반적으로는 일대일대응이 아니므로 역함수를 갖지 않는다. 하지만 함수의 정의역을 제한함으로써 주어진 함수를 일대일대응으로 만들 수 있다. 이러한 사실을 삼각함수에 적용하면 삼각함수의 역함수를 구할 수 있다.

삼각함수 $y = \sin x$의 역함수를 구하여 보자. $\sin x$의 그래프는 앞서 보았던 것처럼 (그림 7.22 참조) 항상 증가와 항상 감소가 반복적으로 나타나므로 일대일대응이 아닌 함수이다. 그러므로 sine함수의 역함수를 구할 수 없다. 하지만 sine함수의 정의역의 구간을 제한하여 sine함수의 역함수를 구할 수 있다. 즉, $y = \sin x$에서 변수 x의 범위를 $-\dfrac{\pi}{2} \leq x \leq \dfrac{\pi}{2}$ 로 제한하면 sine함수의 그래프가 그림 7.36과 같이 항상 증가하는 함수가 되므로 이 구간에서는 sine함수가 일대일대응이 된다.

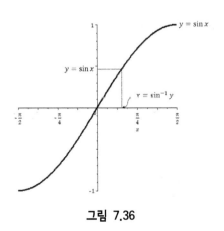

그림 7.36

그러므로 $f(x) = \sin x$는 변수 x의 범위를 $-\dfrac{\pi}{2} \leqq x \leqq \dfrac{\pi}{2}$로 제한하면 역함수 $f^{-1}(y)$가 존재한다. 이 역함수를 $x = \sin^{-1} y$로 나타낸다. 물론 역함수 표현의 관례에 따라 일반적으로 $y = \sin^{-1} y$로 표현한다.

다른 삼각함수에 대하여도 정의역을 제한함으로써 일대일대응을 만들어 이들의 역함수를 구할 수 있다. 이들의 역함수를 **역삼각함수**(inverse trigonometric function)라고 한다. 다음은 각 삼각함수의 역함수들이다. 역삼각함수의 치역을 **주치**(principal value)라고 한다.

① $x = \sin y$, $y \in \left[-\dfrac{\pi}{2}, \dfrac{\pi}{2} \right]$의 역함수는 $y = \sin^{-1} x$, $x \in [-1, 1]$

② $x = \cos y$, $y \in [0, \pi]$의 역함수는 $y = \cos^{-1} x$, $x \in [-1, 1]$

③ $x = \tan y$, $y \in \left(-\dfrac{\pi}{2}, \dfrac{\pi}{2} \right)$의 역함수는 $y = \tan^{-1} x$, $x \in [-\infty, \infty]$

④ $x = \csc y$, $y \in \left[-\dfrac{\pi}{2}, 0 \right) \cup \left(0, \dfrac{\pi}{2} \right]$의 역함수는

$$y = \csc^{-1} x, \ x \in (-\infty, -1] \cup [1, \infty)$$

⑤ $x = \sec y$, $y \in \left[0, \dfrac{\pi}{2} \right) \cup \left(\dfrac{\pi}{2}, \pi \right]$의 역함수는

$$y = \sec^{-1} x, \ x \in (-\infty, -1] \cup [1, \infty)$$

⑥ $x = \cot y$, $y \in (0, \pi)$의 역함수는 $y = \cot^{-1} x$, $x \in (-\infty, \infty)$

예제 7.14

다음 함수의 값을 구하여라.

(1) $\cos^{-1}\left(-\dfrac{1}{2} \right)$ (2) $\tan^{-1}(-1)$

풀이

(1) $\cos \dfrac{2\pi}{3} = -\dfrac{1}{2}$ 이므로 $\cos^{-1}\left(-\dfrac{1}{2} \right) = \dfrac{2\pi}{3}$

(2) $\tan\left(-\dfrac{\pi}{4} \right) = -1$ 이므로 $\tan^{-1}(-1) = -\dfrac{\pi}{4}$

열린 구간 $\left(-\dfrac{\pi}{2}, \dfrac{\pi}{2}\right)$에서 $\sin x$의 도함수는 음의 값을 갖지 않는다. 그리고 임의의 함수 $y = f(x)$의 역함수 $x = g(y)$의 도함수는 $g'(y) = \dfrac{1}{f'(x)}$이므로 $\sin^{-1} y$의 도함수도 닫힌 구간 $[-1, 1]$에서 음의 값을 갖지 않고 항상 증가 한다.

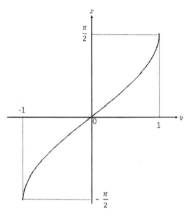

그림 7.37

역함수의 도함수를 구하는 방법에 의하여 $x = \sin^{-1} y$의 도함수는

$$\frac{dx}{dy} = \frac{1}{\dfrac{dy}{dx}} = \frac{1}{\cos x} \qquad \cdots ⑪$$

이다. x가 $\dfrac{\pi}{2}$에 다가가면 $\cos x$는 0에 한없이 가까워지므로 이 역함수의 도함수 값은 매우 커진다. 따라서 이 곡선의 모양은 그림 7.37과 같이 거의 수직에 가까워진다. 마찬가지로 x가 $-\dfrac{\pi}{2}$에 다가가면 y는 -1에 가까이 가고 역함수의 도함수 값은 매우 작아진다. 그러므로 그림 7.37에서와 같이 곡선은 $x = 1$과 $x = -1$에서 거의 수직에 가깝다.

역삼각함수 $x = \sin^{-1} y$ 의 도함수를 y에 대한 식으로 나타내어보자. 열린 구간 $\left(-\dfrac{\pi}{2}, \dfrac{\pi}{2}\right)$에서 $\cos x$는 양수 값을 가지므로,

$$\cos x = \sqrt{1 - \sin^2 x}$$

이다. 또, $y = \sin x$이므로 식 ⑪은

$$\frac{dx}{dy} = \frac{1}{\sqrt{1-y^2}}$$

와 같이 나타낼 수 있다.

예제 7.15

$x = \cos^{-1} y \, (x \in [0, \pi])$의 도함수를 구하여라.

풀이

주어진 역삼각함수 $x = \cos^{-1} y$에 대하여 $y = \cos x$이므로

$$\frac{dx}{dy} = \frac{1}{\dfrac{dy}{dx}} = \frac{1}{-\sin x} = \frac{-1}{\sqrt{1-y^2}}$$

이다.

열린 구간 $\left(-\dfrac{\pi}{2}, \dfrac{\pi}{2}\right)$에서 함수 $y = \tan x$의 도함수 $y' = \sec^2 x$는 양의 값을 가지므로 항상 증가하는 함수이다. x가 $-\dfrac{\pi}{2}$에 다가가면 주어진 함수 $y = \tan x$의 값은 한없이 작아지고 x가 $\dfrac{\pi}{2}$에 다가가면 주어진 함수 $y = \tan x$의 값은 무한히 커진다.

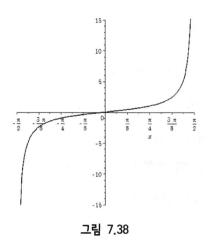

그림 7.38

함수 $y = \tan x$의 도함수를 구하여 보자.

$$\frac{dy}{dx} = \frac{d}{dx}\tan x = \sec^2 x = 1 + \tan^2 x > 0$$

이므로 항상 증가하는 함수이다. 정의역을 열린 구간 $\left(-\frac{\pi}{2}, \frac{\pi}{2}\right)$로 제한하면 함수 $y = \tan x$의 치역의 값은 실수 전체가 된다. 따라서 tangent함수의 역함수는 실수 전체에서 정의되는 함수가 되고 $x = \tan^{-1} y$로 나타낸다. tangent함수의 역함수의 도함수를 구하여 보자.

$$\frac{dx}{dy} = \frac{1}{\dfrac{dy}{dx}} = \frac{1}{\sec^2 x} = \frac{1}{1 + \tan^2 x} = \frac{1}{1 + y^2}$$

이 성립한다.

예제 7.16

$x = \tan^{-1} 2y \quad \left(x \in \left(-\frac{\pi}{2}, \frac{\pi}{2}\right)\right)$의 도함수를 구하여라.

풀이

$$\frac{dx}{dy} = \frac{1}{1 + (2x)^2} \cdot (2x)' = \frac{2}{1 + 4x^2}$$

01. 소리의 세기 $\beta\,(dB)$와 소리의 크기 $I\,(W/m^2)$사이에는 다음과 같은 관계식이 성립한다.

$$\beta = 10 \log_{10} \frac{I}{I_0}$$

여기서 $I_0 = 10^{-12}\,(W/m^2)$으로 사람이 겨우 들을 수 있는 조그만 소리의 크기를 말한다. 제트엔진의 소리의 크기가 $130\,(dB)$일 때, 사람이 대화를 나눌 수 있는 소리의 크기를 구하여라.

02. 풍력 발전을 이용한 전기 생산 단가가 매년 일정한 비율로 줄어들어 5년 후에는 초기 생산 단가의 절반으로 줄어들었다고 하자. 생산 단가는 매년 몇%씩 감소하였는지 구하여라.(단, $\log_{10} 2 = 0.3$, $\log_{10} 8.71 = 0.94$로 계산한다.)

03. 다음 극한값을 구하여라.

(1) $\displaystyle\lim_{x \to 0} \frac{\ln(1+x)}{x}$ (2) $\displaystyle\lim_{x \to 0} \frac{e^x - 1}{x}$

04. 한 번 통과하면 60%의 불순물이 제거되는 항공기용 오일 여과기 필터가 있다. 불순물의 양을 처음 양의 2% 이하가 되게 하려면 최소한 몇 개의 오일 여과기 필터가 필요한지 구하여라.

05. 다음 극한값을 구하여라.

(1) $\displaystyle\lim_{x \to 0} \frac{\sin 5x}{x}$ (2) $\displaystyle\lim_{x \to 0} \frac{\cos x - 1}{x}$

06. 다음 함수의 도함수를 구하여라.

(1) $y = x^2 e^x \tan x$ (2) $y = \cos^{-1}\left(e^{-\sin x}\right)$

8

여러 가지 적분법

함수 $f(x)$의 부정적분 값을 구할 때, 6장에서 알아보았던 방법으로 계산하기 어려운 경우에는 식의 일부를 새로운 변수로 치환하여 적분하면 쉽게 구할 수 있다. 예를 들어 부정적분 $F(x) = \displaystyle\int (3x+2)^4\, dx$의 값을 구하여보자. $t = 3x+2$라고 하면 $dt = 3\, dx$ 이다. 부정적분 $F(x)$는

$$F(x) = \int (3x+2)^4\, dx$$

$$= \int t^4\, \frac{1}{3}\, dt$$

$$= \frac{1}{3} \int t^4\, dt$$

$$= \frac{1}{15}\, t^5 + C$$

이다. 따라서

$$\int (3x+2)^4\, dx = \frac{1}{15}\, (3x+2)^5 + C$$

이다.

일반적으로 부정적분

$$F(x) = \int f(x)\, dx \qquad \cdots ①$$

에서 미분 가능한 함수 $g(t)$에 대하여 $x = g(t)$라 하면 $F(x)$는 t의 함수

$$F(x) = F\{g(x)\}$$

가 된다. 이때 $F(x)$가 t에 대하여 미분하면 합성함수의 미분법에 의하여

$$\frac{d}{dt}\, F(x) = \frac{d}{dx}\, F(x) \cdot \frac{dx}{dt} = f(x) \cdot g'(t) = f\{g(t)\}\, g'(t)$$

이므로

$$F(x) = \int f\{g(t)\}\, g'(t)\, dt \qquad \cdots ②$$

가 성립한다. 식 ①과 ②에서

$$\int f(x)\,dx = \int f\{g(t)\}\,g'(t)\,dt$$

이다.

이처럼 한 변수를 다른 변수로 치환하여 적분하는 것을 **치환적분법**(integration by substitution)이라고 한다.

예제 8.1

부정적분 $\displaystyle\int x\,\sqrt{2x-1}\,dx$ 을 구하여라.

풀이

$t = 2x - 1$이라고 하면 $x = \dfrac{t+1}{2}$이고 $dt = 2\,dx$이므로,

$$
\begin{aligned}
\int x\,\sqrt{2x-1}\,dx &= \int \frac{t+1}{2}\,\sqrt{t}\,\frac{1}{2}\,dt \\[2mm]
&= \int \frac{1}{4}(t+1)\,t^{\frac{1}{2}}\,dt \\[2mm]
&= \frac{1}{4}\int (t^{\frac{3}{2}} + t^{\frac{1}{2}})\,dt \qquad\qquad \cdots\ ③\\[2mm]
&= \frac{1}{4}\left(\frac{2}{5}t^{\frac{5}{2}} + \frac{2}{3}t^{\frac{3}{2}}\right) + C \\[2mm]
&= \frac{1}{10}t^{\frac{5}{2}} + \frac{1}{6}t^{\frac{3}{2}} + C \\[2mm]
&= \frac{1}{30}t^{\frac{3}{2}}(3t+5) + C
\end{aligned}
$$

식 ③은 변수 t에 관한 식이므로 준식의 변수인 x에 대한 식으로 고치면

$$
\begin{aligned}
\int x\,\sqrt{2x-1}\,dx &= \frac{1}{30}(2x-1)^{\frac{3}{2}}\{3(2x-1)+5\} + C \\[2mm]
&= \frac{1}{15}(3x+1)(2x-1)\,\sqrt{2x-1} + C
\end{aligned}
$$

이 된다.

6장에서 $n \neq -1$일 때, $int x^n \, dx = \dfrac{1}{n+1} x^{n+1} + C$ 가 성립함을 알아보았다. 이번에는 $n = -1$일 때 $\displaystyle\int x^n \, dx = \int \dfrac{1}{x} \, dx$의 값을 구하여 보자. $f(x) = \ln x$이면 $f'(x) = \dfrac{1}{x}$이므로 $\displaystyle\int \dfrac{1}{x} \, dx = \ln x + C$ 임을 알 수 있다. 이 부정적분의 피적분함수 $\dfrac{1}{x}$은 분모인 x을 미분하면 분자인 1이 된다. 이러한 사실을 일반화하면 $\displaystyle\int \dfrac{f'(x)}{f(x)} \, dx$ 형태의 부정적분 값을 구할 수 있다. $t = f(x)$라고 하면 $dt = f'(x) \, dx$가 된다. 따라서 치환적분법에 의하여

$$\int \frac{f'(x)}{f(x)} \, dx = \int \frac{1}{f'(x)} f(x) \, dx = \int \frac{1}{t} \, dt = \ln t + C = \ln f(x) + C$$

이다.

예제 8.2

부정적분 $\displaystyle\int \dfrac{6x^2 + 3}{2x^3 + 3x + 5} \, dx$을 구하여라.

풀이

$f(x) = 2x^3 + 3x + 5$라 하면 $f'(x) = 6x^2 + 3$이므로

$$\int \frac{6x^2 + 3}{2x^3 + 3x + 5} \, dx = \int \frac{(2x^3 + 3x + 5)'}{2x^3 + 3x + 5} \, dx = \ln (2x^3 + 3x + 5)) + C$$

부정적분의 치환적분을 이용하여 정적분의 치환적분을 구하여보자. 닫힌 구간 $[a, b]$에서 연속인 함수 $f(x)$의 한 부정적분을 $F(x)$라고 하면

$$\int_a^b f(x) \, dx = F(b) - F(a) \qquad \cdots \text{④}$$

이다. 변수 x를 다른 변수 t에 대하여 미분 가능한 함수 $x = g(t)$로 치환하면 치환적분법에 의하여

$$F(x) = F(g(t))$$
$$= \int f(g(t)) \, g'(t) \, dt$$

이다. 이때 $x = g(t)$에서 $a = g(\alpha)$, $b = g(\beta)$라고 하면

$$\int_{\alpha}^{\beta} f(g(t))\,g'(t)\,dt = \left[\; F(g(t))\; \right]_{\alpha}^{\beta}$$

$$= F(g(\beta)) - F(g(\alpha))$$

$$= F(b) - F(a)$$

$$= \int_{a}^{b} f(x)\,dx$$

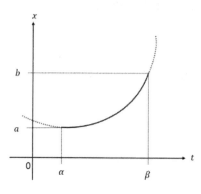

그림 8.1

예제 8.3

다음 정적분을 구하여라.

(1) $\displaystyle\int_{0}^{1} \frac{6x^2 + 3}{2x^3 + 3x + 5}\,dx$ (2) $\displaystyle\int_{1}^{e} \frac{\ln x}{x}\,dx$

풀이

(1) $t = 2x^3 + 3x + 5$ 라고 하면 $dt = 6x^2 + 3\,dx$ 이고 $x = 0$일 때 $t = 5$, $x = 1$일 때 $t = 10$이므로

$$\int_{0}^{1} \frac{6x^2 + 3}{2x^3 + 3x + 5}\,dx = \int_{5}^{10} \frac{1}{t}\,dt$$

$$= \left[\; \ln t\; \right]_{5}^{10}$$

$$= \ln 10 - \ln 5$$

$$= \ln 2$$

이다.

(2) $t = \ln x$라고 하면 $dt = \dfrac{1}{x} \, dx$ 이고 $x = 1$일 때 $t = 0$, $x = e$일 때, $t = 1$이므로

$$\int_1^e \frac{\ln x}{x} \, dx = \int_0^1 t \, dt$$

$$= \left[\frac{t^2}{2} \right]_0^1$$

$$= \frac{1}{2}$$

이다.

8.2 | 부분적분을 이용한 여러 가지 적분법

미분 가능한 임의의 두 함수 $f(x)$와 $g(x)$의 곱의 미분법을 이용하여 두 함수의 곱의 부정적분을 구하여 보자.

미분 가능한 두 함수 $f(x)$와 $g(x)$의 곱 $f(x) \cdot g(x)$을 미분하면

$$\{ f(x) \cdot g(x) \}' = f'(x) \cdot g(x) + f(x) \cdot g'(x) \qquad \cdots ①$$

이다. 식 ①을 다음과 같이 변형할 수 있다.

$$f(x) \cdot g'(x) = \{ f(x) \cdot g(x) \}' - f'(x) \cdot g(x) \qquad \cdots ②$$

식 ②의 양변을 적분하면 다음이 성립한다.

$$\int f'(x) \cdot g(x) \, dx = \int \{ f(x) \cdot g(x) \}' \, dx - \int f(x) \cdot g'(x) \, dx$$

$$= f(x) \cdot g(x) - \int f(x) \cdot g'(x) \, dx$$

이같이 적분하는 방법을 **부분적분법**(integration by parts)이라고 한다. 참고로 식 ①을 부분적분법의 공식을 적용하기 위하여 변환하는 과정에서 다음과 같이 변환할 수도 있다.

$$f'(x) \cdot g(x) = \{ f(x) \cdot g(x) \}' - f(x) \cdot g'(x) \qquad \cdots ③$$

식 ③의 양변을 적분하면

$$\int f(x) \cdot g'(x)\, dx = \int \{f(x) \cdot g(x)\}'\, dx - \int f'(x) \cdot g(x)\, dx$$

$$= f(x) \cdot g(x) - \int f'(x) \cdot g(x)\, dx$$

을 얻을 수 있다.

예제 8.4

다음 부정적분을 구하여라.

(1) $\int x \cdot \cos x\, dx$ (2) $\int \ln x\, dx$ (3) $\int x^2 \cdot e^x\, dx$

풀이

(1) 식 ②의 적용을 위하여 $f(x) = x$, $g'(x) = \cos x$ 라고 하면 $f'(x) = 1$, $g(x) = \sin x$ 이므로

$$\int x \cdot \cos x\, dx = x \cdot \sin x - \int \sin x\, dx$$

$$= x \cdot \sin x + \cos x + C$$

(2) 식 ③의 적용을 위하여 $f'(x) = 1$, $g(x) = \ln x$ 라고 하면 $f(x) = x$, $g'(x) = \dfrac{1}{x}$ 이므로

$$\int \ln x\, dx = x \cdot \ln x - \int x \cdot \frac{1}{x}\, dx = x \cdot \ln x - \int dx$$

$$= x \cdot \ln x - x + C$$

(3) $f(x) = x^2$, $g'(x) = e^x$ 라고 하면 $f'(x) = 2x$, $g(x) = e^x$ 이므로

$$\int x^2 \cdot e^x\, dx = x^2 \cdot e^x - \int 2x \cdot e^x\, dx$$

$$= x^2 \cdot e^x - 2 \int x \cdot e^x\, dx \qquad \cdots ④$$

식 ④의 $\int x \cdot e^x\, dx$ 에서 $f(x) = x$, $g'(x) = e^x$ 라고 하면 $f'(x) = 1$, $g(x) = e^x$ 이므로

$$\int x \cdot e^x\, dx = x \cdot e^x - \int e^x\, dx$$

$$= x \cdot e^x - e^x + C \qquad \cdots ⑤$$

식 ⑤를 식 ④에 대입하면

$$\int x^2 \cdot e^x \, dx = x^2 \cdot e^x - 2(x \cdot e^x - e^x + C)$$

$$= x^2 \cdot e^x - 2x \cdot e^x + 2e^x + C$$

이 된다.

부정적분의 부분적분을 이용하여 정적분의 부분적분을 구하여 보자. 닫힌 구간 $[a, b]$에서 두 함수 $f(x)$와 $g(x)$가 미분가능하고 $f'(x)$와 $g'(x)$가 연속이라고 하면 두 함수의 곱의 미분법에서

$$\{f(x) \cdot g(x)\}' = f'(x) \cdot g(x) + g(x) \cdot f'(x)$$

이므로 부분적분법을 이용하면

$$\int_a^b \{f(x) \cdot g(x)\}' \, dx = \int_a^b \{f'(x) \cdot g(x) + f(x)g'(x)\} \, dx$$

$$= \int_a^b f'(x) \cdot g(x) \, dx + \int_a^b f(x)g'(x) \, dx$$

이다. 따라서

$$\int_a^b f(x) \cdot g'(x) \, dx = \int_a^b \{f(x) \cdot g(x)\}' \, dx + \int_a^b f'(x) \cdot g(x) \, dx \qquad \cdots ⑥$$

또는

$$\int_a^b f'(x) \cdot g(x) \, dx = \int_a^b \{f(x) \cdot g(x)\}' \, dx + \int_a^b f(x) \cdot g'(x) \, dx \qquad \cdots ⑦$$

이다. 그런데

$$\int_a^b \{f(x) \cdot g(x)\}' \, dx = \left[\, f(x) \cdot g(x) \, \right]_a^b \qquad \cdots ⑧$$

이므로 식 ⑧을 식 ⑥ 또는 식 ⑦에 각각 대입하면

$$\int_a^b f(x) \cdot g'(x) \, dx = \left[\, f(x) \cdot g(x) \, \right]_a^b + \int_a^b f'(x) \cdot g(x) \, dx$$

또는

$$\int_a^b f'(x) \cdot g(x) \, dx = \left[\, f(x) \cdot g(x) \, \right]_a^b + \int_a^b f(x) \cdot g'(x) \, dx$$

을 얻을 수 있다.

예제 8.5

다음 정적분을 구하여라.

(1) $\displaystyle\int_0^{\frac{\pi}{2}} x \cdot \sin x \, dx$　　　　　　　(2) $\displaystyle\int_1^e \ln x \, dx$

풀이

(1) $f(x) = x$, $g'(x) = \sin x$ 라고 하면 $f'(x) = 1$, $g(x) = -\cos x$ 이므로

$$\int_0^{\frac{\pi}{2}} x \cdot \sin x \, dx = \left[\, -x \cdot \cos x \, \right]_0^{\frac{\pi}{2}} - \int_0^{\frac{\pi}{2}} 1 \times (-\cos x) \, dx$$

$$= 0 + \left[\, \sin x \, \right]_0^{\frac{\pi}{2}}$$

(2) $f(x) = \ln x$, $g'(x) = 1$ 이라고 하면 $f'(x) = \dfrac{1}{x}$, $g(x) = x$ 이므로

$$\int_1^e \ln x \, dx = \left[\, x \cdot \ln x \, \right]_1^e - \int_1^e \frac{1}{x} \times x \, dx$$

$$= e - \left[\, x \, \right]_1^e$$

$$= e - (e - 1)$$

$$= 1$$

8.3 | 삼각함수의 적분법

삼각함수 $\int \sin^n x\, dx$의 부정적분을 구하기 위하여 피적분함수

$$\sin^n x = (\sin^{n-1} x)\cdot \sin x$$

로 변형하여 구하자.

$$\begin{aligned}
I &= \int \sin^{n-1} x\, dx \\
&= \int \{\sin^{n-1}\cdot \sin x\}\, dx \\
&= \int \{\sin^{n-1}\cdot (-\cos x)'\}\, dx \\
&= \sin^{n-1} x \cdot (-\cos x) - \int \{(n-1)\sin^{n-2} x \cdot \cos x \cdot (-\cos x)\}\, dx \\
&= \sin^{n-1} x \cdot (-\cos x) + (n-1)\int \{\sin^{n-2} x \cdot \cos^2 x\}\, dx
\end{aligned}$$

$$\cos^2 x = 1 - \sin^2 x$$

이므로,

$$I = \sin^{n-1} x \cdot (-\cos x) + (n-1)\int \sin^{n-2} x\, dx - (n-1)\int \sin^n x\, dx$$

이다. 따라서

$$I + (n-1)I = -\sin^{n-1} x \cdot \cos x + (n-1)\int \sin^{n-2} x\, dx$$

즉, $I = \dfrac{1}{n}\left\{-\sin^{n-1} x \cdot \cos x + (n-1)\int \sin^{n-2} x\, dx\right\},\ (n \geq 2)$

이다.

(1) $\int \sin^n x\, dx$, $\int \cos^n x\, dx$ 꼴의 적분법은

$$\sin^2 x + \cos^2 x\, dx = 1$$
$$\sin^2 x = \frac{1}{2}(1 - \cos 2x)$$
$$\cos^2 x = \frac{1}{2}(1 + \cos 2x)$$

의 공식을 사용하여 적분한다.

다음 부정적분을 구하여라.

(1) $\sin^2 x dx$

(2) $\displaystyle\int \cos^4 x \, dx$

(3) $\displaystyle\int \sin^5 x \, dx$

(4) $\displaystyle\int (\sin^3 x \cdot \cos^{-4} x) \, dx$

풀이

(1) $I = \displaystyle\int \sin^2 x \, dx$ 라고 하면 sine함수의 반각의 공식을 이용하여

$$I = \int \sin^2 x \, d$$

$$= \int \frac{1}{2}(1 - \cos 2x) \, dx$$

$$= \frac{1}{2}\int dx - \frac{1}{2}\int \cos 2x \, dx$$

$t = 2x$ 라고 하면 $dt = 2\,dx$ 이므로

$$I = \frac{1}{2}\int dx - \frac{1}{2} \times \frac{1}{2}\int \cos 2x \cdot 2 \, dx$$

$$= \frac{1}{2}x - \frac{1}{4}\int \cos t \, dt$$

$$= \frac{1}{x} - \frac{1}{4}\sin 2x + C$$

(2) $J = \displaystyle\int \cos^4 x \, dx$ 라고 하면 cosine함수의 반각의 공식을 이용하여

$$J = \int \cos^4 x \, dx$$

$$= \int \left(\frac{1 + \cos 2x}{2}\right)^2 dx$$

$$= \frac{1}{4}\int (1 + 2\cos 2x + \cos^2 2x) \, dx$$

$$= \frac{1}{4}\int \left(1 + 2\cos 2x + \frac{1 + \cos 4x}{2}\right) dx$$

$$= \frac{1}{4} \int dx = \frac{1}{2} \int \cos 2x \, dx + \frac{1}{8} \int (1 + \cos 4x) \, dx$$

$$= \frac{1}{4}x + \frac{1}{4}\sin 2x + \frac{1}{8}x + \frac{1}{32}\sin 4x + C$$

$$= \frac{3}{8}x + \frac{1}{4}\sin 2x + \frac{1}{32}\sin 4x +$$

(3) $K = \int \sin^5 x \, dx$ 라고 하면 $K = \int \sin^5 x \, dx = \int (\sin^4 x \cdot \sin x) \, dx$ 이다. 그러므로,

$$K = \int (\sin^4 x \cdot \sin x) \, dx$$

$$= \int (1 - \cos^2 x)^2 \sin x \, dx$$

$$= \int (1 - 2\cos^2 x + \cos^4 x) \sin x \, dx$$

$$= \int (1 - 2\cos^2 x + \cos^4 x) \sin x \, dx$$

이다. 여기서 $t = \cos x$ 라고 하면 $dt = -\sin x \, dx$ 이다. 따라서,

$$K = -\int (1 - 2t^2 + t^4) \, dt$$

$$= -\cos x + \frac{2}{3}\cos^3 x - \frac{1}{5}\cos^5 x + C$$

(4) $L = \int (\sin^3 x \cdot \cos^{-4} x) \, dx$ 라고 하면,

$$L = \int (\sin^3 x \cdot \cos^{-4} x) \, dx$$

$$= \int (\sin x \cdot \sin^2 x \cdot \cos^{-4} x) \, dx$$

$$= \int (1 - \cos^2 x) \cos^{-4} x \, dx$$

여기서 $t = \cos x$ 라고 하면 $dt = -\sin x \, dt$ 이다. 따라서,

$$L = -\int (1 - t^2) t^{-4} \, dt$$

$$= -\left(\frac{t^{-3}}{-3} + \frac{1}{t} \right) + C$$

$$= -\left\{ \frac{(\cos x)^{-3}}{-3} + \frac{1}{\cos x} \right\} + C$$

$$= \frac{1}{3(\cos x)^3} - \frac{1}{\cos x} + C$$

$$= \frac{1}{3}\sec^3 x - \sec x + C$$

(2) $\displaystyle\int \tan^n x\, dx$, $\displaystyle\int \cot^n x\, dx$ 꼴의 적분법은

$$\tan^2 x = \sec^2 x - 1$$

$$\cot^2 x = \csc^2 x - 1$$

의 공식을 사용하여 적분한다.

예제 8.7

다음 부정적분을 구하여라.

(1) $\displaystyle\int \tan^5 x\, dx$ (2) $\displaystyle\int \cot^4 x\, dx$ (3) $\displaystyle\int \tan^3 x \cdot \sec^{-\frac{1}{2}} x\, dx$

풀이

(1) $\displaystyle\int \tan^5 x\, dx = \int \left\{ \tan^3 x \left(\sec^2 x - 1 \right) \right\} dx$

$$= \int \left(\tan^3 x \cdot \sec^2 x \right) dx - \int \tan^3 x\, dx$$

한편, $\displaystyle\int \left(\tan^3 x \cdot \sec^2 x \right) dx$ 에서 $t = \tan x$ 라고 하면 $dt = \sec^2 x\, dt$ 이다. 그러므로

$$\int \left(\tan^3 x \cdot \sec^2 x \right) dx = \frac{1}{4}\tan^4 x + C$$

이다. 따라서

$$\int \tan^5 x\, dx = \int \left\{ \tan^3 x \left(\sec^2 x - 1 \right) \right\} dx$$

$$= \int \left(\tan^3 x \cdot \sec^2 x \right) dx - \int \tan^3 x\, dx$$

$$= \frac{1}{4}\tan^4 x - \int \left\{ \tan x \left(\sec^2 - 1 \right) \right\} dx$$

$$= \frac{1}{4}\tan^4 x - \frac{1}{2}\tan^2 x - \ln|\cos x| + C$$

(2) $\displaystyle\int \cot^4 x \, dx = \int \left\{ \cot^4 x \left(\csc^2 x - 1 \right) \right\} dx$

$$= \int \cot^2 x \cdot \csc^2 x \, dx - \int \cot^2 x \, dx$$

$$= -\frac{1}{3}\cot^3 x + \cot x + x + C$$

(3) $\displaystyle\int \tan^3 x \cdot \sec^{-\frac{1}{2}} x \, dx = \int \left\{ \tan^2 \cdot \sec^{-\frac{3}{2}} x \left(\sec x \cdot \tan x \right) \right\} dx$

$$= \int \left\{ \left(\sec^2 x - 1 \right) \sec^{-\frac{3}{2}} x \left(\sec x \cdot \tan x \right) \right\} dx$$

$$= \frac{2}{3}\sec^{\frac{3}{2}} x + 2\sec^{-\frac{1}{2}} x + C$$

8.4 | 유리함수의 적분법

미지수 x에 대한 임의의 두 다항식 $f(x)$와 $g(x)$에 대하여 식 $h(x) = \dfrac{g(x)}{f(x)}$ 을 유리식이라고 한다고 앞에서 알아보았다. 이와 같은 형태로 된 함수 $h(x)$을 유리함수라고 한다. 물론 이 함수 $h(x)$는 분모의 함수 $f(x)$을 0으로 만드는 x값은 함수 $h(x)$의 정의역의 원소에서 제외해야한다는 사실도 앞에서 알아보았다. 예를 들어 다음과 같은 세 함수는 유리함수이다.

$$h_1(x) = \frac{5}{(x-1)^2}, \quad h_2(x) = \frac{2x+3}{x^2+2x+3}, \quad h_3(x) = \frac{x^5+2x^4-3x+5}{x^3+5x^2}$$

여기서. $h_1(x)$ 와 $h_2(x)$ 함수는 분자의 차수가 분모의 차수보다 작은 **진분수**(proper fraction)의 형태로 되어있는 유리함수이다. 이와 같은 유리함수를 **고유 유리함수**(proper rational function)라고 한다. 하지만 $h_3(x)$와 같이 분자의 차수가 분모의 차수보다 큰 경우는 실제로 분자를 분모로 나누어 주면 다항함수와 고유 유리함수의 합으로 나타낼 수 있다.

다음 부정적분을 구하여라.

(1) $\displaystyle\int \frac{2}{(x+1)^3}\, dx$ (2) $\displaystyle\int \frac{2x+2}{x^2-4x+8}\, dx$

풀이

(1) $t = x+1$이라 하면 $dt = dx$이다. 따라서,

$$\int \frac{2}{(x+1)^3}\, dx = 2\int t^{-3}\, dt$$

$$= 2 \cdot \frac{1}{-2}\, t^{-2} + C$$

$$= -\frac{1}{(x+1)^2} + C$$

(2) $\displaystyle\int \frac{2x+2}{x^2-4x+8}\, dx = \int \frac{2x-4}{x^2-4x+8}\, dx + \int \frac{6}{x^2-4x+8}\, dx$

$$= \ln(x^2-4x+8) + 6\int \frac{1}{x^2-4x+8}\, dx$$

한편, $\displaystyle\int \frac{1}{x^2-4x+8}\, dx = \int \frac{1}{(x-2)^2+4}\, dx = \int \frac{\frac{1}{4}}{\left(\frac{x-2}{2}\right)^2+1}\, dx$이다.

여기서, $t = \dfrac{x-2}{2}$라고 하면 $dt = \dfrac{1}{2}\, dx$이므로,

$$\int \frac{\frac{1}{4}}{\left(\frac{x-2}{2}\right)^2+1}\, dx = \frac{1}{2}\int \frac{1}{t^2+1}\, dt = \frac{1}{2}\tan^{-1}\left(\frac{x-2}{2}\right) + C$$

따라서,

$$\int \frac{2x+2}{x^2-4x+8}\, dx = \ln(x^2-4x+8) + 3\tan^{-1}\left(\frac{x-2}{2}\right) + C$$

다음 부정적분을 구하여라.

(1) $\displaystyle\int \frac{3x-1}{x^2-x-6}\,dx$ (2) $\displaystyle\int \frac{x}{(x-3)^2}\,dx$ (3) $\displaystyle\int \frac{6x^2-3x+1}{(4x+1)(x^2+1)}\,dx$

풀이

(1) $\dfrac{3x-1}{x^2-x-6} = \dfrac{3x-1}{(x+2)(x-3)} = \dfrac{a}{x+2} + \dfrac{b}{x-3}$ 에서

$3x-1 = a(x-3) + b(x+2) = (a+b)x + (2b-3a)$ 이므로 $a = \dfrac{7}{5}$, $b = \dfrac{8}{5}$ 이다.

$$\frac{3x-1}{x^2-x-6} = \frac{3x-1}{(x+2)(x-3)} = \frac{\dfrac{7}{5}}{x+2} + \frac{\dfrac{8}{5}}{x-3}$$

따라서,

$$\int \frac{3x-1}{x^2-x-6}\,dx = \frac{7}{5}\int \frac{1}{x+2}\,dx + \frac{8}{5}\int \frac{1}{x-3}\,dx$$

$$= \frac{7}{5}\ln(x+2) + \frac{8}{5}\ln(x-3) + C$$

(2) $\dfrac{x}{(x-3)^2} = \dfrac{a}{x-2} + \dfrac{b}{(x-3)^2}$ 에서

$x = a(x-3) + b$ 이므로 $a = 1$, $b = 3$ 이다.

$$\frac{x}{(x-3)^2} = \frac{1}{x-3} + \frac{3}{(x-3)^2}$$

따라서,

$$\int \frac{x}{(x-3)^2}\,dx = \int \frac{1}{x-3}\,dx + 3\int \frac{1}{(x-3)^2}\,dx$$

$$= \ln(x-3) + \frac{3}{x-3} + C$$

(3) $\dfrac{6x^2-3x+1}{(4x+1)(x^2+1)} = \dfrac{a}{4x+1} + \dfrac{bx+c}{x^2+1}$ 에서

$6x^2-3x+1 = a(x^2+1) + (bx+c)(4x+1)$ 이므로 $a = 2$, $b = 1$, $c = -1$ 이다.

$$\frac{6x^2-3x+1}{(4x+1)(x^2+1)} = \frac{2}{4x+1} + \frac{x-1}{x^2+1}$$

따라서,

$$\int \frac{6x^2 - 3x + 1}{(4x+1)(x^2+1)}\,dx = \int \frac{2}{4x+1}\,dx + \int \frac{x-1}{x^2+1}\,dx$$

$$= \frac{1}{2}\int \frac{4}{4x+1}\,dx + \frac{1}{2}\int \frac{2x}{x^2+1}\,dx - \int \frac{1}{x^2+1}$$

$$= \frac{1}{2}\ln(4x+1) + \frac{1}{2}\ln(x^2+1) - \tan^{-1}x + C$$

8.5 | 이상적분

정적분을 정의할 때는 항상 적분 구간(integration section)이 닫힌 구간이고 피적분함수가 주어진 닫힌 구간에서 연속인 경우에만 알아보았다. 여기서는 적분 구간이 무한이거나 피적분함수가 주어진 구간에서 불연속인 경우에 적분을 정의한다. 이러한 적분을 **이상적분**(improper integral) 또는 **특이적분**(singular integral)이라고 한다. 이상적분은 확률론의 확률밀도함수뿐만 아니라 물리학이나 경제학에서 나타난다.

정적분 $\int_{-\infty}^{b} f(x)\,dx$의 값을 구하여 보자. 적분구간이 유한인 닫힌 구간이 아니므로 일반적인 방법으로는 정적분의 값을 구할 수 없다. 하지만 무한인 열린 구간 $(-\infty, b]$에서 극한값

$$\lim_{a \to -\infty} \int_{a}^{b} f(x)\,dx$$

이 존재하면 이상적분이 수렴한다고 하고

$$\int_{-\infty}^{b} f(x)\,dx = \lim_{a \to -\infty} \int_{a}^{b} f(x)\,dx$$

로 정의한다.

정적분 $\int_{a}^{\infty} f(x)\,dx$의 값을 구하여 보자. 역시 적분구간이 유한인 닫힌 구간이 아니므로 일반적인 방법으로는 정적분의 값을 구할 수 없다. 하지만 무한인 열린 구간 $[a, \infty)$에서 극한값

$$\lim_{b \to \infty} \int_a^b f(x)\,dx$$

이 존재하면 이상적분이 수렴한다고 하고

$$\int_a^\infty f(x)\,dx = \lim_{b \to \infty} \int_a^b f(x)\,dx$$

로 정의한다.

함수 $f(x)$가 닫힌 구간 $[a\,,\,b]$에서 연속이고 $a < c < b$인 점 c에서 불연속이고,

$$\lim_{x \to c} |f(x)| = \infty$$

이라고 하자. $\int_a^c f(x)\,dx$와 $\int_c^b f(x)\,dx$가 수렴한다면

$$\int_a^b f(x)\,dx = \int_a^c f(x)\,dx + \int_c^b f(x)\,dx$$

로 정의한다.

예제 8.10

다음을 구하여라.

(1) $\displaystyle\int_{-\infty}^{-1} x\,e^{-x^2}\,dx$ (2) $\displaystyle\int_0^1 \frac{1}{x}\,dx$ (3) $\displaystyle\int_0^3 \frac{1}{(x-1)^{\frac{2}{3}}}\,dx$

풀이

(1)

$$\int_a^{-1} x e^{-x^2}\,dx = -\frac{1}{2} \int_a^{-1} e^{x^2}(-2x)\,dx$$

$$= \left[-\frac{1}{2} e^{-x^2} \right]_a^{-1}$$

$$= -\frac{1}{2} e^{-1} + \frac{1}{2} e^{-a^2}$$

따라서,

$$\int_{-\infty}^{-1} x\, e^{-x^2}\, dx = \lim_{a \to -\infty} \left(-\frac{1}{2} e^{-1} + \frac{1}{2} e^{-a^2} \right)$$

$$= -\frac{1}{2e}$$

(2)

$$\int_0^1 \frac{1}{x}\, dx = \lim_{a \to 0+} \int_a^1 \frac{1}{x}\, dx$$

$$= \lim_{a \to 0+} \Big[\, \ln x \,\Big]_a^1$$

$$= \lim_{a \to 0+} (-\ln t\,)$$

$$= \infty$$

따라서, 이 적분은 발산한다.

(3)

$$\int_0^3 \frac{1}{(x-1)^{\frac{2}{3}}}\, dx = \int_0^1 \frac{1}{(x-1)^{\frac{2}{3}}}\, dx + \int_1^3 \frac{1}{(x-1)^{\frac{2}{3}}}\, dx$$

$$= \lim_{c \to 1-} \int_0^c \frac{1}{(x-1)^{\frac{2}{3}}}\, dx + \lim_{c \to 1+} \int_0^3 \frac{1}{(x-1)^{\frac{2}{3}}}\, dx$$

$$= \lim_{c \to 1-} \Big[\, 3(x-1)^{\frac{1}{3}} \,\Big]_0^c + \lim_{c \to 1+} \Big[\, 3(x-1)^{\frac{1}{3}} \,\Big]_c^3$$

$$= 3 + 3\left(2^{\frac{1}{3}}\right)$$

01. 다음 부정적분을 구하여라.

(1) $\displaystyle\int 2x\,(x^2+1)^3\,dx$ (2) $\displaystyle\int x\,e^{x^2}\,dx$ (3) $\displaystyle\int \tan x\,dx$

02. 다음 정적분을 구하여라.

(1) $\displaystyle\int_0^1 (3x+1)^2\,dx$ (2) $\displaystyle\int_0^1 4\,e^{4x-1}\,dx$ (3) $\displaystyle\int_0^{\frac{\pi}{2}} \sin^2 x\,\cos x\,dx$

03. 다음 부정적분을 구하여라.

(1) $\displaystyle\int x\,e^x\,dx$ (2) $\displaystyle\int (\ln x)^2\,dx$ (3) $\displaystyle\int (x+1)\,e^{-x}\,dx$

04. 다음 정적분을 구하여라.

(1) $\displaystyle\int_0^{\frac{\pi}{2}} x\cos 2x\,dx$ (2) $\displaystyle\int_1^e x\ln x\,dx$ (3) $\displaystyle\int_1^2 x\,\sqrt{x^2-1}\,dx$

05. 다음 부정적분을 구하여라.

① $\displaystyle\int (\sin^2 x \cdot \cos^4 x)\,dx$ ② $\displaystyle\int \tan^{-\frac{3}{2}} x \cdot \sec^4 x\,dx$

06. 다음 부정적분을 구하여라.

(1) $\displaystyle\int \frac{5x+3}{x^3-2x^2-3x}\,dx$ (2) $\displaystyle\int \frac{3x^2-8x+13}{(x+3)(x-1)^2}\,dx$ (3) $\displaystyle\int \frac{6x^2-15x+22}{(x+3)(x^2+2)^2}\,dx$

07. 다음 적분을 구하여라.

(1) $\displaystyle\int_0^{\infty} \sin x\,dx$ (2) $\displaystyle\int_0^2 \frac{1}{\sqrt{4-x^2}}\,dx$ (3) $\displaystyle\int_{-2}^1 \frac{1}{x^2}\,dx$

연습문제 1

01. (1) $A \subset B$, $B \not\subset A$ (2) $C \not\subset D$, $D \not\subset C$

02. (1) $=$ (2) $\neq$

03. (1) $A \cup B = \{\,1\,,\,2\,,\,3\,,\,4\,,\,5\,\}$ (2) $A \cap B = \{\,1\,,\,2\,,\,3\,,\,4\,,\,5\,\}$

(3) $A - B = \varnothing$ (4) $B^c = \{\,6\,,\,7\,,\,8\,,\,9\,,\,10\,\}$

04. $A \cup B = \{\,$광주$\,,\,$부산$\,,\,$대구$\,\}$, $A \cap B = \{\,$광주$\,,\,$부산$\,\}$, $A - B = \varnothing$

05. (1) $A \times B = \{\,(1\,,\,3)\,,\,(1\,,\,4)\,,\,(2\,,\,3)\,,\,(2\,,\,4)\,\}$

(2) $B \times A = \{\,(3\,,\,1)\,,\,(3\,,\,2)\,,\,(4\,,\,1)\,,\,(4\,,\,2)\,\}$

(3) $A \times A = \{\,(1\,,\,1)\,,\,(1\,,\,2)\,,\,(2\,,\,1)\,,\,(2\,,\,2)\,\}$

(4) $B \times B = \{\,(3\,,\,3)\,,\,(3\,,\,4)\,,\,(4\,,\,3)\,,\,(4\,,\,4)\,\}$

06. (1) $\dfrac{a}{2} + b$ (2) $6ab + 4a$

07. (1) 2601   (2) 6241   (3) 4029

08. 10000

09. (1) $a = 1$, $b = 3$, $c = -3$ (2) $a = -1$, $b = 2$, $c = 3$

10. $5\dfrac{3}{8}$

11. $a = -2$, $b = -1$

12. (1) $(x+1)(x+2)(x-3)$ (2) $\left(x - \dfrac{3}{2}\right)(2x^2 + 2x - 2)$

13. (1) $5 > \sqrt{24}$ (2) $\dfrac{1}{2} < \sqrt{\dfrac{1}{2}}$

14. $\dfrac{1}{6}$

15. $4 + \sqrt{2} = 5.414\cdots$

16. 유리수 : $\sqrt{25} + 1$, $5.4\dot{3}\dot{2}\dot{1}$ 무리수 : $\sqrt{\dfrac{1}{5}}$, $\pi - 1$

17. (1) 3   (2) $\sqrt{\dfrac{13}{2}}$ (3) $\sqrt{6}$ (4) $\sqrt{6}$ (5) $9\sqrt{2}$

18. $x = 3$, $y = 1$

19. (1) $-i$ (2) $-1 + 5i$ (3) $\dfrac{6}{25} + \dfrac{17}{25}i$

20. $\dfrac{1}{x+1}$

21. $x = 16$

22. $4 + \sqrt{2} = 5.414\cdots$

23. $a = 0$

24. (1) $x = -\sqrt{3}$ 또는 $x = \sqrt{3}$ (2) $x = \dfrac{3 \pm \sqrt{7}\,i}{4}$

(3) $x = -2$ 또는 $x = 1 \pm \sqrt{2}$ (4) $x = \pm\sqrt{2}\,i$ 또는 $x = \pm\sqrt{3}$

25. (1) $x = 1$, $y = 0$ (2) 해가 없다(불능)

(3) 해가 무수히 많다(부정)   (4) $x = 0$, $y = 1$, $z = 1$

26. (1) $(x, y) = (2 + \sqrt{2}, 2 - \sqrt{2})$ 또는 $(x, y) = (2 - \sqrt{2}, 2 + \sqrt{2})$

(2) $(x, y) = (\pm 4, \pm 8)$ 또는 $(x, y) = (\pm 2, \pm 2)$

27. $1 \leqq x + y \leqq 7$, $-1 \leqq x - y \leqq 4$, $1 \leqq x \times y \leqq 10$, $\dfrac{1}{2} \leqq x \div \leqq 5$

28. (1) $x \leqq -5$ (2) $x > -\dfrac{2}{5}$

29. $7m$ 이상 $9m$ 미만

30. (1) $-3 < x < 6$ (2) x는 모든 실수

31. (1) x는 모든 실수   (2) $x = 1$

32. (1) x는 모든 실수   (2) 해가 없다.

33. (1) $-1 \leqq x < 2$ (2) $-2 < x < 4$

34. (1) $\dfrac{4}{3}$ (2) $\sqrt[12]{a^5}$

35. (1) $a + b + 2$ (2) $3a + 2b - 2$ (3) $\dfrac{1}{3}(3 - a)$

36. (1) $x = -\dfrac{5}{8}$ (2) $x = 3$ (3) $(x, y) = (2, 4)$, $(x, y) = (4, 2)$

37. (1) $x < -\dfrac{2}{3}$ (2) $x < 0$

38. (1) $3 < x < 5$ (2) $1 < x < 81$

연습문제 2

01. 6개

02. $\{0, 1, 2, 3\}$

03. (1) 정의역 $\{x \mid x \in R\}$ (2) 정의역 $\{x \mid -1 \leqq x \leqq 1\}$

     (3) 정의역 $\{x \mid x \neq 1, x \neq 2\}$

04. 그래프는 $\{(1, 0), (2, 1), (3, 2), (4, 3)\}$, 치역은 $\{0, 1, 2, 3\}$

05. $3 \times 2 \times 1 = 6$(개)

06. (1) $(g \circ f)(x) = g(f(x)) = g(x+2) = 3(x+2) - 5 = 3x + 1$

     (2) $(f \circ g)(x) = f(g(x)) = f(3x-5) = (3x-5) + 2 = 3x - 3$

07. (1) $y = -x + 1 \, (x \geqq 0)$ (2) $y = 1 + \dfrac{1}{x} \, (x > 0)$

08. $(f + g)(x) = f(x) + g(x) = (x - 2) + 3x = 4x - 2$

     $(f - g)(x) = f(x) - g(x) = (x - 2) - 3x = -2x - 2$

     $(f \times g)(x) = f(x) \times g(x) = (x - 2)\,3x = 3x^2 - 6x$

     $\left(\dfrac{f}{g}\right)(x) = \dfrac{f(x)}{g(x)} = \dfrac{x - 2}{3x}$

09. $a = \dfrac{1}{4}$

10. (1) $(2, 4)$, $(-1, 7)$ (2) $a = -1$, $b = 0$

11. $35\,m$

12. (1) $y = \dfrac{1}{x+3} + 2$에서 $y - 2 = \dfrac{1}{x+3}$이다. 그러므로 주어진 함수의 그래프는 $y = \dfrac{1}{x}$의

     그래프를 x축의 음의 방향으로 3만큼, y축의 양의 방향으로 2만큼 평행 이동한 것

     이다. 점근선은 $x = -3$과 $y = 2$이다.

     (2) 분자를 분모로 나누면 몫은 -2이고 나머지는 3이므로 주어진 식은 $y + 2 = \dfrac{3}{x-1}$로

     변형할 수 있다. 그러므로 주어진 함수의 그래프는 $y = \dfrac{3}{x}$의 그래프를 x축의 양의

     방향으로 1만큼, y축의 음의 방향으로 -2만큼 평행 이동한 것이다. 점근선은 $x = 1$

     과 $y = -2$이다.

13. (1) 주어진 식을 변형하면 $y + 1 = \sqrt{x-2}$이 된다. 이 식의 양변을 제곱하면

$$(y+1)^2 = x - 2$$

     이 된다. 이 함수는 $y^2 = x$의 그래프를 x축의 양의 방향으로 2, y축의 음의 방향으

     로 1 만큼 평행 이동한 것이다. 주어진 식을 변형한 식에서 $y + 1 \geqq 0$이므로 $y \geqq -1$

이다.

(2) 주어진 식을 변형하면 $y-1 = -\sqrt{-2x-4}$ 이 된다. 이 식의 양변을 제곱하면

$$(y-1)^2 = -2(x+2)$$

이 된다. 이 함수는 $y^2 = -2x$의 그래프를 x축의 음의 방향으로 –2, y축의 양의 방향으로 1 만큼 평행 이동한 것이다. 주어진 식을 변형한 식에서 $y-1 \leqq 0$이므로 $y \leqq 1$이다.

14. 높이 8, 부피 96π

15. $7\sqrt{3} + 1.7m$

16. (1) $12\sqrt{3}$ (2) $14\sqrt{2}$

연습문제 3

01. $\dfrac{1}{3} \times \pi \times 6^2 \times 8 = 96\pi$

02. $7\sqrt{3} + 1.7(m)$

     (1) $12\sqrt{3}$ (2) $14\sqrt{2}$

연습문제 4

01. (1) $\dfrac{6}{7}$ (2) 2

02. 1

03. $\dfrac{5}{2}$

04. (1) $\dfrac{1}{7}$ (2) $\dfrac{1}{12}$

05. -2

06. 2

07. 5

연습문제 5

01. 2

02. 12

03. 4

04. (1) $f'(x) = \lim_{\Delta x \to 0} \dfrac{f(x+\Delta x) - f(x))}{\Delta x}$

$\qquad = \lim_{\Delta x \to 0} \dfrac{\{(x+\Delta x)^3 - (x+\Delta x)^2 + 6(x+\Delta x)\} - (x^3 - x^2 + 6x)}{\Delta x}$

$\qquad = \lim_{\Delta x \to 0} \dfrac{\Delta x^2 + (3x-1)\Delta x^2 + (3x^2 - 2x + 6)\Delta x}{\Delta x}$

$\qquad = \lim_{\Delta x \to 0} \{\Delta x^2 + (3x-1)\Delta x + 3x^2 - 2x + 6\}$

$\qquad = 3x^2 - 2x + 6$

$\quad$ (2) $f'(x) = \lim_{\Delta x \to 0} \dfrac{f(x+\Delta x) - f(x)}{\Delta x}$

$\qquad = \lim_{\Delta x \to 0} \dfrac{|x+\Delta x| - |x|}{\Delta x}$

$\quad$ (i) $x > 0$일 때 $f(x) = x$이므로

$$f'(x) = \lim_{\Delta x \to 0} \dfrac{(x+\Delta x) - x}{\Delta x} = \lim_{\Delta x \to 0} \dfrac{\Delta x}{\Delta x} = 1$$

$\quad$ (ii) $x < 0$일 때 $f(x) = x$이므로

$$f'(x) = \lim_{\Delta x \to 0} \dfrac{(x+\Delta x) - x}{\Delta x} = \lim_{\Delta x \to 0} \dfrac{-\Delta x}{\Delta x} = -1$$

05. (1) $\{f(x) + g(x)\}' = f'(x) + g'(x)$이므로

$\quad$ $x = 2$일 때 미분계수는 $\;f'(2) + g'(2) = -1 + 3 = 2$

$\quad$ (2) $\{3f(x) - 2g(x)\}' = 3f'(x) - 2g'(x)$이므로

$\quad$ $x = 2$일 때 미분계수는 $3f'(2) - 2g'(2) = 3 \times (-1) - 2 \times 3 = -9$

06. 함수 $f(x)$가 $x = 1$에서 미분가능하므로 $x = 1$에서 연속이고, 미분계수가 존재한다.

$\quad$ $g(x) = x^2 (x \geq 1)$, $h(x) = ax + b(x < 1)$이라고 하면

$\quad$ (i) $x = 1$에서 연속이므로 $g(1) = \lim_{x \to 1-} h(x)$

$\qquad$ 따라서 $1 = a + b \cdots\cdots$ ①

$\quad$ (ii) $x = 1$에서 미분계수가 존재하므로

$\qquad$ $\lim_{x \to 1+} g'(x) = \lim_{x \to 1-} h'(x)$

$\qquad$ 이때 $g'(x) = 2x$, $h'(x) = a$에서

$\qquad$ $\lim_{x \to 1+} g'(x) = 2$, $\lim_{x \to 1-} h'(x) = a$이므로 $a = 2$이다.

$\qquad$ $a = 2$를 식 ①에 대입하면 $b = -1$을 얻을 수 있다.

따라서 $x < 1$일 때, $f(x) = 2x - 1$이므로 $f(-1) = -3$이다.

07. 연쇄법칙을 사용하면

$$\frac{dy}{dx} = \frac{dy}{dt} \cdot \frac{dt}{dx} = (3t^2 + 2t)(4x) = \{3(2x^2 - 1)^2 + 2(2x^2 - 1)\}(4x)48x^5 - 32x^2 - 4$$

08. (1) $\dfrac{dy}{dx} = 3x^{12} + 1$ (2) $\dfrac{dy}{dx} = -\dfrac{y}{x}$

09. $10(x^2 + 1)^3(9x^2 + 1)$

연습문제 6

01. (1) $\displaystyle\int f(x)\,dx = x^3 + C$의 양변을 미분하면

$$f(x) = (x^3 + C)' = 3x^2$$

따라서 $f(x) = 3x^2$

(2) $\displaystyle\int f(x)\,dx = \dfrac{1}{3}x^3 + \dfrac{1}{2}x^2 + x + C$의 양변을 미분하면

$$f(x) = \left(\dfrac{1}{3}x^3 + \dfrac{1}{2}x^2 + x + C\right)' = x^2 + x + 1$$

따라서 $f(x) = x^2 + x + 1$

(3) $\displaystyle\int xf(x)\,dx = \dfrac{1}{6}x^3 - \dfrac{3}{4}x^2 + C$의 양변을 미분하면

$$xf(x) = \left(\dfrac{1}{6}x^3 - \dfrac{3}{4}x^2 + C\right)' = \dfrac{1}{2}x^2 - \dfrac{3}{2}x$$

따라서 $xf(x) = x\left(\dfrac{1}{2}x - \dfrac{3}{2}\right)$이므로 $f(x) = \dfrac{1}{2}x - \dfrac{3}{2}$

02. 정적분의 정의에서 $\displaystyle\int_0^4 (x^3 + 2)\,dx = \lim_{n \to \infty}\sum_{i=1}^{n} f(x_i)\Delta x$

$$\Delta x = \frac{4 - 0}{n} = \frac{4}{n},\ x_i = 0 + i\,\Delta x = \frac{4i}{n}$$

$f(x) = x^3 + 2$라고 하면 $f(x_i) = \left(\dfrac{4i}{n}\right)^3 + 2$

그러므로 $\displaystyle\int_0^4 (x^3 + 2)\,dx = \lim_{n \to \infty}\sum_{i=1}^{n}\left\{\left(\frac{4i}{n}\right)^3 + 2\right\}\frac{4}{n}$

$$= \lim_{n \to \infty}\sum_{i=1}^{n}\left\{\left(\frac{ai}{n}\right)^3 + b\right\}\frac{a}{n}$$

따라서 $a = 4$, $b = 2$

03. $\displaystyle\int_0^3 2x^2\,dx$ 에서 $\Delta x = \dfrac{3-0}{n} = \dfrac{3}{n}$, $x_i = 0 + i\Delta x = \dfrac{3i}{n}$ 이다.

이때 $f(x) = 2x^2$ 라 하면 $f(x_i) = 2\left(\dfrac{3i}{n}\right)^2$

따라서
$$\int_0^3 2x^2\,dx = \lim_{n\to\infty}\sum_{i=1}^{n} f(x_i)\Delta x$$
$$= \lim_{n\to\infty}\sum_{i=1}^{n} 2\left(\dfrac{3i}{n}\right)^2 \cdot \dfrac{3}{n}$$
$$= \lim_{n\to\infty}\dfrac{54}{n^3}\sum_{i=1}^{n} i^2$$
$$= \lim_{n\to\infty}\left\{\dfrac{54}{n^3}\times\dfrac{n(n+1)(2n+1)}{6}\right\}$$
$$= 18$$

04. (1)
$$\int_1^2 (3x^2 + 2x - 1)\,dx = \Big[\, x^3 + x^2 - x \,\Big]_1^2$$
$$= (8+4-2)-(1+1-1)$$
$$= 9$$

(2) 0

05. $x < 1$ 일 때 $f(x) = 3x$, $x \geq 1$ 일 때 $f(x) = 4 - x^2$ 이므로
$$\int_0^2 f(x)\,dx = \int_0^1 3x\,dx + \int_1^3 (4-x^2)\,dx$$
$$= \Big[\, \dfrac{3}{2}x^2 \,\Big]_0^1 + \Big[\, 4x - \dfrac{x^3}{3} \,\Big]_1^2$$
$$= \dfrac{3}{2} + \dfrac{5}{3}$$
$$= \dfrac{19}{6}$$

06. (1) $|x-3| = \begin{cases} x-3 & (x \geq 3) \\ (x \quad 3)(x < 3) \end{cases}$ 이고, 적분구간이 $[-2, 4]$ 이다.

경곗값 $x = 3$을 기준으로 구간을 나누어 적분하면

$$\int_{-2}^{4} |x-3|\, dx = \int_{-2}^{3} \{-(x-3)\}\, dx + \int_{3}^{4} (x-3)\, dx$$

$$= -\left[\,\frac{1}{2}x^2 - 3x\,\right]_{-2}^{3} + \left[\,\frac{1}{2}x^2 - 3x\,\right]_{3}^{4}$$

$$= \frac{25}{2} + \frac{1}{2}$$

$$= 13$$

(2) $|x-x^2| = |x(1-x)| = \begin{cases} x - x^2 & (0 \le x < 1) \\ -(x-x^2) & (x < 0,\, x \ge 1) \end{cases}$ 이고, 적분구간이 $[-1\,,\,2]$이다.

경곗값 $x = 0\,,\,x = 1$을 기준으로 구간을 나누어 적분하면

$$\int_{-1}^{2} |x-x^2|\, dx = \int_{-1}^{0} (x^2-x)\, dx + \int_{0}^{1} (x-x^2)\, dx + \int_{1}^{2} (x^2-x)\, dx$$

$$= -\left[\,\frac{1}{3}x^3 - \frac{1}{2}x^2\,\right]_{-1}^{0} + \left[\,\frac{1}{2}x^2 - \frac{1}{3}x^3\,\right]_{0}^{1} + \left[\,\frac{1}{3}x^3 - \frac{1}{2}x^2\,\right]_{1}^{2}$$

$$= \frac{5}{6} + \frac{1}{6} + \frac{5}{6}$$

$$= \frac{11}{6}$$

연습문제 7

01. 대화를 나눌 수 있는 소리의 크기를 $x\,(W/m^2)$이라 하면

$130 = 10\log_{10} \dfrac{x}{10^{-12}} = 10(\log_{10} x - \log_{10} 10^{-12})$이므로 $13 = \log_{10} x + 12$이다.

즉, $\log_{10} x = 1$이므로 $x = 10^1\,(W/m^2)$이다.

따라서 대화를 나눌 수 있는 소리의 크기는 $10\,(W/m^2)$이다.

02. 초기 생산 단가를 C(원)이라고 하자. 생산 단가가 매년 $x\,\%$씩 감소한다고 하면 5년 후의 생산 단가는 $\left(1 - \dfrac{x}{100}\right)^5 C$ (원)이 된다.

$$\left(1 - \frac{x}{100}\right)^5 C = \frac{C}{2} \quad \Rightarrow \quad \left(1 - \frac{x}{100}\right)^5 = \frac{1}{2}$$

양변에 로그를 취하면

$$5\log_{10}\left(1 - \frac{x}{100}\right) = \log_{10} \frac{1}{2} \quad \Rightarrow \quad 5\{\log_{10}(100-x) - 2\} = -\log_{10} 2$$

그러므로 $\log_{10}(100-x) = 1.94$이다.

$1.94 = 1 + 0.94 = \log_{10}10 + \log_{10}8.71 = \log_{10}87.1$이므로

$100 - x = 87.1$ 즉 $x = 12.9$이다. 따라서 생산단가는 매년 12.9%씩 감소했다.

03. (1) $\displaystyle\lim_{x\to0}\frac{\ln(1+x)}{x} = \lim_{x\to0}\frac{1}{x}\ln(1+x) = \lim_{x\to0}\ln(1+x)^{\frac{1}{x}} = \ln e = 1$

(2) $t = e^x - 1$이라 하면 $e^x = 1+t$이므로

$$x = \ln(1+t)$$

$x\to0$이면 $t\to0$이므로

$$\lim_{x\to0}\frac{e^x-1}{x} = \lim_{t\to0}\frac{t}{\ln(1+t)} = \lim_{t\to0}\frac{1}{\dfrac{\ln(1+t)}{t}} = \frac{1}{\ln e} = 1$$

04. 초기 불순물의 양을 x라고 하면, 오일 여과기 필터를 n번 통과 시킨 후에 남아 있는 불순물의 양은 $x\times0.4^n$이다. 오일 여과기를 n번 통과 시킨 후에 남아 있는 불순물의 양이 처음 불순물의 양의 2% 이하 이어야 하므로, $x\times0.4^n \leq 0.02x$에서 $0.4^n \leq 0.02$이다. 양변에 밑이 10인 상용로그를 취하면

$$\log_{10}0.4^n \leq \log_{10}0.02 \quad\Rightarrow\quad n(\log_{10}4 - 1) \leq \log_{10}2 - 2$$

$$\Rightarrow n \geq \frac{\log_{10}2 - 2}{2\log_{10}2 - 1} = \frac{0.3 - 2}{2\times0.3 - 1} = 4.25$$

따라서 오일 여과기 필터를 최소한 5개는 설치하여야 한다.

05. (1) $t = 5x$라고 하면 $x\to0$일 때, $t\to0$이므로

$$\lim_{x\to0}\frac{\sin 5x}{x} = \lim_{x\to0}\left(5\times\frac{\sin 5x}{5x}\right) = 5\lim_{t\to0}\frac{\sin t}{t} = 5\times1 = 5$$

(2) $\displaystyle\lim_{x\to0}\frac{\cos x - 1}{x} = \lim_{x\to0}\frac{(\cos x - 1)(\cos c + 1)}{x(\cos x + 1)} = \lim_{x\to0}\frac{\cos^2 x - 1}{x(\cos x + 1)}$

$$= -\lim_{x\to0}\left(\frac{\sin x}{x}\times\frac{\sin x}{\cos x + 1}\right) = 0$$

06. (1) $\dfrac{dy}{dx} = (x^2)'e^x\tan x + x^2(e^x)'\tan x + x^2 e^x(\tan x)'$

$$= xe^x(2\tan x + x\tan x + x\sec^2 x)$$

(2) $v = -\sin x$, $u = e^v$라고 하면 $y = \cos^{-1}u$이다.

한편, $\dfrac{dv}{dx} = -\cos x$, $\dfrac{du}{dv} = e^v$, $\dfrac{dy}{du} = -\dfrac{1}{\sqrt{1-u^2}}$이다.

따라서,

$$\frac{dy}{dx} = \frac{dy}{du} \cdot \frac{du}{dv} \cdot \frac{dv}{dx} = -\frac{1}{\sqrt{1-u^2}} \cdot e^v \cdot (-\cos x) = \frac{e^{-\sin x}\cos x}{\sqrt{1-e^{-2\sin x}}}$$

연습문제 8

01. (1) $t = x^2 + 1$ 이라고 하면 $dt = 2x\,dx$ 이므로

$$\begin{aligned}
\int 2x\,(x^2+1)^3\,dx &= \int (x^2+1)^3 \cdot 2x\,dx \\
&= \int t^3\,dt \\
&= \frac{1}{4}t^4 + C \\
&= \frac{1}{4}(x^2+1)^4 + C
\end{aligned}$$

(2) $\dfrac{1}{2}e^{x^2} + C$

(3) $\tan x = \dfrac{\sin x}{\cos x}$ 이고 $t = \cos x$ 라고 하면 $dt = -\sin x\,dx$ 이므로

$$\begin{aligned}
\int \tan x\,dx &= \int \frac{\sin x}{\cos x}\,dx \\
&= -\int \left(-\frac{\sin x}{\cos x}\right)dx \\
&= -\int \frac{1}{t}\,dt \\
&= -\ln(\cos x) + C
\end{aligned}$$

02. (1) 7

(2) $t = 4x - 1$ 이라고 하면 $dt = 4\,dx$ 이고 $x = 0$ 일 때 $t = -1$, $x = 1$ 일 때 $t = 3$ 이다.

$$\int_0^1 4e^{4x-1}\,dx = \int_{-1}^3 e^t\,dt = \left[\,e^t\,\right]_{-1}^3 = e^3 - \frac{1}{e}$$

(3) $\dfrac{1}{3}$

03. (1) $(x-1)e^x + C$ (2) $x(\ln x)^2 - 2x\ln x + 2x + C$ (3) $-(x+2)e^{-x} + C$

04. (1) $-\dfrac{1}{2}$ (2) $\dfrac{1}{4}(e^2 + 1)$ (3) $\sqrt{3}$

05. (1)

$$\int \left(\sin^2 x \cdot \cos^4 x \right) dx = \int \left\{ \left(\frac{1 - \cos 2x}{2} \right) \left(\frac{1 + \cos 2x}{2} \right)^2 \right\} dx$$

$$= \frac{1}{8} \int \left(1 + \cos 2x - \cos^2 2x - \cos^3 2x \right) dx$$

$$= \frac{1}{8} \int \left\{ 1 + \cos 2x - \frac{1}{2}(1 + \cos 4x) - (1 - \sin^2 2x)\cos 2x \right\} dx$$

$$= \frac{1}{8} \int \left\{ \frac{1}{2} - \frac{1}{2}\cos 4x + \sin^2 2x \cos 2x \right\} dx$$

$$= \frac{1}{8} \left\{ \frac{1}{2} x - \frac{1}{8}\sin 4x + \frac{1}{6}\sin^3 2x \right\}$$

06. (1) $-\ln x - \dfrac{1}{2}\ln(x+1) + \dfrac{3}{2}\ln(x-3) + C$

(2) $4\ln(x+3) - \ln(x-1) - \dfrac{2}{x-1} + C$

(3) $\ln(x+3) - \dfrac{1}{2}\ln(x^2+2) + \dfrac{3}{\sqrt{2}}\tan^{-1}\left(\dfrac{x}{\sqrt{2}} \right) + \dfrac{5}{2(x^2+2)} + C$

07. ① 발산   ② $\dfrac{\pi}{2}$ ③ 발산

삼각비의 표

각도	사인(sin)	코사인(cos)	탄젠트(tan)	각도	사인(sin)	코사인(cos)	탄젠트(tan)
0°	0.0000	1.0000	0.0000	45°	0.7071	0.7071	1.0000
1°	0.0175	0.9998	0.0175	46°	0.7193	0.6947	1.0355
2°	0.0349	0.9994	0.0349	47°	0.7314	0.6820	1.0724
3°	0.0523	0.9986	0.0524	48°	0.7431	0.6691	1.1106
4°	0.0698	0.9976	0.0699	49°	0.7547	0.6561	1.1504
5°	0.0872	0.9962	0.0875	50°	0.7660	0.6428	1.1918
6°	0.1045	0.9945	0.1051	51°	0.7771	0.6293	1.2349
7°	0.1219	0.9925	0.1228	52°	0.7880	0.6157	1.2799
8°	0.1392	0.9903	0.1405	53°	0.7986	0.6018	1.3270
9°	0.1564	0.9877	0.1584	54°	0.8090	0.5878	1.3764
10°	0.1736	0.9848	0.1763	55°	0.8192	0.5736	1.4281
11°	0.1908	0.9816	0.1944	56°	0.8290	0.5592	1.4826
12°	0.2079	0.9781	0.2126	57°	0.8387	0.5446	1.5399
13°	0.2250	0.9744	0.2309	58°	0.8480	0.5299	1.6003
14°	0.2419	0.9703	0.2493	59°	0.8572	0.5150	1.6643
15°	0.2588	0.9659	0.2679	60°	0.8660	0.5000	1.7321
16°	0.2756	0.9613	0.2867	61°	0.8746	0.4848	1.8040
17°	0.2924	0.9563	0.3057	62°	0.8829	0.4695	1.8807
18°	0.3090	0.9511	0.3249	63°	0.8910	0.4540	1.9626
19°	0.3256	0.9455	0.3443	64°	0.8988	0.4384	2.0503
20°	0.3420	0.9397	0.3640	65°	0.9063	0.4226	2.1445
21°	0.3584	0.9336	0.3839	66°	0.9135	0.4067	2.2460
22°	0.3746	0.9272	0.4040	67°	0.9205	0.3907	2.3559
23°	0.3907	0.9205	0.4245	68°	0.9272	0.3746	2.4751
24°	0.4067	0.9135	0.4452	69°	0.9336	0.3584	2.6051
25°	0.4226	0.9063	0.4663	70°	0.9397	0.3420	2.7475
26°	0.4384	0.8988	0.4877	71°	0.9455	0.3256	2.9042
27°	0.4540	0.8910	0.5095	72°	0.9511	0.3090	3.0777
28°	0.4695	0.8829	0.5317	73°	0.9563	0.2924	3.2709
29°	0.4848	0.8746	0.5543	74°	0.9613	0.2756	3.4874
30°	0.5000	0.8660	0.5774	75°	0.9659	0.2588	3.7321
31°	0.5150	0.8572	0.6009	76°	0.9703	0.2419	4.0108
32°	0.5299	0.8480	0.6249	77°	0.9744	0.2250	4.3315
33°	0.5446	0.8387	0.6494	78°	0.9781	0.2079	4.7046
34°	0.5592	0.8290	0.6745	79°	0.9816	0.1908	5.1446
35°	0.5736	0.8192	0.7002	80°	0.9848	0.1736	5.6713
36°	0.5878	0.8090	0.7265	81°	0.9877	0.1564	6.3138
37°	0.6018	0.7986	0.7536	82°	0.9903	0.1392	7.1154
38°	0.6157	0.7880	0.7813	83°	0.9925	0.1219	8.1443
39°	0.6293	0.7771	0.8098	84°	0.9945	0.1045	9.5144
40°	0.6428	0.7660	0.8391	85°	0.9962	0.0872	11.4301
41°	0.6561	0.7547	0.8693	86°	0.9976	0.0698	14.3007
42°	0.6691	0.7431	0.9004	87°	0.9986	0.0523	19.0811
43°	0.6820	0.7314	0.9325	88°	0.9994	0.0349	28.6363
44°	0.6947	0.7193	0.9657	89°	0.9998	0.0175	57.2900
45°	0.7071	0.7071	1.0000	90°	1.0000	0.0000	

고호경 외12, 수학③(교사용지도서), ㈜교학사, 2013

권백일 외3, 수학 I, EBS, 2017

김원경 외11, 미적분 I, 비상교육, 2014

김원경 외11, 미적분 II, 비상교육, 2014

김창동 외14, 미적분 II, ㈜교학사, 2014

대한수학회, 수학백과, 2015

명지대학교 수학교수실, 미분적분학, 1997

민경도 외1, 수학의 바이블(미적분), 이투스북, 2018

신항균 외11, 미적분 II, ㈜지학사, 2014

오임걸 외2, Mathematica를 이용한 대학수학, 복두출판사, 1994

오흥준, 유종광, 유지현, 기초 대학수학, 북스힐, 2015

오흥준, 유종광, 유지현, 알기쉬운 대학수학, 북스힐, 2007

우정호 외24, 미적분 II, 두산동아, 2014

이강섭 외14, 미적분 I, ㈜미래엔, 2014

이재원, 대학수학+, 한빛 아카데미, 2016

이준열 외9, 미적분 I, 천재교육, 2014

이준열 외9, 미적분 II, 천재교육, 2014

정상권 외7, 미적분 I, ㈜금성출판사, 2014

조의환, 양희기, 김지익, 양승갑, 김영기, 미분적분학, 1988

최용준, FEEL 수학, 천재교육, 2003

최용준, 셀파 해법수학(연구용)-미적분 I, 천재교육, 2014

최용준, 셀파 해법수학(연구용)-수학 I, 천재교육, 2014

최용준, 셀파 해법수학(연구용)-수학 II, 천재교육, 2014

황선욱 외8, 수학③(교사용지도서), ㈜좋은책신사고, 2013

항공 기초수학 1

초판 1쇄 인쇄 | 2022년 12월 25일
초판 1쇄 발행 | 2022년 12월 30일

지은이 | 오 흥 준 · 김 건 중
펴낸이 | 조 승 식
펴낸곳 | (주)도서출판 **북스힐**

등 록 | 1998년 7월 28일 제22-457호
주 소 | 서울시 강북구 한천로 153길 17
전 화 | (02) 994-0071
팩 스 | (02) 994-0073

홈페이지 | www.bookshill.com
이메일 | bookshill@bookshill.com

정가 20,000원

ISBN 979-11-5971-471-9